21 世纪能源与动力工程类创新型应用人才培养规划教材·风能与动力工程

风力发电原理

主　编　吴双群　赵丹平
副主编　韩巧丽
参　编　贾　彦　徐丽娜

内 容 介 绍

本书从风力发电机组基本发电原理出发,全面介绍了风力发电机的发展历程,风的特性及我国的风能资源分布特点,风力发电机的基本组成及水平、垂直风电机组特点,风电场项目规划与选址,风力发电机组安全运行与维护及影响风电发展的因素等。全书共分 10 章,主要内容包括绪论、风力机的结构类型、风力发电的基本原理、风力发电机组、风力发电技术、风力发电机组安全运行与维护、风电场的确定、风能存储、风能的其他用途、风力发电的发展等内容。

本书可作为高等院校风能专业、风能与动力工程专业及相关专业的本、专科高年级学生和研究生教材,也可作为从事风力发电机组设计、运行、维护和管理等方面工作的专业技术人员培训教材或参考用书。

图书在版编目(CIP)数据

风力发电原理/吴双群,赵丹平主编. —北京:北京大学出版社,2011.10
(21 世纪能源与动力工程类创新型应用人才培养规划教材·风能与动力工程)
ISBN 978-7-301-19631-1

Ⅰ. ①风… Ⅱ. ①吴…②赵… Ⅲ. ①风力发电—高等学校—教材 Ⅳ. ①TM614

中国版本图书馆 CIP 数据核字(2011)第 209719 号

书　　　名:	风力发电原理
著作责任者:	吴双群　赵丹平　主编
策 划 编 辑:	童君鑫
责 任 编 辑:	郭穗娟
标 准 书 号:	ISBN 978-7-301-19631-1/TK·0004
出　版　者:	北京大学出版社
地　　　址:	北京市海淀区成府路 205 号　100871
网　　　址:	http://www.pup.cn　http://www.pup6.cn
电　　　话:	邮购部 010-62752015　发行部 010-62750672　编辑部 010-62750667
电 子 邮 箱:	编辑部 pup6@pup.cn　总编室 zpup@pup.cn
印　刷　者:	北京虎彩文化传播有限公司
发　行　者:	北京大学出版社
经　销　者:	新华书店
	787 毫米×1092 毫米　16 开本　16.75 印张　372 千字
	2011 年 10 月第 1 版　2024 年 1 月第 6 次印刷
定　　　价:	49.00 元

未经许可,不得以任何方式复制或抄袭本书之部分或全部内容。
版权所有,侵权必究　　举报电话:010-62752024
　　　　　　　　　　　电子邮箱:fd@pup.cn

前　　言

随着现代工业的飞速发展，人类对能源的需求明显增加，而地球上可利用的常规能源日趋匮乏。据专家预测，煤炭还可开采 221 年，石油还可开采 39 年，天然气还能用 60 年。这些预测也许不很准确，但常规能源必然是越用越少，总有一天要用尽的。同时，人口的增加，对能源的需求也越来越大，环境污染越来越严重。因此，人类必须解决人口、资源、环境的可持续发展问题。开发、利用新能源是实现能源持续发展的方向之一。风力发电以其无污染、可再生、技术成熟备受世人青睐，近几年以 25％的增长速度位居各类能源之首。中国具有丰富的风能资源，这为发展中国的风电事业创造了十分有利的条件。但就中国目前电力事业而言，火力发电仍是中国的主力电源。以燃煤为主的火电厂，正在大量排放 CO_2 和 SO_2 等污染气体，这对中国的环保极为不利。而发展风电，一方面有利于中国电源结构的调整；另一方面又有利于减少污染气体的排放而缓解全球变暖的威胁。同时，又有利于减少能源进口方面的压力，对提高中国能源供应的多样性和安全性将作出积极的贡献。

风力发电是一个集计算机技术、空气动力学、结构力学和材料科学等综合性学科的技术。风能必将起着改变能源结构、减少对进口能源依赖的重要作用。因此，随着风力发电产业的迅猛发展，风电方面的人才需求量也会越来越大。主要需求方面有风电场的规划、设计、施工、运行与维护，风力发电机组设计与制造，风能资源测量与评估，风力发电项目开发等技术与管理。

本书是根据能源与动力工程类创新型应用人才培养要求，由具有多年从事实践及教学经验人员，通过精心选材，对教材的结构、内容等方面进行归纳、总结而编写的，力求满足现代高等教育风能与动力工程专业发展的要求。本书从风力发电的基本知识出发，介绍了风的形成、风的分类和风能定量评估；阐述了风力发电机组工作原理及其应用的基本知识，其包括相关理论、定义、结构和工作机理；分析了风力机的基本组成，水平轴离网、并网型风力机的基本工作原理；介绍了风力发电技术、风电场的确定、风能存储、风能的其他用途；简述了风力发电机组安全运行与维护及风电发展的影响。

本书由吴双群和赵丹平担任主编，负责内容编排设计和全书统稿。韩巧丽为副主编，参加编写的还有贾彦、徐丽娜。本书编写过程中参考了大量的相关文献资料，借鉴吸收了众多专家学者的成果，在此对所引用的文献资料的作者表示衷心的感谢！对给予大力支持的北京大学出版社表示衷心的感谢！另外，为方便教师授课和读者自学，编者提供了复习思考题。

由于编者水平有限，书中欠妥疏漏之处在所难免，恳切希望各兄弟院校教师和学生在使用本书时给予关注，并将意见和建议及时反馈给我们，以便完善，编者邮箱：zdpwsq@yahoo.cn。

编　者

2011 年 7 月

目 录

第1章 绪论 ……………………………… 1
  1.1 风的形成 …………………………… 2
    1.1.1 大气环流 ……………………… 3
    1.1.2 季风环流 ……………………… 4
    1.1.3 风力等级 ……………………… 6
    1.1.4 风的测量 ……………………… 8
  1.2 风能资源 …………………………… 10
    1.2.1 风能的特点 …………………… 10
    1.2.2 中国风能资源分布特点 ……… 12
  1.3 风能的数学描述 …………………… 14
    1.3.1 风特性 ………………………… 14
    1.3.2 风能公式 ……………………… 19
  复习思考题 ……………………………… 21

第2章 风力机的结构类型 ……………… 22
  2.1 风力机概念 ………………………… 23
  2.2 风力机的分类 ……………………… 24
  2.3 水平轴风力机 ……………………… 28
  2.4 垂直轴风力机 ……………………… 31
  2.5 其他风力机 ………………………… 34
    2.5.1 带锥形罩型风力发电机 ……… 34
    2.5.2 旋风型风力发电机 …………… 35
    2.5.3 无阻尼型风力发电机 ………… 35
    2.5.4 离心甩出式风力发电机 ……… 35
    2.5.5 移动翼栅式风力发电机 ……… 36
    2.5.6 四螺旋风力发电机 …………… 37
    2.5.7 升降传送式风力发电机 ……… 37
    2.5.8 自动变形双组风叶多层组装式风力发电机 …… 37
  复习思考题 ……………………………… 38

第3章 风力发电的基本原理 …………… 39
  3.1 工作原理 …………………………… 40
    3.1.1 风轮 …………………………… 42
    3.1.2 发电机 ………………………… 42
    3.1.3 塔架 …………………………… 42
  3.2 风力发电基本理论 ………………… 43
    3.2.1 贝茨（Betz）理论 …………… 43
    3.2.2 叶素理论 ……………………… 44
    3.2.3 涡流理论 ……………………… 46
    3.2.4 动量理论 ……………………… 48
  复习思考题 ……………………………… 49

第4章 风力发电机组 …………………… 50
  4.1 风力发电机组的分类和构成 ……… 51
    4.1.1 风力发电机组的分类 ………… 51
    4.1.2 风力发电机组的构成 ………… 55
  4.2 风电发电机组的工作原理 ………… 59
    4.2.1 基本定义 ……………………… 59
    4.2.2 空气动力特性 ………………… 61
  4.3 叶片 ………………………………… 66
    4.3.1 叶片应满足的基本要求 ……… 66
    4.3.2 叶片类型 ……………………… 67
  4.4 轮毂 ………………………………… 69
    4.4.1 固定式轮毂 …………………… 69
    4.4.2 叶片之间相对固定的铰链式轮毂 …… 69
    4.4.3 各叶片自由的铰链式轮毂 …… 70
  4.5 塔架 ………………………………… 70
  4.6 机舱及齿轮传动系统 ……………… 72
    4.6.1 机舱 …………………………… 72
    4.6.2 齿轮箱 ………………………… 73
  4.7 调向装置 …………………………… 78
    4.7.1 尾翼调向 ……………………… 79
    4.7.2 侧轮调向 ……………………… 79

4.7.3　下风向调向 …………… 79
　　4.7.4　电机调向 ……………… 80
4.8　风力机功率输出及功率调节
　　装置 …………………………… 82
　　4.8.1　风力机功率输出 ……… 82
　　4.8.2　风力机功率调节方式 … 83
4.9　制动装置 ……………………… 87
　　4.9.1　空气动力制动 ………… 87
　　4.9.2　机械制动 ……………… 88
4.10　发电机 ……………………… 90
　　4.10.1　类型 …………………… 90
　　4.10.2　发电机常见故障 ……… 96
4.11　常用控制器 ………………… 97
　　4.11.1　整流器 ………………… 97
　　4.11.2　逆变器 ………………… 99
　　4.11.3　变频器 ……………… 102
　　4.11.4　充电控制器 ………… 106
4.12　避雷系统 ………………… 107
　　4.12.1　避雷系统3个主要
　　　　　　构成要素 ………… 107
　　4.12.2　部件防雷措施 ……… 108
复习思考题 ………………………… 111

第5章　风力发电技术 ………… 112

5.1　功率调节 …………………… 113
　　5.1.1　风力发电技术的发展 … 114
　　5.1.2　功率调节方式 ……… 115
　　5.1.3　滑差可调异步发电机的
　　　　　　功率调节 ………… 118
　　5.1.4　双速发电机的功率调节 … 120
5.2　变转速运行 ………………… 121
　　5.2.1　概述 …………………… 121
　　5.2.2　变转速发电机 ……… 122
5.3　变转速及恒频 ……………… 123
　　5.3.1　异步发电机的变速恒频
　　　　　　技术 ……………… 125
　　5.3.2　同步发电机的变速恒频
　　　　　　技术 ……………… 126
　　5.3.3　双馈异步发电机的变速
　　　　　　恒频技术 ………… 126

　　5.3.4　风力机变转速技术 …… 127
5.4　发电系统 …………………… 128
　　5.4.1　恒频恒速发电系统 … 128
　　5.4.2　变速恒频发电系统 … 135
　　5.4.3　恒速恒频发电系统 … 146
　　5.4.4　小型直流发电系统 … 148
5.5　控制技术 …………………… 151
　　5.5.1　双速异步发电机的运行
　　　　　　控制 ……………… 151
　　5.5.2　风力机驱动滑差可调的
　　　　　　绕线式异步发电机的
　　　　　　运行控制 ………… 155
　　5.5.3　同步发电机的变频
　　　　　　控制 ……………… 157
　　5.5.4　功率控制系统 ……… 158
　　5.5.5　转子电流控制器的
　　　　　　原理 ……………… 159
　　5.5.6　转子电流控制器的
　　　　　　结构 ……………… 160
　　5.5.7　采用转子电流控制器的
　　　　　　功率调节 ………… 161
　　5.5.8　转子电流控制器在实际
　　　　　　应用中的效果 …… 162
5.6　供电方式 …………………… 162
　　5.6.1　离网供电 ……………… 162
　　5.6.2　直接并网 ……………… 168
　　5.6.3　间接并网 ……………… 172
复习思考题 ………………………… 175

第6章　风力发电机组安全运行与
　　　　维护 …………………… 177

6.1　风电机组的安全运行要求 …… 178
　　6.1.1　安全运行的思想 ……… 178
　　6.1.2　安全运行的自动运行
　　　　　　控制 ……………… 178
　　6.1.3　安全运行的保护要求 … 179
　　6.1.4　控制安全系统安全
　　　　　　运行的技术要求 … 180
6.2　风电场的运行与维护 ……… 181
6.3　风力发电机组常见故障及
　　维护 …………………………… 182

6.3.1 故障分类 ………………… 182
6.3.2 风力发电机组的日常
故障检查处理 …………… 182
6.3.3 风力发电机组的年度
例行维护 ………………… 184
6.4 噪声 …………………………… 185
6.4.1 基本概念 ………………… 185
6.4.2 风力机的噪声 …………… 186
6.4.3 噪声的控制原理和
方法 ……………………… 187
6.4.4 齿轮箱噪声 ……………… 187
6.4.5 风电场噪声测量 ………… 188
复习思考题 ……………………… 189

第7章 风电场的确定 ………… 190

7.1 风电场选址 …………………… 192
7.1.1 风电场开发 ……………… 192
7.1.2 风电场宏观选址 ………… 194
7.1.3 风电场微观选址 ………… 196
7.2 可行性评估 …………………… 199
7.2.1 地形特性评估 …………… 199
7.2.2 噪声评估 ………………… 200
7.2.3 生态评估 ………………… 201
7.3 风电机安装及设计软件介绍 … 201
7.3.1 WAsP …………………… 202
7.3.2 其他软件简介 …………… 204
复习思考题 ……………………… 206

第8章 风能存储 ………………… 207

8.1 化学储能 ……………………… 208
8.1.1 蓄电池 …………………… 208
8.1.2 电解水制氢储能 ………… 209
8.2 水力储能 ……………………… 210
8.3 飞轮储能 ……………………… 210
8.4 热能储能 ……………………… 211
8.4.1 固体摩擦致热 …………… 212
8.4.2 搅拌液体致热 …………… 212
8.4.3 挤压液体致热 …………… 212
8.4.4 涡电流致热 ……………… 212
复习思考题 ……………………… 213

第9章 风能的其他用途 ………… 214

9.1 风力提水 ……………………… 216
9.1.1 风力提水的工作原理 …… 217
9.1.2 发展风力提水的前景 …… 221
9.1.3 风力提水与风力发电
提水存在的问题 ………… 222
9.2 风力制热 ……………………… 222
9.2.1 风能转换为热能的
途径 ……………………… 223
9.2.2 风热直接转换的原理
与形式 …………………… 223
9.2.3 风力致热应用中的
实例 ……………………… 225
9.2.4 风力致热的展望 ………… 230
9.3 离网型风光互补发电系统 …… 231
9.3.1 风光互补系统的工作
原理 ……………………… 232
9.3.2 风光互补离网发电
系统的设计 ……………… 234
9.3.3 风光互补系统的典型
应用 ……………………… 236
9.3.4 风光互补系统存在的
问题及解决方法 ………… 237
9.3.5 风光互补发电系统的
发展前景 ………………… 239
复习思考题 ……………………… 239

第10章 风力发电的发展 ……… 240

10.1 风力发电发展的影响因素及
存在的问题 …………………… 241
10.1.1 风力发电发展的影响
因素 …………………… 241
10.1.2 风力发电发展存在的
问题 …………………… 243
10.2 风力发电发展展望 …………… 246
10.2.1 商品化风电机组的
单机容量进一步向
大型化发展 …………… 246
10.2.2 变速恒频风电机组的
开发和商品化 ………… 246

10.2.3　机械方面的改进 ……… 248
　　10.2.4　空气动力方面的改进 … 248
　复习思考题 …………………… 248
附录一　风力等级表 ……………… 249

附录二　风力发电机组电工术语 …… 250
附录三　主要符号 ………………… 255
参考文献 …………………………… 258

第 1 章 绪 论

 本章教学要点

知识要点	掌握程度	相关知识
风的形成	熟悉大气环流、季风环流，掌握我国季风环流的形成，熟悉海陆风、山谷风的形成	空气的组成 影响分子热运动状态参数
风的测量	掌握测风系统组成、风速和风向测量方法	风杯式、热线式、风压式测量原理
风能资源	理解风能的特点，熟悉中国风能资源分布特点，掌握风能丰富区分布	风电场分布情况
风特性	掌握平均风速和风向、湍流度和阵风因子，掌握风速随高度变化规律；掌握风能公式	风的随机性对风力机设计和控制的影响

风力发电原理

> **导入案例**
>
> 风力发电过程中，风轮将风能转化机械能，发电机将机械能转化电能。在能量转化与传递过程中，风能的特性是决定因素。自然风是一种随机的湍流运动，其不稳定性也是风能利用的弱点之一，影响风电机组中机械设备、电气设备的稳定性，对电网造成冲击。风能密度低是促使风电度电成本高的因素之一。风能是太阳能的一种表现形式，贮量巨大。对全球风能贮量的估计早在1948年曾有普特南姆（Putnam）进行过估算，大气总能量约为 10^{14} MW。1954 年世界气象组织假定上述数量的 1 千万分之一是可为人们所利用的，即可利用的风能为 10^7 MW。1974 年，阿尔克斯（von Arx. W. S.）认为地球上可以利用的风能为 106MW。1979 年，古斯塔夫逊（M. R. Gustavson）认为风能从根本上说是来源于太阳能，因此可以通过估算到达地球表面的太阳辐射有多少能够转变为风能，来得知有多少可利用的风能，从另一个角度推算全球的总量是 1.3×10^{14} W。因此在可再生能源中，风能是一种非常可观的、有前途的能源。

1.1 风的形成

风是与地面大致平行的大气流动。在 90km 以下，气体成分一般可分为两类，一类是常定成分，各成分之间的相对比例大致不变，如氮、氧等；另一类为可变成分，它们会随时间、地点而变，其中水汽变化最大，并有相变。另外，CO_2，O_3 的含量也有变化，且对气候有影响。此外，还有 CO，SO_2，H_2S，CH_4 等，它们的含量虽然极微，但在某些特殊条件下，浓度也会变化较大，对人类有危害。大气成分虽然很复杂，但其主要成分是氮和氧，占整个大气质量的 98% 以上，如果再加上氩气，那就在 99.9% 以上，其余气体所占不到 0.1%。

空气的分子处于永恒不停的运动中。由气体分子组成的热力系统，气体的温度在宏观上表示系统的冷热程度。温度不是一个独立参量，而是系统的几何参量、力学参数、化学参数和电磁参量的函数。对于空气系统，一般没有电磁场作用，空气成分也不发生变化，温度只是几何参量和力学参量的函数，气体的温度可以由压强和体积来表示。气体的体积是气体分子所能到达的空间，而不是气体分子本身体积的总和。气体的密度、压强与其本身的温度有着密切的关系。

大气运动是很复杂的，始终遵循着大气动力学和热力学变化的规律。空气运动及天气变化与大气压力的分布及变化相互之间有着密切的关系，即大气静力学方程，也称静力平衡方程，即式(1-1)：

$$dp = -\rho g dz \qquad (1-1)$$

式中　p——大气压力，Pa；

z——海拔高度，m；

g——重力加速度，m/s^2。

除了有强烈对流运动的区域外，静力方程在应用中具有很高的精度，误差仅为 1‰。

分析大气静力学方程如下。

（1）当 $\mathrm{d}z>0$ 时，$\mathrm{d}p<0$，即气压是随高度的增加而减小的。

（2）因为重力加速度近似为常数，所以气压随高度增加而减少的快慢主要取决于空气的密度。气层的密度大，气压随高度增加而减小得快；气层的密度小，气压随高度增加而减小得慢。

（3）将大气静力学方程从 P_1，z_1 到 P_2，z_2 进行积分得

$$P_2 - P_1 = -\int_{z_1}^{z_2} \rho g \, \mathrm{d}z \tag{1-2}$$

从式(1-2)可看出，任一气层上下界面的压力差等于该层空气的重量。如果令 z_2 趋于大气上界，那么可得到：某一高度 z_1 上的气压等于从该高度直到大气上界的单位截面积空气柱的重量。这是大气静力学的气压定义。

在实际工作中，还常常用到一个称作为"单位气压高度差"的物理量，也称气压阶。它定义为在垂直气柱中，每改变单位气压（通常指 1hPa）时所对应的高度差，以 h 表示，即有

$$h = -\frac{\mathrm{d}z}{\mathrm{d}p} \tag{1-3}$$

把大气静力学基本方程代入式(1-3)，得

$$h = \frac{1}{\rho g} \tag{1-4}$$

式(1-4)表示单位气压高度差主要随密度的改变而改变。在密度大的气层中，单位气压高度差小；在密度小的气层中，单位气压高度差大。

由于在实际大气中密度总是随高度减小的，所以高空的单位气压高度差比低空的单位气压高度差大。

式(1-4)中的空气密度在气象上不是直接测量的，所以不便应用，为此，将干空气状态方程代入式(1-4)，再将 $g=9.8\mathrm{m/s}^2$，$R_d=287\mathrm{m}^2/\mathrm{s}^2\mathrm{K}$，$T=273(1+\alpha t)$，$\alpha=\frac{1}{273}$ 一起引入，p 以 hPa 为单位，可得到便于计算的表达式

$$h = \frac{8000}{p}(1+\alpha t) \tag{1-5}$$

式中　T——热力学温度，K；

　　　t——气层的平均温度，℃。

由此可见，气压愈低（即高度愈高），单位气压高度差愈大，如在 0℃ 时，地面附近（约 1000hPa）的平均单位气压高度差为 8m/hPa，在 5.5km 处，约为 16m/hPa，在 16km 处（约 100hPa）约为 80m/hPa。温度愈高，单位气压高度差亦愈大。此外，当气层不太厚，精度要求又不很高时，还可用式(1-5)做海平面气压修正和其他一些近似估算。

众所用知，在均匀下垫面的自转地球上，高、低气压带沿着纬度圈呈带状分布，也即等压线的分布是与纬度圈平行的。可是，实际地表并不是均匀化的，尤其是有大陆和海洋的差异。

1.1.1　大气环流

风是空气相对于地球表面的运动。空气流动的原因是地球绕太阳运转，由于日地距离

和方位不同，地球上各纬度所接受的太阳辐射强度也各异。在赤道和低纬地区比极地和高纬地区太阳辐射强度强，地面和大气接受的热量多，因而温度高。这种温差形成了南北间的气压梯度，在北半球等压面向北倾斜，空气向北流动。

由于地球自转形成的地转偏向力的存在，这种力称为科里奥利力，简称偏向力或科氏力。在此力的作用下，在北半球使气流向右偏转，在南半球使气流向左偏转。所以，地球大气的运动，除受到气压梯度力的作用外，还受到地转偏向力的影响。地转偏向力在赤道为零，随着纬度的增高而增大，在极地达到最大。

当空气由赤道两侧上升向极地流动时，开始因地转偏向力很小，空气基本上只受气压梯度力影响，在北半球由南向北流动，随着纬度的增加，地转偏向力逐渐加大，空气运动也就逐渐地向右偏转，也就是逐渐转向东方。在纬度30°附近，偏角达到90°，地转偏向力与气压梯度力相当，空气运动方向与纬度圈平行，所以在纬度30°附近上空，赤道来的气流受到阻塞而聚积，气流下沉，使这一地区地面气压升高，就是所谓的副热带高压。

副热带高压下沉气流分为两支，一支从副热带高压向南流动，指向赤道。在地转偏向力的作用下，北半球吹东北风，南半球吹东南风，风速稳定且不大，约3~4级，这是所谓的信风，所以在南北纬30°之间的地带称为信风带。这一支气流补充了赤道上升气流，构成了一个闭合的环流圈，称此为哈得来(Hadley)环流，也称为正环流圈。此环流圈南面上升，北面下沉。

另一支从副热带高压向北流动的气流，在地转偏向力的作用下，北半球吹西风，且风速较大，这就是所谓的西风带。在纬度60°附近处，西风带遇到了由极地向南流来的冷空气，被迫沿冷空气上面爬升，在纬度60°地面出现一个副极地低压带。

副极地低压带的上升气流到了高空又分成两股，一股向南，一股向北。向南的一股气流在副热带地区下沉，构成一个中纬度闭合圈，正好与哈得来环流流向相反，此环流圈北面上升、南面下沉，所以叫反环流圈，也称费雷尔(Ferrel)环流圈；向北的一股气流从上空到达极地后冷却下沉，形成极地高压带，这股气流补偿了地面流向副极地带的气流，而且形成了一个闭合圈，此环流圈南面上升、北面下沉，是与哈得来环流流向类似的环流圈，因此也叫正环流。在北半球，此气流由北向南，受地转偏向力的作用，吹偏东风，在纬度60°~90°之间形成了极地东风带。

综合上述，在地球上由于地球表面受热不均，引起大气层中空气压力不均衡，因此，形成地面与高空的大气环流。各环流圈伸屈的高度，以热带最高，中纬度次之，极地最低，这主要由于地球表面增热程度随纬度增高而降低的缘故。这种环流在地球自转偏向力的作用下，形成了赤道到纬度30°环流圈(哈得来环流)、30°~60°环流圈和纬度60°~90°环流圈，这便是著名的"三圈环流"，如图1.1所示。由于地球上海陆分布不均匀，因此，实际的环流比上述情况要复杂得多，"三圈环流"只是一种理论的环流模型。

1.1.2　季风环流

1. 季风环流

在一个大范围地区内，它的盛行风向或气压系统有明显的季节变化，这种在1年内随着季节不同，有规律转变风向的风，称为季风。季风盛行地区的气候又称季风气候。

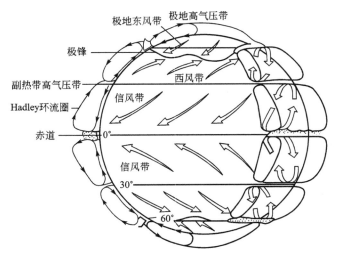

图 1.1 三圈环流示意图

亚洲东部的季风主要包括我国的东部、朝鲜、日本等地区；亚洲南部的季风以印度半岛最为显著，这是世界闻名的印度季风。我国位于亚洲的东南部，所以东亚季风和南亚季风对我国天气气候变化都有很大影响。

形成我国季风环流的因素很多，主要是由海陆差异，行星风带的季节转换以及地形特征等综合形成的。

1) 海陆分布对我国季风的作用

海洋的热容量比陆地大得多，冬季，陆地比海洋冷，大陆气压高于海洋，气压梯度力自大陆指向海洋，风从大陆吹向海洋；夏季则相反，陆地很快变暖，海洋相对较冷，大陆气压低于海洋，气压梯度力由海洋指向大陆，风从海洋吹向大陆。

我国东临太平洋，南临印度洋，冬夏的海陆温差大，所以季风明显。

2) 行星风带位置季节转换对我国季风的作用

从图 1.1 可以看出，地球上存在着 5 个风带，信风带、盛行西风带、极地东风带在南半球和北半球是对称的分布。这 5 个风带在北半球的夏季都向北移动，而冬季则向南移动。这样冬季西风带的南缘地带在夏季可以变成东风带。因此，冬夏盛行风就会发生 180°的变化。

冬季我国主要在西风带影响下，强大的西伯利亚高压笼罩着全国，盛行偏北风。夏季西风带北移，我国在大陆热低压控制之下，副热带高压也北移，盛行偏南风。

3) 青藏高原对我国季风的作用

青藏高原占我国陆地的 1/4，平均海拔在 4000m 以上，对应于周围地区具有热力作用。在冬季，高原上温度较低，周围大气温度较高，这样形成下沉气流，从而加强了地面高压系统，使冬季风增强；在夏季，高原相对于周围自由大气是一个热源，加强了高原周围地区的低压系统，使夏季风得到加强。另外，在夏季，西南季风由孟加拉湾向北推进时，沿着青藏高原东部的南北走向的横断山脉流向我国的西南地区。

2. 局地环流

1) 海陆风

海陆风的形成与季风相同，也是由大陆与海洋之间的温度差异的转变引起的。不过海陆风的范围小，以日为周期，势力也薄弱。由于海陆物理属性的差异，造成海陆受热不均，白天陆上增温较海洋快，空气上升，而海洋上空气温相对较低，使地面有风自海洋吹向大陆，补充大陆地区的上升气流，而陆上的上升气流流向海洋上空而下沉，补充海上吹向大陆的气流，形成一个完整的热力环流；夜间环流的方向正好相反，所以风从大陆吹向海洋。将这种白天从海洋吹向大陆的风称为海风，夜间从大陆吹向海洋的风称为陆风，所以，将在1天中海陆之间的周期性环流总称为海陆风(图1.2)。

海陆风的强度在海岸最大，随着离岸的距离变远而减弱，一般影响距离在20～50km左右。海风的风速比陆风大，在典型的情况下，风速可达4～7m/s。而陆风一般仅2m/s左右。海陆风最强烈的地区发生在温度日变化最大及昼夜海陆温差最大的地区。低纬度日射强，所以海陆风较为明显，尤以夏季为甚。

此外，在大湖附近同样日间有风自湖面吹向陆地，称为湖风；夜间有风自陆地吹向湖面，称为陆风，合称湖陆风。

2) 山谷风

山谷风的形成原理与海陆风是类似的。白天，山坡接受太阳光热较多，空气增温较多；而山谷上空，同高度上的空气因离地较远，增温较少。于是山坡上的暖空气不断上升，并从山坡上空流向谷地上空，谷底的空气则沿山坡向山顶补充，这样便在山坡与山谷之间形成一个热力环流。下层风由谷底吹向山坡，称为谷风。到了夜间，山坡上的空气受山坡辐射冷却影响，空气降温较多；而谷地上空，同高度的空气因离地面较远，降温较少。于是山坡上的冷空气因密度大，顺山坡流入谷地，谷底的空气因汇合而上升，并从上面向山顶上空流去，形成与白天相反的热力环流。下层风由山坡吹向谷地，称为山风。故将白天从山谷吹向山坡的这种风叫谷风；到夜间，自山坡吹向山谷的这种风称山风。山风和谷风又总称为山谷风(图1.3)。

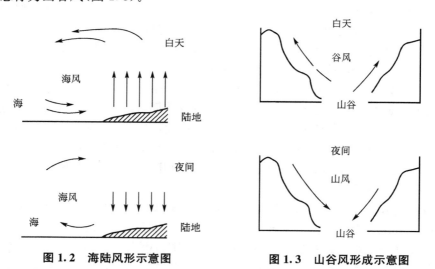

图1.2 海陆风形示意图　　图1.3 山谷风形成示意图

山谷风风速一般较弱，谷风比山风大一些，谷风一般为2～4m/s，有时可达6～7m/s。谷风通过山隘时，风速加大。山风一般仅1～2m/s，但在峡谷中，风力还能增大一些。

1.1.3 风力等级

风力等级是风速的数值等级，它是表示风强度的一种方法，风越强，数值越大。用风速仪测得的风速可以套用为风级,同时也可用目测海面、陆地上物体征象估计风力等级。风力等级(简称风级)是根据风对地面或海面物体影响而引起的各种现象,按风力的强度等级来估计风力的大小,国际上采用的风级是英国人蒲福(Francis Beaufort)于1805年所拟定的,故又称"蒲福风级"。他把从静风到飓风分为13级。自1946年以来风力等级又作了一些修订,由13级变为17级,见表1-1。

表1-1 蒲福(Beaufort)风力等级表

风力等级	名称		相当于平地10m高处的风速/(m/s)		陆上地物征象
	中文	英文	范围	中数	
0	静风	Calm	0.0~0.2	0	静、烟直上
1	软风	Light air	0.3~1.5	1	烟能表示风向,树叶略有摇动
2	轻风	Light breeze	1.6~3.3	2	人面感觉有风,树叶有微响,旗子开始飘动,高的草和庄稼开始摇动
3	微风	Gentle breeze	3.4~5.4	4	树叶及小枝摇动不息,旗子展开,高的草摇动不息
4	和风	Moderate breeze	5.5~7.9	7	能吹起地面灰尘和纸张,树枝动摇,高的草和庄稼呈波浪起伏
5	清劲风	Fresh breeze	8.0~10.7	9	有叶的小树摇摆,内陆的水面有小波,高的草和庄稼波浪起伏明显
6	强风	Strong breeze	10.8~13.8	12	大树枝摇动,电线呼呼有声,撑伞困难,高的草和庄稼不时倾伏于地
7	疾风	Near gale	13.9~17.1	16	全树摇动,大树枝弯下来,迎风步行感觉不便
8	大风	Gale	17.2~20.7	19	可折毁小树枝,人迎风前行感觉阻力甚大
9	烈风	Strong gale	20.8~24.4	23	草房遭受破坏,屋瓦被掀起,大树枝可折断
10	狂风	Storm	24.5~28.4	26	树木可被吹倒,一般建筑物遭破坏
11	暴风	Violent storm	28.5~32.6	31	大树可被吹倒,一般建筑物遭严重破坏
12	飓风	Hurricane	>32.6	>33	陆上少见,摧毁力极大
13			37.0~41.4		
14			41.5~46.1		
15			46.2~50.9		
16			51.0~56.0		
17			56.1~61.2		

注:13~17级风力当风速可以用仪器测定时使用,故不列特征。

1.1.4 风的测量

1. 测风系统

风电场宏观选址时，采用气象台、站提供的较大区域内的风能资源。对初选的风电场选址区即微观选址一般要求用高精度的自动测风系统进行风的测量。风的测量包括风向测量和风速测量。风向测量是指测量风的来向，风速测量是指测量单位时间内空气在水平方向上所移动的距离。

自动测风系统主要由6部分组成，包括传感器、主机、数据存储装置、电源、安全与保护装置。

传感器分为风速传感器、风向传感器、温度传感器（即温度计）、气压传感器。输出信号为频率（数字）或模拟信号。主机利用微处理器对传感器发送的信号进行采集、计算和存储，由数据记录装置、数据读取装置、微处理器、就地显示装置组成。

由于测风系统安装在野外，因此数据存储装置（数据存储盒）应有足够的存储容量，而且为了野外操作方便，采用可插接形式。测风系统电源一般采用电池供电。为提高系统工作可靠性，应配备一套或两套备用电源，如太阳能光电板等。主电源和备用电源互为备用，可自动切换。

测风系统输入信号可能会受到各种干扰，设备会随时遭受破坏，如恶劣的冰雪天气会影响传感器信号、雷电天气干扰传输信号出现误差，甚至毁坏设备等。因此，一般在传感器输入信号和主机之间增设保护和隔离装置，从而提高系统运行可靠性。

2. 风速测量

1）风速计

（1）旋转式风速计。常有风杯和螺旋桨叶片两种类型。风杯旋转轴垂直于风的来向，螺旋桨叶片的旋转轴平行于风的来向。

测定风速最常用的传感器是风杯，杯形风速计的主要优点是与风向无关。杯形风速计一般由3个或4个半球形或抛物锥形的空心杯壳组成。杯形风速计固定在互成120°的三叉星形支架上或互成90°的十字形支架上，杯的凹面顺着同一方向，整个横臂架则固定在能旋转的垂直轴上。

由于凹面和凸面所受的风压力不相等，风杯受到扭力作用而开始旋转，它的转速与风速成一定的关系。推导风标转速与风速关系可以有多种途径，大都在设计风速计时要详细的推导。一般测量风速选用旋转式风速计。

（2）压力式风速仪。利用风的压力测定风速的仪器。利用流体的全压力与静压力之差来测定风的动压。

利用皮托静压管，总压管口迎着气流的来向，它感应着气流的全压力（p_0）；静压管口与来流的方向垂直，它感应的压力因为有抽吸作用，比静压力稍低些（p）。来流风的动压为

$$\Delta p = p_0 - p = \frac{1}{2}\rho V^2 (1+c)$$

$$V = \left[\frac{2\Delta p}{\rho(1+c)}\right]^{1/2}$$

(1-6)

由式(1-6)可计算出风速,由式可看出 V 与 Δp 不是线性关系,c 是修正系数。

(3) 散热式风速计。一个被加热物体的散热速率与周围空气的流速有关,利用这种特性可以测量风速。它主要适用于测量小风速,而且不能测量风向。

2) 风速记录

风速记录通过信号的转换方法来实现,一般有 4 种方法:机械式,当风速感应器旋转时,通过蜗杆带动蜗轮转动,再通过齿轮系统带动指针旋转,从刻度盘上直接读出风的行程,除以时间得到平均风速;电接式,由风杯驱动的蜗杆,通过齿轮系统连接到一个偏心凸轮上,风杯旋转一定圈数,凸轮使相当于开关作用的两个接点闭合或打开,完成一次接触,表示一定的风程;电机式,风速感应器驱动一个小型发电机中的转子,输出与风速感应器转速成正比的交变电流,输送到风速的指示系统;光电式,风速旋转轴上装有一圆盘,盘上有等距的孔,孔上面有一红外光源,正下方有一光电半导体,风杯带动圆盘旋转时,由于孔的不连续性,形成光脉冲信号,经光电半导体元件接收放大后变成电脉冲信号输出,每一个脉冲信号表示一定的风的行程。

3) 风速表示

各国表示速度的单位的方法不尽相同,如用 m/s、n mile/h、km/h、ft/s、mile/h 等。各种单位换算的方法见表 1-2。

表 1-2 各种风速单位换算表

单位	m/s	n mile/h	km/h	ft/s	mile/h
m/s	1	1.944	3.600	3.281	2.237
n mile/h	0.514	1	1.852	1.688	1.151
km/h	0.278	0.540	1	0.911	0.621
ft/s	0.305	0.592	1.097	1	0.682
mile/h	0.447	0.869	1.609	1.467	1

风速大小与风速计安装高度和观测时间有关。世界各国基本上都以 10m 高度处观测为基准,但取多长时间的平均风速不统一,有取 1min、2min、10min 平均风速,有 1h 平均风速,也有取瞬时风速等。

我国气象站观测时有 3 种风速:1 日 4 次定时 2min 平均风速、自记 10min 平均风速和瞬时风速。风能资源计算时选用自记 10min 平均风速。安全风速计算时用最大风速(10min 平均最大风速)或瞬时风速。

3. 风向测量

风向标是测量风向的最通用的装置,有单翼型、双翼型和流线型等。风向标一般是由尾翼、指向杆、平衡锤及旋转主轴 4 部分组成的首尾不对称的平衡装置。其重心在支撑轴的轴心上,整个风向标可以绕垂直轴自由摆动。在风的动压力作用下取指向风的来向的一个平衡位置,即为风向的指示。传送和指示风向标所在方位的方法很多,有电触点盘、环形电位、自整角机和光电码盘 4 种类型,其中最常用的是光电码盘。

风向杆的安装方位指向正北。风速仪(风速和风向)一般安装在离地 10m 的高度上。

1.2 风能资源

1.2.1 风能的特点

风能储量巨大，是太阳能的一种表现形式。风能是可再生的、对环境无污染、对生态无破坏的清洁能源。风能密度低是风能的弱点之一。在1个标准大气压(101325Pa)、0℃条件下，空气的密度是淡水密度的1.293‰，淡水密度是空气密度的773.3倍。风能与空气密度成正比，与风力发电机叶轮直径的平方成正比。因此，风电与水电相比，单位装机容量(kW)和单位发电量(kWh)的机械设备较大，从而使风电度电成本增加。自然风是一种随机的湍流运动，风能的不稳定性也是风能的弱点之一。因此，风能的不稳定性也是促使风电度电成本增高的因素之一。

阅读材料1-1

中国风能资源储量估算

为了决策风能开发的可能性、规模和潜在能力，对一个地区乃至全国的风能资源储量的了解是必要的。风能资源的储量取决于这一地区风速的大小和有效风速的持续时间。风能利用究竟有多大的发展前景，中国气象研究院薛桁、朱瑞兆等人，对我国的总储量就需要有一个宏观的估计。

首先在全国年平均风能密度分布图上划出 10、25、50、100、200W/m² 各条等值线。

考虑一个单位截面积($1m^2$)的风能转换装置，风吹过后必须经前后、左右各10倍直径距离后才能恢复到原来的速度。因此在$1km^2$($10^6 m^2$)范围内对于叶轮扫掠面积为$1m^2$风力转换装置，只能安装$10^6/(10 \times 10) = 10^4$台。对于一个地面上面积为$S$，平均风能密度为$\overline{W}$的区域，其理论可开发风能储量$R$由下式估算。

$$R = \overline{W}S/100$$

式中　R——理论可开发风能储量，W；
　　　$\overline{W}$——平均风能密度，W/m²；
　　　S——地面上某一面积，m²。

为此，我们使用求积分仪逐省量取了：<10、10～25、25～50、50～100、100～200、>200W/m² 各等级风能密度的区域的面积S_i，然后分别乘以各等级风能密度的代表值$\overline{W}_i$，再按$R = \sum \overline{W}_i S_i / 100$计算出每一省的风能储量。

按上述方法经过仔细量取和计算后，各省的风能储量与全国风能总储量可分别做出(表1-3)。据测算，中国风能总储量(10m高度层)为322.6×10^{10}W，这个储量为"理论可开发总量"。实际可供开发的量按上述总量的1/10估算，并考虑风力机叶片的实际扫掠面积(对于直径为1m的风轮，其实际扫掠面积为$0.5^2 \times \pi = 0.785$)，因此再乘以面积系数$a = 0.785$，即为"实际可开发量"。

$$R'=0.785R/10$$

式中 R'——实际可开发风能储量，W；

R——理论可开发风能储量，W。

由此，得到全国风能实际可开发量为 2.53×10^{11} W。

表 1-3 中国及各省风能储量

省 份	理论可开发量/($\times 10^{10}$ W)	实际可开发量/($\times 10^{10}$ W)	平均单位面积储量/(kW/m²)
内蒙古	78.6940	6.1775	695.48
辽宁	7.7166	0.6058	514.14
黑龙江	21.9467	1.7228	477.10
吉林	8.1215	0.6375	451.19
青海	30.8455	2.4214	428.41
西藏	52.0322	4.0845	423.88
甘肃	14.5607	1.1430	373.35
台湾	1.3350	0.1048	370.83
河北(含北京、天津)	7.7943	0.6119	357.87
山东	5.0139	0.3936	334.26
山西	4.9308	0.3871	328.72
河南	4.6821	0.3675	292.63
宁夏	1.8902	0.1484	286.39
江苏(含上海)	3.0264	0.2376	286.05
新疆	43.7329	3.4330	273.33
安徽	3.1914	0.2505	245.49
海南	0.8154	0.0640	239.82
江西	3.7313	0.2929	233.21
浙江	2.0828	0.1635	208.28
陕西	2.9840	0.2342	157.05
湖南	3.1403	0.2465	149.54
福建	1.7474	0.1372	145.62
广东	2.4845	0.1950	138.23
湖北	2.4550	0.1927	136.39
云南	4.6705	0.3666	122.91
四川(含重庆)	5.5514	0.4358	99.13
广西	2.1415	0.1681	93.11
贵州	1.2814	0.1006	75.38
全国合计	322.6001	25.3000	

1.2.2 中国风能资源分布特点

研究各个地区风能资源的潜力和特征,一般都用有效风能密度和可利用的年累积小时数两个指标来表示。根据全国各气象观测站的风速资料统计分析,得出全国风能密度及风速为 3~20m/s(图 1.4)、6~20m/s、8~20m/s 全年累积小时数的分布图。由于我国地形复杂,风能的地区性差异很大,即使在同一地区风能也有较大的不同。由分布图可看出其分布特点。

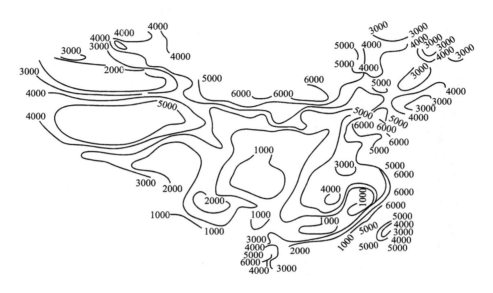

图 1.4　全年 3~20m/s 风速累积小时数分布图

1. 风能丰富区

该区风能密度大于 $200W/m^2$,3~20m/s 风速的年累积小时数大于 5000h;6~20m/s 大于 2200h;8~20m/s 大于 1000h。主要集中在 3 个地区。

(1) 东南沿海、山东和辽东半岛沿海及其岛屿。该区由于濒临海洋,风速较高。愈向内陆风能愈小,风力等值线与海岸线平行。该区的风能密度是全国最高的,如平潭的风能密度可达 $750W/m^2$,3~20m/s 的风速一年中最多可达 7940h(全年为 8760h),8~20m/s 也可达 4500h 左右。

对于风能的季节分配,东南沿海和台湾及其黄海、东海诸岛秋季风能最大,冬季次之。山东和辽东半岛春季风能大,冬季次之。

(2) 内蒙古和甘肃北部。该区为内陆连成一片的最好的风能区域。年平均风能密度在个别地区如朱日和、虎勒盖尔可达 $300W/m^2$,3~20m/s 风速的年累积小时数可达 7660 小时左右,6~20m/s 风速可达 4180h,8~20m/s 也可达 2294 小时。该区冬季风能最大,春季次之,夏季最小。

(3) 松花江下游地区。该区虽然风能密度在 $200W/m^2$ 以上,3~20m/s 风速在 5000 小时以上,但 6~20m/s 和 8~20m/s 风速较上述两区小,分别为 2000~3000h 和 800~900h。

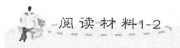

阅读材料1-2

风能资源观测网建设

由于地面地形复杂，又有花草树木、建筑物，靠近地面的风比较混乱，无法由此测风。大规模发展风电，必须像天气预报一样对风能进行精准预测，以帮助电网对风电做出精准调度。只有距离地面一定高度，风与天气系统的关系才较有规律。风力发电主要利用的是近地层中锋的动能资源（风力发电机轮毂高度一般不超过120m），因此，要实现风能资源的大规模可持续开发利用，必须详细了解在风机高度范围内（120m以下）的风能资源总储量。

国家发改委、财政部和中国气象局共同开展的"风能资源观测网"工作——在风能丰富、具有风电开发潜力的区域建设400座70m和100m高度的测风观测塔，目前已经基本完成。气象部门将对一定范围内的风向、风速、气温、湿度、气压以及风梯度和风脉动等数据进行观测，确定中国风机高度上的风能资源总储量以及精细化（水平分辨力达1km，垂直分辨力达10m）的地区分布特征，为风电规划提供全面有效的数据。

2. 风能较丰富区

该区的有效风能密度为 $150\sim200\text{W/m}^2$，$3\sim20\text{m/s}$ 风速的年累积小时数为 $4000\sim5000\text{h}$，$6\sim20\text{m/s}$ 的为 $1500\sim2200\text{h}$，$8\sim20\text{m/s}$ 的为 $500\sim1000\text{h}$。主要集中在3个地区，其中有两个地区是风能丰富区向内陆减小的延伸。

（1）沿海岸区，包括从汕头海岸向北沿东南沿海的 $20\sim50\text{km}$ 地带（是丰富区向内陆的延展）到东海和渤海沿岸。该区 $6\sim20\text{m/s}$ 风速的年累积小时数为1500h，$8\sim20\text{m/s}$ 风速的年累积小时数为800h左右。长江口以南，大致秋季风能大，冬季次之。

（2）三北的北部地区，包括从东北图们江口向西沿燕山北麓经河西走廊（是内蒙古北部区向南延伸）过天山到艾比湖南岸，横穿我国三北北部的广大地区。该区除天山以北地区夏季风能最大、春季次之外，都是春季风能最大。其次东北平原的秋季，内蒙古的冬季，河西走廊的夏季风能最大。

（3）青藏高原中部和北部地区。该区的风能密度在 150W/m^2 以上，但 $3\sim20\text{m/s}$ 风速出现的小时数与东南沿海的丰富区相当，可达5000h以上，有些地区如茫崖可达6500小时。但该地区由于海拔高度较高（平均在 $4000\sim5000\text{m}$ 左右），空气密度较小。同样是8m/s风速，海拔4.5m（如上海）时的风能密度比海拔4507m（那曲）时高40%。因此，在青藏地区（包括高山）利用风能时必须考虑空气密度的影响。该区春季风能最大，夏季次之。

3. 风能可利用区

该区有效风能密度为 $50\sim150\text{W/m}^2$，$3\sim20\text{m/s}$ 风速年累积小时数为 $2000\sim4000\text{h}$，$6\sim20\text{m/s}$ 为 $500\sim1500\text{h}$。集中分布在3个地区。

（1）两广沿海，在南岭之南，包括福建海岸 $50\sim100\text{km}$ 的地带。风能季节分配是冬季风能大，秋季风能次之。

（2）大、小兴安岭山地。该区有效风能和累积小时数由北向南趋于增加，这与内蒙古地区由北向南减少不同。春季风能最大，秋季次之。

(3) 三北中部。黄河和长江中下游以及川西和云南一部分地区。东从长白山开始，向西穿过华北，经西北到新疆最西端。北从华北开始穿黄河过长江，到南岭北侧和从甘肃到云南的北部，这一大区连成一片，约占全国面积的一半。由于该区只是在春、冬季风能较大，夏、秋季风能较小，故又可称为季节风能利用区。

4. 风能欠缺地区

该区有效风能密度在 $50W/m^2$ 以下，3～20m/s 风速的年累积小时数在 2000h 以下，6～20m/s 在 300h 以下，8～20m/s 在 50h 以下。集中分布在基本上四面为高山所环抱的 3 个地区。

(1) 以四川为中心，西为青藏高原，北为秦岭，南为大娄山，东面为巫山和武陵山等。

(2) 雅鲁藏布江河谷。

(3) 塔里木盆地西部。由于这些地区四周的高山阻碍了冷暖空气的入侵，所以风速都比较低。最低的是在四川盆地和西双版纳地区，年平均风速在 1m/s 以下，如成都风能密度仅为 $35W/m^2$ 左右。3～20m/s 风速的年累积小时数仅 400h，6～20m/s 仅 20 多小时，8～20m/s 在 1 年还不到 5h。因此这一地区除高山和峡谷等特殊地形外，基本上无风能利用价值。

上述 4 区的划分仅适于总的趋势，并不代表各区。中小地形的风能潜力，如吉林天池（海拔 2670m）处于风能可利用区内，事实上天池的年平均风速为 11.7m/s，居全国之冠，其风能应属最丰富区。又如新疆的阿拉山口——艾比湖和哈密西部的百里风区都属风能较丰富区，但该地区 3～20m/s 风速可达 6000h，实属风能丰富区。

我国幅员辽阔，地形十分复杂。局部地形对风能有很大影响。这种影响在总的风能资源图上显示不出来，需要根据具体情况进行补充测量和分析。

1.3 风能的数学描述

1.3.1 风特性

大气边界层内的风是一种随机的湍流运动，长期以来，人们对它进行了大量的研究工作，期望能用一个理论模型来准确描述，但未能实现。目前仅对 100m 高度以下的地表层的风特性比较了解，将风特性分为平均风特性和脉动风特性研究。平均风特性包括平均风速、平均风向、风速廓线和风频曲线，脉动风特性包括脉动风速、脉动系数、风向、湍流强度等。

1. 平均风速和风向

1) 平均风速

风速随时间和空间的变化是随机的，瞬时风速由平均风速和脉动风速组成，即

$$V(t)=\overline{V}+V'(t) \tag{1-7}$$

式中 $V(t)$ ——瞬时风速，指在某时刻 t，空间某点上的真实风速；

$\overline{V}$——平均风速,指在某个时距内,空间某点上各瞬时风速的平均值;

$V'(t)$——脉动风速,指在某时刻 t,空间某点上各瞬时风速与平均风速的差值。

平均风速可表示为

$$\overline{V} = \frac{1}{t_2-t_1}\int_{t_1}^{t_2} V(t)\mathrm{d}t \tag{1-8}$$

由式(1-8)可知,当采用不同时距 $\Delta t(t_2-t_1)$ 计算平均风速时,其值是不同的。时距在10min至1h范围内功率谱曲线比较平坦,如果将平均风速的时距取在这个范围,可以忽略湍流引起的天气变化,平均风速基本上是一个稳定值。因此,各国都在这个范围内取平均风速的时距,我国规范规定的时距为10min。平均风速的取值还取决于风速仪的高度,我国规范规定的标准高度为10m。

2) 平均风向

风向一般用16个方位表示,即东北偏北(NNE)、东北(NE)、东北偏北(ENE)、东(E)、东南偏东(ESE)、东南(SE)、东南偏南(SSE)、南(S)、西南偏南(SSW)、西南(SW)、西南偏西(WSW)、西(W)、西北偏西(WNW)、西北(NW)、西北偏北(NWN)、北(N)。静风记为"C"。

也可以用角度来表示,以正北为基准,顺时针方向旋转,东风为90°,南风为180°,西风为270°,北风为360°,如图1.5所示。

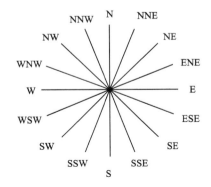

N—北 E—东 S—南 W—西
NE—东北 SE—东南 SW—西南 NW—西北
NNE—东北偏北 ENE—东北偏东
ESE—东南偏东 SSE—东南偏南
SSW—西南偏南 WSW—西南偏西
WNW—西北偏西 NWN—西北偏北

图1.5 风向16方位图

2. 脉动风速

脉动风速是指在某时刻 t,空间某点上的瞬时风速与平均风速的差值,即

$$V'(t) = V(t) - \overline{V} \tag{1-9}$$

脉动风速的时间平均值为零,即

$$\overline{V}' = \frac{1}{t_2-t_1}\int_{t_1}^{t_2} V'(t)\mathrm{d}t = 0 \tag{1-10}$$

1) 湍流强度和阵风因子

湍流强度是描述风速随时间和空间变化的程度,反映风的脉动强度,是确定结构所受脉动风荷载的关键参数。定义湍流强度 ε 为10min时距的脉动风速均方根值与平均风速的比值。

$$\varepsilon = \frac{\sqrt{(\overline{u'^2}+\overline{v'^2}+\overline{w'^2})/3}}{\sqrt{\overline{u^2}+\overline{v^2}+\overline{w^2}}} = \frac{\sqrt{(\overline{u'^2}+\overline{v'^2}+\overline{w'^2})/3}}{\overline{V}} \quad (1-11)$$

式中　u, v, w——纵向、横向和竖向3个正交风向上的瞬时风速分量；

　　　u', v', w'——对应的3个正交方向上的脉动风速分量；

　　　$\overline{V}$——平均风速。

横向脉动风速与平均风速如图 1.6 所示。3 个正交方向上的瞬时风速分量的湍流强度分别定义为

$$\varepsilon_u = \frac{\sqrt{\overline{u'^2}}}{\overline{V}} \quad \varepsilon_v = \frac{\sqrt{\overline{v'^2}}}{\overline{V}} \quad \varepsilon_w = \frac{\sqrt{\overline{w'^2}}}{\overline{V}} \quad (1-12)$$

在大气边界层的地表层中，3 个方向的湍流强度是不相等的，一般有 $\varepsilon_u > \varepsilon_v > \varepsilon_w$。在地表层上面，3 个方向的湍流强度逐渐减小，并随着高度的增加趋于相等。湍流强度不仅与离地高度有关，还与地表面粗糙长度有关。在风工程研究中，主要考虑与平均风速方向平行的纵向湍流强度 ε_u。

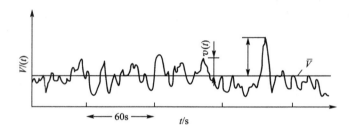

图 1.6　平均风速与脉动风速

风的脉动强度也可用阵风因子表示，阵风因子通常定义为阵风持续期 t_g 内平均风速的最大值与 10min 时距的平均风速之比，即

$$Gu(t_g) = 1 + \frac{\overline{u(t_g)}}{U}, \quad Gv(t_g) = \frac{\overline{v(t_g)}}{U}, \quad Gw(t_g) = \frac{\overline{w(t_g)}}{U} \quad (1-13)$$

结构风工程中定义阵风持续期 t_g 为 2～3s。一般说，t_g 越大，对应的阵风因子越小，$t_g=10\text{min}$，$Gu=1$，$Gv=Gw=0$。阵风系数同湍流强度有关，湍流强度越大，则阵风系数越大。

2) 湍流功率谱密度

大气湍流运动是由许多不同尺度的涡运动组合而成的，空间某点的脉动风速是由不同尺度的涡在该点处形成的各种频率的脉动叠加而成的。湍流功率谱密度是湍流脉动动能在频率或周波数空间上的分布密度，用来描述湍流中不同尺度的涡的动能在湍流脉动动能中所占的比例。

3. 平均风速和风向的表示

在大气边界层中，平均风速随时间发生变化，不同的地区变化不同，但有一定的规律性。平均风速有平均日风速、月风速和年风速等。

每个地方的风特性可用风玫瑰图表示，如图 1.7 所示。图 1.7 所示的每根直线的长度

表示在一年内这个方向的风的时间百分数（风向指向圆心），每个圆或圆弧表示的时间为总时间的5%。在每根直线的端点的数字表示这个方向风速的平均值。例如，西北方向的风，全年占11%，平均风速为6.7m/s。南风，全年占15%，平均风速为5.7m/s。所有的直线的总长度为100%。从16个方向的风速立方之后分别取的平均值，可得能量密度玫瑰图，如图1.8所示。在图1.8上每根直线的长度代表那个方向的风能百分数。所有的直线的总长度为100%。图1.8与图1.7相对应。值得注意的是：风玫瑰图不同于风能玫瑰图。如西北方向的风占全年时间的11%，但平均风能为21%。

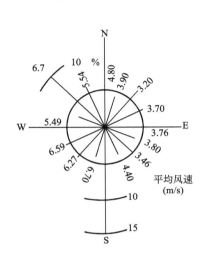

图1.7　风玫瑰图　　　　　图1.8　能量密度玫瑰图

4．平均风速随高度变化

在大气边界层中，平均风速随高度发生变化，其变化规律称风剪切或风速廓线，风速廓线可采用对数律分布或指数律分布。

1）对数律分布

在近地层中，风速随高度有显著的变化，造成风在近地层中的垂直变化的原因有动力因素和热力因素，前者主要来源于地面的摩擦效应，即地面的粗糙度；后者主要表现与近地层大气垂直稳定度的关系。当大气层结为中性时，紊流将完全依靠动力原因来发展，这时风速随高度的变化服从普朗特（Prandtl）经验公式

$$u = \frac{u_*}{K} \ln\left(\frac{Z}{Z_0}\right) \tag{1-14}$$

$$u_* = \sqrt{\frac{\tau_0}{\rho}}$$

式中　u——离地面高度Z处的平均风速，m/s；

K——卡门（Kaman）常数，其值为0.4左右；

u_*——摩擦速度，m/s；

ρ——空气密度（kg/m³），一般取1.225kg/m³；

τ_0——地面剪切应力，N/m²；

Z_0——粗糙度参数（m），见表1-4。

表1-4 不同地表面状态下的粗糙度

地形	沿海区	开阔地	建筑物不多的郊区	建筑物较多的郊区	大城市中心
Z_0/m	0.005~0.01	0.03~0.10	0.20~0.40	0.80~1.20	2.00~3.00

2) 指数律分布

用指数分布计算风速廓线时比较简便，因此，目前多数国家采用经验的指数律分布描述近地层中平均风速随高度的变化，风速廓线的指数律分布可表示为

$$u_n = u_1 \left(\frac{Z_n}{Z_1}\right)^\alpha \qquad (1-15)$$

式中　u_n——离地高度 Z_n 处平均风速，m/s；

　　　u_1——离地参考高度 Z_1 处平均风速，m/s；

　　　α——风速廓线指数。

α 值的变化与地面粗糙度有关，地面粗糙度是随地面的粗糙程度变化的常数，在不同的地面粗糙度下风速随高度变化差异很大。粗糙的表面比光滑的表面更易在近地层中形成湍流，使得垂直混合更为充分，混合作用加强，近地层风速梯度就减小，而梯度风的高度就较高，也就是说粗糙的地面比光滑的地面到达梯度的高度要高，所以使得粗糙的地面层中的风速比光滑地面的风速小。

在我国建筑结构载荷规范中将地貌分为 A、B、C、D 四类：A 类指近海海面、海岛、海岸、湖岸及沙漠地区，取 $\alpha_A = 0.12$；B 类指田野、乡村、丛林、丘陵以及房屋比较稀疏的中小城镇和大城市郊区，取 $\alpha_B = 0.16$；C 类指密集建筑物群的城市市区，$\alpha_C = 0.20$；D 类指有密集建筑群且建筑面较高的城市市区，取 $\alpha_D = 0.30$。图1.9所示为地表上高度与风速的关系。

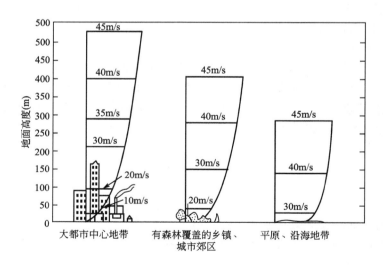

图 1.9　地表上高度与风速的关系

风速垂直变化取决于 α 值。α 值的大小反映风速随高度增加的快慢，α 值大表示风速随高度增加得快，即风速梯度大；α 值小表示风速随高度增加得慢，即风速梯度小。

1.3.2 风能公式

1. 空气密度

从风能公式可知，ρ 的大小直接关系到风能的多少，特别是在海拔高的地区，影响更突出。所以，计算一个地点的风功率密度，需要掌握的量是所计算时间区间下的空气密度和风速。在近地层中，空气密度 ρ 的量级为 10^0，而风速（V）的量级为 $10^2 \sim 10^3$。因此，在风能计算中，风速具有决定性的意义。另一方面，由于我国地形复杂，空气密度的影响也必须要加以考虑。空气密度 ρ 是气压、气温和温度的函数，其计算公式为

$$\rho = \frac{1.276}{1+0.00366t} \frac{(p-0.378e)}{1000} \tag{1-16}$$

式中 p——气压，hPa；
   t——气温，℃；
   e——水汽压，hPa。

2. 风速的统计特性

由于风的随机性很大，因此在判断一个地方的风况时，必须依靠各地区风的统计特性。在风能利用中，反映风的统计特性的一个重要形式是风速的频率分布，根据长期观察的结果表明，年度风速频率分布曲线最有代表性。为此，应该具有风速的连续记录，并且资料的长度至少有 3 年以上的观测记录，一般要求能达到 5~10 年。

风速频率分布一般为偏态，要想描述这样一个分布至少要有 3 个参数，即平均风速、频率离差系数和偏差系数。

关于风速的分布，国外有过不少的研究，近年来国内也有探讨。风速分布一般均为正偏态分布，一般说，风力愈大的地区，分布曲线愈平缓，峰值降低右移。这说明风力大的地区，一般大风速所占比例也多。如前所述，由于地理、气候特点的不同，各种风速所占的比例有所不同。

通常用于拟合风速分布的线型很多，有瑞利分布、对数正态分布、Γ 分布、双参数威布尔分布、三参数威布尔分布等，也可用皮尔逊曲线进行拟合。但威布尔分布双参数曲线是普遍认为的适用于风速统计描述的概率密度函数。

威布尔分布是一种单峰的，两参数的分布函数簇。其概率密度函数可表达为

$$P(x) = \frac{k}{c}\left(\frac{x}{c}\right)^{k-1} \exp\left[-\left(\frac{x}{c}\right)^k\right] \tag{1-17}$$

其中，k 和 c 为威布尔分布的两个参数，k 称为形状参数，c 称为尺度参数。当 $c=1$ 时，称为标准威布尔分布。形状参数 k 的改变对分布曲线形式有很大影响。当 $0<k<1$ 时，分布的众数为 0，分布密度为 x 的减函数；当 $k=1$ 时，分布呈指数型；$k=2$ 时，便成为瑞利分布；$k=3.5$ 时，威布尔分布实际已很接近于正态分布了。

估计风速的威布尔分布参数有多种方法，依不同的风速统计资料进行选择。通常采用的方法为：最小二乘法，即累积分布函数拟合威布尔分布曲线法；平均风速和标准差估计法；平均风速和最大风速估计法。根据国内外大量验算结果，上述方法中最小二乘法误差最大。在具体使用中，前两种方法需要有完整的风速观测资料，需要进行大量的统计工作；后一种方法中的平均风速和最大风速可以从常规气象资料获得，因此，这种方法较前

面两种方法有优越性。

3. 风能公式

空气运动具有动能。风能是指风所具有的动能。如果风力发电机叶轮的断面积为 A，则当风速为 V 的风流经叶轮时，单位时间内风传递给叶轮的风能为

$$P = \frac{1}{2}mV^2 \qquad (1-18)$$

其中，单位时间质量流量 $m = \rho A V$。

$$P = \frac{1}{2}\rho A V \cdot V^2 = \frac{1}{2}\rho A V^3 \qquad (1-19)$$

式中 ρ——空气密度，kg/m^3；
V——风速，m/s；
A——风力发电机叶轮旋转一周所扫过的面积，m^2；
P——每秒空气流过风力发电机叶轮断面面积的风能，即风能功率，W。

若风力发电机的叶轮直径为 d，则 $A = \frac{\pi}{4}d^2$。

这样

$$p = \frac{1}{2}\rho V^3 \times \frac{\pi}{4}d^2 = \frac{\pi}{8}\rho d^2 V^3 \qquad (1-20)$$

若有效时间为 t，则在时间 t 内的风能为

$$E = P \cdot t = \frac{\pi}{8}\rho d^2 V^3 t \quad (W \cdot h) \qquad (1-21)$$

由式(1-21)可知，风能与空气密度 ρ、叶轮直径的平方 d^2、风速的立方 V^3 和风速 V 的持续时间 t 成正比。

4. 平均风能密度和有效风能密度

表征一个地点的风能资源潜力，要视该地常年平均风能密度的大小而定。风能密度是单位面积上的风能，对于风力发电机来说，风能密度是指叶轮扫过单位面积的风能，即

$$W = \frac{1}{2}\rho V^3 \qquad (1-22)$$

式中 W——风能密度，W/m^2；
ρ——空气密度，kg/m^3；
V——风速，m/s。

常年平均风能密度为

$$\overline{W} = \frac{1}{T}\int_0^T \frac{1}{2}\rho V^3 dt \qquad (1-23)$$

式中 $\overline{W}$——平均风能密度，W/m^2；
T——总时间，h。

在实际应用时，常用下式来计算某地年(月)风能密度，即

$$W_{y(m)} = \frac{W_1 t_1 + W_2 t_2 + \cdots + W_n t_n}{t_1 + t_2 + \cdots + t_n} \qquad (1-24)$$

式中 $W_{y(m)}$——年(月)风能密度，W/m^2；

$W_1, W_2, \cdots, W_n$——各等级风速下的风能密度，W/m²；

$t_1, t_2, \cdots, t_n$——各等级风速在每年（月）出现的时间，h。

对于风能转换装置而言，可利用的风能是在"切入风速"到"切出风速"之间的风速段，这个范围的风能即通称的"有效风能"，该风速范围内的平均风能密度即"有效风能密度"，其计算公式为

$$\overline{W_e} = \int_{v_1}^{v_2} \frac{1}{2} \rho v^3 P'(v) \mathrm{d}v \qquad (1-25)$$

式中：v_1——切入风速，m/s；

v_2——切出风速，m/s；

$P'(v)$——有效风速范围内风速的条件概率分布密度函数，其关系为

$$P'(v) = \frac{P(v)}{P(v_1 \leqslant v \leqslant v_2)} = \frac{P(v)}{P(v \leqslant v_2) - P(v \leqslant v_1)}$$

复习思考题

一、填空题

1. 风是与地面大致平行的_____。
2. 气体的密度、压强与其本身的_____有着密切的关系。
3. 风速测量采用_____、压力式风速仪、_____，风向测量采用风向标，风向一般用 16 个方位表示。
4. 在 1 个标准大气压（101325Pa）、0℃条件下，空气的密度是淡水密度的 1.293‰，淡水密度是空气密度的_____倍。
5. 风能丰富区有：_____，_____ 和松花江下游地区。
6. 把风速随高度变化的图形称为_____。
7. 湍流度反映了风的_____，
8. 风能是指风所具有的_____，单位面积上的风能是指_____。

二、思考题

1. 测风系统由哪几部分组成？
2. 风能的特点有哪几点？
3. 湍流强度和阵风因子描述的是什么？
4. 风速随高度变化的规律是什么？
5. 影响风能大小因素有哪几个？
6. 简述大气环流的形成。
7. 简述我国季风环流的形成。
8. 简述山谷风的形成。

第 2 章
风力机的结构类型

本章教学要点

知识要点	掌握程度	相关知识
风力机概念	掌握风力机定义	与发动机概念的关系
风力机的分类	熟悉风力机各式各样的分法	风力发电原理、组成、结构及制造相关
水平轴风力机与垂直轴风力机	理解水平轴风力机与垂直轴风力机的特点,熟悉水平轴风力机的基本构成及功用	风能利用效率
其他风力机	了解各种风力机的特点	风力机发展背景

导入案例

风力发电具有其他能源不可取代的优势和竞争力。风力发电的优越性可归纳为以下几点。

(1) 建造风力发电场的费用低廉,比水电站、火力发电厂或核电站的建造费用低得多。

(2) 不需火力发电所需的煤、油等燃料或核电站所需的核材料即可产生电力,除常规保养外,没有其他任何消耗。

(3) 风力是一种洁净的自然能源,没有其他发电方式所伴生的环境污染问题。

(4) 风力发电运行简单,可完全做到无人值守。

(5) 风力发电实际占地少,机组与监控、变电等建筑仅占风力发电场约7%的土地,其余场地仍可供其他产业使用。对地形要求低,在山丘、海边、河堤、荒漠等地均可建设。

从能量转换的角度看,风力发电机由两大部分组成,其一是风力机,它的功能是将风能转换为机械能;其二是发电机,它的功能是将机械能转换为电能。1891年,丹麦的Paul Lacour教授首先将气体动力学引入风力机的研究,并且是世界上第一个利用风洞实验研究风力机的科学家,为设计和建造性能良好的风力机开辟了新途径,这也是现代风力机即升力型风力机发展的开始。

2.1 风力机概念

风力机是以风力作能源,将风力转化为机械能而做功的一种动力机。具体地讲风力机就是一种能截获流动的空气所具有的动能并将风轮叶片迎风扫掠面积内的一部分动能转化为有用机械能的装置。俗称风动机、风力发动机或风车。类似的动力机很多,如以汽油作燃料的动力机称汽油机(也称奥托内燃机),以柴油作燃料的动力机称柴油机(也称狄塞尔内燃机),以水力驱动的动力机称水轮机(也称水力机)等。风力机这个名称流行比较普遍,大多数人都使用这个名称。

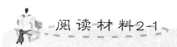

风力机的诞生与发展历程

风是地球上的一种自然现象,它是由太阳辐射热引起的。太阳照射到地球表面,地球表面各处受热不同,产生温差,从而引起大气的对流运动从而形成风。人类对于风能的开发利用也很早就开始了。对风能的利用首先出现在波斯,荷兰和英国的风车磨坊大约从公元7世纪就广泛应用,中国对风能的利用至少不晚于13世纪中叶,主要用于磨面和提水灌溉,使用垂直轴风车。荷兰人发展了水平轴风车,18世纪荷兰曾利用近万座风车将海堤内的水排干,造出的良田相当于国土面积的三分之一,成为著名的风车之国。19世纪中叶以后,美国大规模开发西部,为了解决人畜饮水问题,制造了金属叶片的风轮,驱动活塞泵用于提水,成为有名的美国农场风车,拥有量曾达到600万台。利用风力发电的设想始于1890年的丹麦,到1918年,丹麦已拥有120台风力发电机。1931年前苏联采用螺旋桨式的叶片建造了一台大型风力发电机。随后,各国相继建造了一大批大型风力发电机。随着石油能源危机的加剧使得风能利用受到人们的关注,这时对风能的利用主要集中在如何使用风能来发电。20世纪70年代早期,风能发电的技术在一步一步地改进;20世纪最后10年,全球范围内利用风能发电的装机容量几乎每三年翻一番。

2.2 风力机的分类

风力机的结构形式是多种多样的。由于着眼点的不同,可以有各式各样的分法。一般的分类方法大致有以下几种。

(1) 按风力机风轮轴所在的空间位置来区分,风力机可分为两类。

风轮轴平行或接近平行于水平的风力机称为水平轴风力机(图2.1、图2.2、图2.3)。

风轮轴垂直于水平面的风力机称为垂直轴风力机(图2.4、图2.5、图2.6),也称为竖轴风力机或立式风力机,有时也称为转子式风力机。一般说来,水平轴风力机和垂直轴风力机的风轮结构和叶片形式很不相同。水平轴风力机较为常见。

(2) 按风力机功率大小来区分,国内外分法有一定区别。

一般我国按功率分为4种,即功率在1kW以下的风力机称为微型风力机,如图2.4、图2.7、图2.8所示;功率在1~10kW的风力机称为小型风力机,如图2.1、图2.4所示;功率在10~100kW的风力机称为中型风力机,如图2.5所示;功率在100~1000kW的风力机称为大型风力机,如图2.2、图2.6所示;功率超过1000kW以上的风力机称为巨型风力机,也称兆瓦级风力机,如图2.3所示。国外一些国家按功率划分与我国不一样,在数值上扩大10倍,一般只分3种类型,即功率在100kW以下的风力机称为小型风力机;功率在100~1000kW的风力机称为中型风力机;功率在1000kW以上的风力机称为大型风力机。表2-1为世界上一些国家典型风力机的主要参数。

图2.1 小型水平轴风力机

图2.2 大型水平轴风力机

图 2.3　兆瓦级水平轴风力机

图 2.4　小型垂直轴风力机

图 2.5　金帆垂直轴 C 型风力型

图 2.6　300kW 的垂直轴风力机

图 2.7　10W 迷你风力机

图 2.8　家庭用微型风力机

（3）按风力机的风轮在正常工作状态下的转速来划分，可分为高速风力机和低速风力机两类。在一般情况下，风力机风轮的叶尖速比 λ（也称高速性系数）大于 3 的，属于高速风力机；而叶尖速比小于3的，则属于低速风力机。通常，少叶片风力机则属于高速风力机；多叶片风力机属于低速风力机。在实践中，风力发电系统采用的皆为高速风力机，如图2.1～图2.7所示；风力提水系统采用的为低速风力机，如图2.9所示。

图2.9 不同结构叶片的风力提水机

（4）按照风力机风轮上叶片数目的多少来划分，可分为多叶片风力机及少叶片风力机两大类。

一般地，风轮上的叶片数目少于或等于4片的，称为少叶(翼)式风力机，叶片数目在4片以上的，则称为多叶片风力机，图2.10所示为不同叶片的风力机。一般叶片数目的多少视风力机的用途而定。通常，用于发电的风力机叶片数有2叶片、3叶片或4叶片，目前，常见的水平轴风力机多数使用3叶片风轮，其特点是风力机轻便容易大型化，在风速较高时有较高的风能利用系数，而且高速旋转对传动机构要求低，适合风力发电；用于风力提水的风力机一般为12～24叶片，其特点是在风速较低时风力机有较高的风能利用系数、较大的启动力矩及较低的启动风速，适合提水。

图2.10 不同叶片数的风力机

表2-1 世界一些主要国家典型风力机的主要参数

分类	国家	风力机型号	风力机主要参数				
			叶片数（材料）	风轮直径/m	额定风速/m/s	额定功率/kW	叶尖速比
微型风力机	中国	FD2-100	2(木制)	2.0	6.0	0.1	7.0
	美国	Winco	2(木制)	1.83	8.0	0.2	4.8
	法国	Aerowatt	3(铝制)	2.0	7.0	0.14	6.0
	瑞士	W250	2(木制)	1.6	7.0	0.25	4.8
	俄罗斯	BE2M	2(木制)	2.0	6.0	0.15	10.5
小型风力机	中国	FD7-3000	3(木制)	7.0	8.0	3.0	6.8
	美国	AXP6000UTI	3(玻璃钢)	4.27	10.5	6.0	7.2
	法国	Enag	3(铝制)	6.0	11.5	5.0	7.6
	瑞士	WV50	3(木制)	5.0	8.0	5.0	7.2
	俄罗斯	UVEUD6	2(玻璃钢)	6.0	8.0	3.4	7.3
中型风力机	中国	LFD16	3(玻璃钢)	16.0	12.6	75.0	6.0
	美国	STORM	4(玻璃钢)	11.89	12.5	40.0	6.5
	英国	Swith	3(铝制)	15.2	18.5	100.0	3.2
	丹麦	Sonbjerg	3(玻璃钢)	14.0	12.0	55.0	5.4
	俄罗斯	SOKOL D12	3(木制)	12.0	8.0	15.2	6.9
大型风力机	中国	FD-E200	3(玻璃钢)	29.0	13.0	200.0	5.8
	丹麦	GAMESA	3(玻璃钢)	58.0	13.5	850.0	5.3
	美国	MOD-OA	2(玻璃钢)	38.0	11.2	200.0	7.1
	荷兰	Petten	2(玻璃钢)	25.0	13.0	300.0	8.0
	匈牙利	XL-280	4(玻璃钢)	36.6	10.4	280.0	5.0
巨型风力机	中国	SUT61-1000	3(玻璃钢)	60.62	12.0	1000.0	4.2
	美国	GE 3.6MW	3(玻璃钢)	104.0	13.0	3600.0	4.5
	丹麦	Vestas	3(玻璃钢)	80.0	15.0	2000.0	4.7
	德国	Fuhrlander	3(玻璃钢)	54.0	14.0	1000.0	4.5
	印度	Suzlon	3(玻璃钢)	66.0	12.0	1200.0	5.9

(5) 按风力机叶片工作原理来划分，可分为升力型风力机和阻力型风力机两大类。

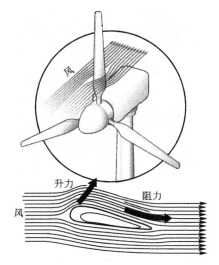

图 2.11 叶片翼型受升力和阻力示意图

一类是利用风力机叶片翼型的升力做功而实现风力机工作的，称为升力型风力机；另一类是利用空气动力的阻力做功而实现风力机工作的，称为阻力型风力机，图 2.11 所示为风力机叶片翼型产生升力和阻力示意图。

（6）按叶片升力翼型的形状来划分，可分为螺旋桨式和达里厄式风力机两类。

一般地，螺旋桨式叶片与飞机叶片相似；达里厄式叶片组成的风轮是一种升力装置，由于它的启动扭矩低，且尖速比较高，对于给定的风轮重量和成本，其有较高的功率输出。现在有多种达里厄式风力机，如 Φ 型、H 型、△型、Y 型、◇型等。这些风轮可设计成单叶片、双叶片、三叶片或多叶片。

综上所述，风力机的分类可归纳如下。

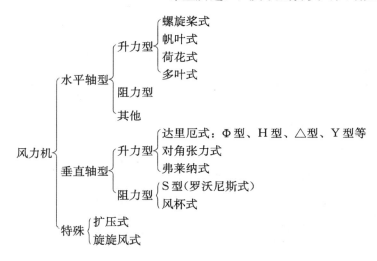

2.3 水平轴风力机

水平轴风力机是目前国内外最常见的一种风力机，也是技术最成熟的一种风力机。水平轴风力机一般在风速较高时有较高的风能利用率（风能利用率表示风力机从自然风能中吸取能量的多少），在大容量风力发电行业中应用十分广泛。

水平轴风力机可以是升力装置（即升力驱动风轮），也可以是阻力装置（阻力驱动风轮）。一般使用升力装置，因为升力比阻力大得多。另外，阻力装置的一般运动速度没有风速快；升力装置可以得到较大的尖速比 λ（风轮叶片尖端速度与风速之比），因此输出功率与重量之比较大，价格和功率之比较低。水平轴风力机的叶片数量可以不同（图 2.10），从具有配平物的单叶片风力机，到具有很多叶片（最多可达 50 片以上）的风力机均有。有些水平轴风力机没有对风装置，风力机不能绕垂直于风的垂直轴旋转，一一般说来，这种风力机只用于有一个主方向风的地方。而大多数水平轴风力机具有对风装置，能随风向改变而转动。这种对风装置，对于小型风力机，是采用尾舵，而对于大型风力机，则采用对风敏感元件。有些水平轴风力机的风轮在塔架的前面迎风旋转，称为上风式风力机(图2.12)；风轮安装在塔架后面，风先经过塔架，再到风轮，称为下风式风力机(图2.13)。上风式风力机必须有某种调向装置来保持风轮迎风。而下风式风力机则能够自动对准风向，从而免去了调向装置。但对于下风式风力机，由于一部分空气通过塔架后再吹向风轮，这样塔架就干扰了流过叶片的气流而形成所谓的塔影效应，影响风力机的出力，使性能有所降低。所以目前大多数风力发电机都是采用上风式风力机。

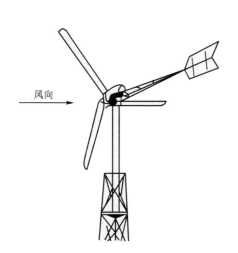
图 2.12 上风式风力机

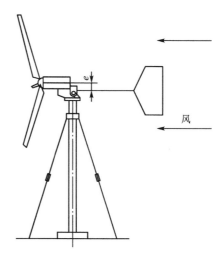
图 2.13 下风式风力机

水平轴风力机的风轮叶片可以制成固定桨距的，也可以制成可调桨距的。为了在高风速时控制风力机的转速及输出功率，目前风力机叶片有失速叶片，在高风速时依靠叶片翼型及叶片内部构造达到自动失速以限制风力机转速及输出功率的目的，属固定桨距；对于桨距可调的叶片，当风力机达到额定输出功率，风轮叶片就进入调节状态，可以通过调节叶片桨距来控制从流动的空气中吸收的能量，当风速进一步增大时，风力机的输出功率便被控制在这一水平。桨距可调的叶片又分为全翼展桨距可调及部分翼展(靠近叶尖处的1/3叶片长度部分)可调的两种。

水平轴风力机的结构特征是风轮的旋转平面与风向垂直，旋转轴和地面平行。就其整体结构来看，水平轴风力机的主要组成除风轮这一捕获风能并将其转化为机械能输出的主要部件外，还有发电机、塔架、机舱(或机座)、调向装置(偏航控制器)等，另外，还有调速装置及停车制动装置等。对于大型风力机还包括变速箱(增速器)、电子控制装置、低速联轴器、高速联轴器等，如图2.14所示。其主要部件功能如下。

1) 风轮

风轮的主要作用是将风能转化为机械能，是风力发电机接收风能的部件。一般它主要由叶片和轮毂组成，叶片的翼型和材料强度决定了风轮吸收风能的效率和叶片寿命。一般高速风力发电机多用2~3片叶片。叶片装在轮毂上，通过轮毂与主轴连接，同时，叶片与轮毂相对的固定的称定桨距风轮，由于有较强的刚度，其结构可以简化，使得其寿命提高和成本降低。叶片相对轮毂安装叶片轴转动的称变桨距风轮,能实现叶片桨距角控制,但需要有足够的强度。

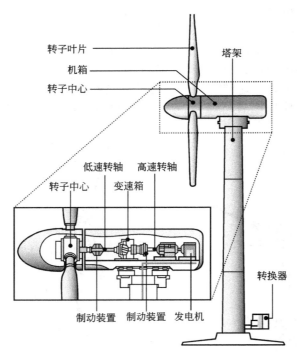

图 2.14 水平轴风力机结构组成

2) 风力发电机

风力发电机的作用是将风能最终变成电能而输出。以前没有为风力发电系统而专门研制、生产的发电机,风力发电系统用的发电机一般都是由一些电动机厂生产。传统的发电机具有较高的转速,而风力机的风轮达不到相应的转速。所以采用增速齿轮箱来增速,以满足发电机的转速。但同时也带来一些新问题,如结构复杂、成本上升、可靠性降低。所以大部分小型风力发电机避免使用增速齿轮箱,而是采用自己研制的低速发电机,既省去了增速齿轮箱,又满足了发电机的转速。近年来,人们逐渐注重适用于大型风力机的低速发电机的研制与开发。当前,风力发电机类型主要有4种形式:直流发电机、同步交流发电机、异步交流发电机、交流永磁发电机。

3) 塔架

塔架的作用是用来支撑风力机及机舱内(或机座上)各种设备,并使之离开地面一定高度,以使风力机能处于良好的风况环境下运转。同时还要承受风吹向风力发电机而产生的巨大的力矩。所以,塔架在设计过程中应给予高度重视,尤其在大中型风力发电机组中,塔架的作用和影响尤为明显。

4) 机舱(或机座)

机舱(或机座)位于塔架顶端用来支撑风轮以及与风轮相连接的齿轮传动(变速)装置、调速装置及调向机构等。在小型风力机中多为平板式机座形式,在大中型风力机中则做成机舱形式。在机舱内除上述部件及装置外,还包括发电机、电气控制设备、液压泵及计算机等。

5) 调向装置

调向装置又称调向器，其作用是使风轮能随着风向的变化随时都迎着风向，以最大限度地获取风能。风力机有上风型和下风型两种形式，一般大多为上风型。下风型风力机的风轮能自然地对准风向，因此一般不需要安装调向装置（对大型的下风型风力机，为减轻结构上的振动，往往也有采用对风控制系统的）。上风型风力机则必须采用调向装置，如图2.12中所示的尾翼。

6) 调速装置（或调速器）

风力机必须有一套装置来控制、调节它的转速。调速装置的功能是当风速不断变化时使风轮的转速维持在一个接近稳定不变的范围内。在小型水平轴或立轴（直叶片）风力机中多采用机械式调速机构。如：在台风情况下风力机的转速不加以控制，则可能会损坏叶片甚至机组。调速装置只在额定风速以上时调速。当风速超过停机风速时，调速装置会使风力发电机停机。

7) 刹车制动装置

刹车制动装置又称制动器，刹车制动装置是使风力发电机停止动转的装置，也称刹车。

8) 增速器及联轴器

由于风轮的转速低而发电机转速高，为匹配发电机，要在低速的风轮轴与高速的发电机轴之间接一个增速器。增速器就是一个使转速提高的变速器。增速器的增速比 i 是发电机额定转数 n_D 与风轮额定转数 n 的比，即 $i = n_D / n$。

增速器与发电机之间用联轴器连接，为了减少占地空间，往往联轴器与制动器设计在一起。风轮轴与增速器之间也有用联轴器的，称为低速联轴器。

2.4 垂直轴风力机

垂直轴风力机的风轮始终与风向保持一致，因此当风向改变时无需调整，这使结构简化，同时也减少了风轮对风时的陀螺力，相对水平轴风力机是一大优点；但垂直轴风力机启动困难，大型垂直轴风力机不能自己启动——它需要电力系统的推动才能启动。它通常使用拉索而不是塔架进行支撑，因此转子高度较低，较低的高度意味着风速因地面阻碍而较慢，所以垂直轴风力机的效率通常要比水平轴风力机低。图2.15所示是我国神风XYW-3垂直轴H型风力机。从有利的一面来说，所有设备都处于地面高度便于安装和维修；但这意味着风力机的占地面积较大，对于农作物种植区来说，这是相当不利的一面。

神风XYW-3垂直轴H型风力机具有：无风向选择、无陀螺力矩、无塔影效应、功率系数高、造价低、与工作机械连接方便、安装维修方便等优

图2.15 神风XYW-3垂直轴H型风力机

点。并且能自行启动、能自动调速、能满足单机独立运行的要求，特别适于制造大型和特大型机组。该机的工作风速范围非常宽（8～32m/s），风轮在大风下能实现恒速运行（风轮失载时最高转速不超过风轮额定转速的15%），这是该机最突出的优点。

垂直轴风力机有几种类型，有利用阻力旋转且由平板和杯子做成的风轮，这是一种纯阻力装置。S型风轮具有部分升力，但主要还是阻力装置。这些装置有较大的启动力矩（和升力装置相比），但尖速比较低。在风轮尺寸、重量和成本一定的情况下，提供的功率输出较低。有利用升力旋转的风轮装置，常见的为达里厄型垂直轴风力机。

达里厄式风轮是法国G.J.M.达里厄于19世纪20年代发明的。在70年代初，加拿大国家科学研究院进行了大量的研究，现在出现了多种达里厄型风力机，如Φ型、△型、Y型、◇型等。这些是水平轴风力机的主要竞争者。

阅读材料2-2

垂直轴风力机技术的发展

目前，美国、日本等技术先进的国家都大力推进垂直轴风力机的研发和设计。俄罗斯的垂直轴风电技术也处于世界先进水平，对定桨距、变桨距调节、变速恒频控制技术等一系列问题的研究卓有成果，成功设计了双转子垂直轴风力发电机，并开展了工业化应用。

最早的垂直轴风力发电机是一种圆弧形双叶片的结构（Φ型或称为达里厄型），由于其受风面积小，相应的启动风速较高，一直未得到大力发展，我国也在前几年做了一些尝试，但效果始终不理想。针对一些朋友问及：为何当初采用Φ型设计而没有用现在这种H型结构？实际上，这和科技的发展特别是计算机的发展密切相关，由于H型垂直轴风力发电机的设计需要非常大量的空气动力学计算以及数字模拟计算，采用人工的方法计算一次至少需要几年的时间，而且不是一次计算就能得到正确的结果，所以在计算机还不是很发达的年代，人们根本无法完成这一设计构思。

其他形式的垂直轴风轮有美格劳斯效应风轮，它由自旋的圆柱体组成。当它在气流中工作时，产生的移动力是由于美格劳斯效应引起的，其大小与风速成正比；有的使用管道或旋涡发生器塔，通过套管或扩压器使水平气流变成垂直方向，以增加速度；有些还利用太阳能或燃烧某种燃料。典型垂直轴风力机的结构及特点如下。

1) 达里厄型风力机

达里厄型风力机回转时与风向无关，是升力型的。它装置简单，成本也比较便宜，但启动性能差，因此也有人把这种风力机和一部萨布纽斯风力机组合在一起使用，如图2.16所示。弯曲叶片的剖面是翼型，它的启动扭矩低，但尖速比可以很高，对于给定的风轮重量和成本，有较高的功率输出。这些风轮可设计成单叶片、双叶片、三叶片或多叶片。

2) 旋转涡轮式风力机

垂直轴升力型旋转涡轮式风力机，这种风力机上垂直安装3～4枚对称翼型的叶片。它有使叶片自动保持最佳攻角的机构。因此结构复杂价格也较高，但它能改变桨距、启动性能好、能保持一定的转速，效率极高。这种风力机也有把同样的叶片固定安装的形式。

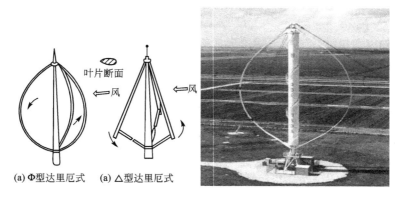

图 2.16 达里厄型风力机

3）弗来纳式风力机

在气流中回转的圆筒或球可以使该物体的周围的压力发生变化而产生升力。这种现象称为马格努斯效应，利用这个效应的发电装置称为弗来纳式风力发电装置。在大的圆形轨道上移动的小车上装上回转的圆筒，由风力驱动小车，用装在小车轴上的发电机发电。这种装置是 1931 年由美国的 J·马达拉斯发明的，并实际制造了重 15t、高 27m 的巨大模型进行了实验。现在弗来纳式风力机受到重视，美国的笛顿大学在重新进行开发和试验。

4）费特·肖奈达式风力机

这种风力机是由德国费特公司的工程师肖奈达发明的，费特·肖奈达螺旋桨垂直地安装在船底下部作为船的推进器。因随着叶片的角度和回转速度不同，其升力的大小和方向也不同，所以可以不用舵。把这种费特·肖奈达叶片上下相对可制成风力机（图 2.17），其工作原理和旋转涡轮式风力机相类似。

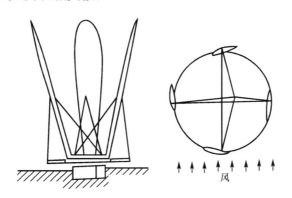

图 2.17 费特·肖奈达式风力机

总之，垂直轴风力机与水平轴风力机相比，具有以下优点。

（1）垂直轴风力机不需要复杂的偏航对风系统，可以实现任意风向下正常运行发电。这样不仅大大简化了控制系统，而且不会因对风系统的偏差造成能量利用系数的下降。

（2）水平轴风力机的主要设备（发电机、变速器、制动系统等）需安置在塔柱顶部，安装和维护比较困难；而垂直轴风力机的设备可放置在地面，大幅降低安装与维护费用，且机组整体稳定性好。

（3）水平轴风力机叶片通常采用锥形或螺旋型变截面，翼型剖面复杂，故叶片的设计及制造工艺复杂，造价高；而垂直轴风力机的叶片多采用等截面翼型，制造工艺简单，造价低。

（4）水平轴风力机叶片仅由一端固定，类似于悬臂梁，当叶片处于水平位置时，因重力和气动力作用形成很大的弯矩，对叶片结构强度很不利；垂直轴风力机叶片通常采用 Troposkien 曲线形状，叶片仅受沿展向的张力。

（5）垂直轴风力机可通过适当提高叶轮的高径比（叶轮高度和直径的比值）增加其扫风面积，可以在增加单机容量的同时减少风力机占地面积，从而提高风场单位面积的风能利用，有利于垂直轴风力机向大型化、产业化发展。

垂直轴风力机具有很好的发展潜力，特别是在大型化发展方向比水平轴更具优势。但也有如下缺点。

（1）难以自启动。
（2）难以控制失速，即易失速。
（3）加工工艺不成熟。
（4）风能利用率低。

2.5　其他风力机

无论水平轴风力发电机还是垂直轴风力发电机，随着风力发电机的发展，出现了各类风力发电机。下面介绍几种风力机。

2.5.1　带锥形罩型风力发电机

水平轴风力发电机有的利用锥形罩，使气流通过水平风轮时，气流得到收缩或扩散，以达到风轮加速的目的。带锥形罩型风力发电机的锥形罩有收缩型、扩散型或组合型。组合型风力发电机的特点是收缩、扩散，中间为中央圆筒，带中央圆筒组合型风力发电机增速效果比单独只有扩散管风力发电机增速效果好。该组合型改变外部形状时也会增加中央流路的流速。

图 2.18 所示为阿根廷科技人员设计制造的一种新型风力发电机，其风能利用率比一般风力发电机高一倍。这种风力发电机有两个风轮，一前一后，外面有聚风套包裹。通常前面的风轮会阻挡后面风轮接受风力，但是设计师设计了双层聚风套，也是一前一后，后面的一个聚风套在第二个风轮后面形成低压区，加强了叶片受力，旋转速度增加。由于没有减速齿轮箱，造价降低，维修费用也随之降低。新型聚能型发电机风能利用率高达 60%，比传统的风力发电机利用率高一倍。

浓缩型风力发电机是在叶轮前方设收缩管，在风轮后方设扩散管，在风轮周围设置包括增压弧板在内的浓缩风能装置，如图 2.19 所示。当自然风通过浓缩风能装置流经风轮时，其被加速、整流，形成流速均匀的高质量的气流。因此，此风力机风轮直径小、切入风速低、噪音低、安全性高、发电量大。

图 2.18　聚能型风力发电机　　　　图 2.19　浓缩型风力发电机

2.5.2　旋风型风力发电机

旋风型风力发电装置是一种用人工制造的旋风来推动叶轮叶片使其旋转的风力发电装置，如图 2.20 所示。这种装置有一个像几十层楼那样高的空心塔体，迎风面打开，背风面关闭，风就进入塔体，然后风相对于塔中心旋转，形成旋涡并向上运动。此时，做内向运动的空气便获得了越来越大的速度，使旋涡增强。最后，空气流成为一个急速旋转的空气团从塔顶逸出，与吹过塔顶的风相互作用，推动叶轮旋转发电。这种风力发电装置能发出数兆瓦的电力。

2.5.3　无阻尼型风力发电机

无阻尼型风力发电机利用磁悬浮原理，直接驱动发电机运转发电，如图 2.21 所示。该风力发电机极大地降低了发电机的机械阻力和摩擦阻力。该技术的使用使风力发电机的风能利用率平均达到了 40% 以上，使风力发电的成本有望和火力发电的成本相媲美，而且该技术的使用还可以提高风力发电机的年发电时间，改善了对电网的稳定性。这一技术成果将彻底改变人们对风力发电上网电价高、易造成电网波动的印象，为风力发电的大规模普及奠定了基础。

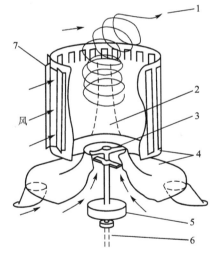

图 2.20　旋风型风力发电机
1—顶部风流　2—相互作用区
3—排气风力风轮　4—静止结构
5—转轮　6—连接发电机　7—可调垂直片

2.5.4　离心甩出式风力发电机

这种风力机用风吹动带空腔的叶片使其回转，空气因受离心力作用从叶片中甩出，在塔的内部放置空气涡轮机，由涡轮转动来发电。这个设计是法国人 J. 安东略发明的，第二次世界大战后，由英国的弗里特电缆公司建造。图 2.22 所示为此风力机的原理图。它是一种不直接利用自然风的独特设计，因结构比较复杂，空气流动的摩擦损失大，所以效率很低，以后再没有制造这种风力机。

图 2.21 无阻尼型风力发电机

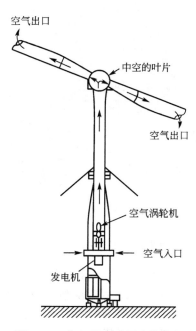

图 2.22 离心甩出式风力发电机

2.5.5 移动翼栅式风力发电机

它是在大型的圆形轨道上（直径为 8~10km）装着竖着的帆状翼栅形小车，借助风力小车车轮沿圆形轨道滚动，从而驱动连接在车轴上的发电机发电（图 2.23），应当说这是一种利用在地上跑的快艇驱动的发电机，把它叫"风力机"似乎并不恰当。因它能够获得巨大的发电量（在上述的 8~10km 直径的轨道上发电量为 10~20MW），美国的蒙达纳州立大学正在进行研制。

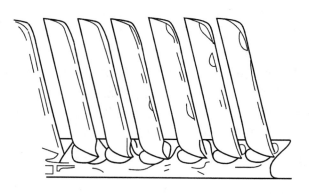

图 2.23 移动翼栅式风力发电机

2.5.6 四螺旋风力发电机

这种风力机是图 2.24 所示的特殊装置，放松张紧绳，可使风力机的回转部分折合。因是利用卷成涡旋状的帆接受风力，所以叫四螺旋风力发电机。在美国的塞法风力发电机公司 2.5 千瓦的原型机正在试验之中。

2.5.7 升降传送式风力发电机

由美国的 D. 修纳伊达设计的升降传送式风力发电机原理如图 2.25 所示。这种风力机是在环形的传送带上装上机翼似的叶片，一侧的一排叶片受风压往上推，而另一侧的一排叶片受风压往下拉。该形式不像普通螺旋桨风力机那样受风速的限制，它能在较宽的风速范围内运行。

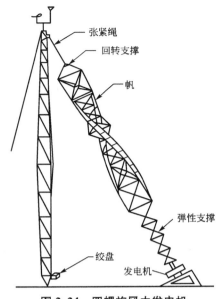

图 2.24　四螺旋风力发电机

2.5.8 自动变形双组风叶多层组装式风力发电机

自动变形双组风叶多层组装式风力发电机（图 2.26）用于大型风力发电场和家用电源。结构简单，主要部件采用钢管焊接和钢板制作，成本低。在风向旋转杆中部和上下部分别安装发电机和风舵，发电机输出轴的两端装有风叶、增风叶和活动增风叶，增风叶和活动增风叶很薄，旋转阻力小，风流分别作用在它的两侧的风叶有推动力的斜面，从而使发电机转动加快。在暴风时，活动增风叶自动向风的流动方向倾斜，提高了抗风等级；风向改变时，大面积的上下风向舵和发电机位于旋转杆的同一侧，保证了风叶所在平面与风的方向垂直；尤其是在井字架上下方向可以组装多层，每层多套，每套之间具有聚风作用，具有大小风都能正常发电的优点。

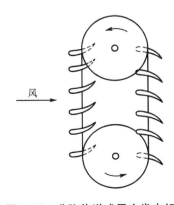

图 2.25　升降传送式风力发电机

图 2.26　自动变形双组风叶多层组装式风力发电机

一、填空题

1. 按风力机风轮轴所在的空间位置来区分。风力机可分_____、_____两类。
2. 风力机俗称_____、_____或_____。
3. 我国风力机按功率分为4种,功率在1kW以下的风力机称为_____;功率在1～10kW的风力机称为_____;功率在10～100kW的风力机称为_____;功率在100～1000kW的风力机称为_____;功率超过1000kW以上的风力机称为_____。
4. 水平轴风力机的风轮在塔架的前面迎风旋转,称为_____;风轮安装在塔架后面,风先经过塔架,再到风轮,称为_____。
5. 使风力发电机停止动转的装置称为_____。

二、思考题

1. 什么是风力发电机?
2. 风力发电机有几种分类方法?
3. 水平轴风力机的基本组成是什么?各有何功能?
4. 水平轴风力机和垂直轴风力机有何特点?
5. 垂直轴风力机有几种?
6. 简述各种特殊风力机的特点。

第3章 风力发电的基本原理

本章教学要点

知识要点	掌握程度	相关知识
风力发电机的工作原理,基本构成	理解风力发电机的工作原理;了解风力发电机基本构成	能量相互转化原理,流体运动学等
贝茨理论	了解贝茨理论的基本假设;掌握贝茨理论建立方法及计算公式	流体力学连续方程;物理学欧拉定理
叶素理论	理解叶素理论基本思想	物理学的受力分析
涡流理论	理解涡流理论基本思想	运动学基础

导入案例

图 3.1 所示为一风轮转动示意图。从图中可以看到，两个叶片的倾斜方向是不同的，因此风作用在风轮两个叶片上的合力 F 的指向也是不同的。一个指向右上方，一个指向右下方。两个叶片产生的升力 F_1，其指向则是一个向上，一个向下。这两个升力便构成了推动风轮转动的升力矩 M_1。在两个叶片上产生的阻力 F_d，其指向则是相同的。它们构成了作用在风轮上的轴向压力。当作用在风轮上的升力矩 M_1 克服了发电机的启动阻力矩和风轮的惯性力矩后，便推动风轮转动。这就是风轮能在风的作用下转动起来的原理。在这个过程中，一部分风能转换成了推动风轮转动的机械能。

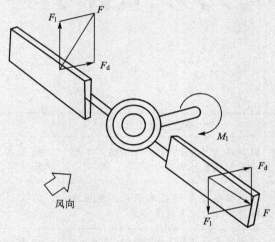

图 3.1 风轮转动示意图

3.1 工 作 原 理

风能(wind energy)是地球表面大量空气流动所产生的动能。由于地面各处受太阳辐照后气温变化不同和空气中水蒸气的含量不同，因而引起各地气压的差异，在水平方向高压空气向低压地区流动，即形成风。风能资源决定于风能密度和可利用的风能年累积小时数。风能密度是单位迎风面积可获得的风的功率，与风速的 3 次方和空气密度成正比关系。据估算，全世界的风能总量约 1300 亿千瓦，中国的风能总量约 16 亿千瓦。

风能是因空气流做功而提供给人类的一种可利用的能量。空气流具有的动能称为风能。空气流速越高，动能越大。人们可以用风车把风的动能转化为旋转的动作去推动发电机，以产生电力，方法是通过传动轴，将转子(由以空气动力推动的扇叶组成)的旋转动力传送至发电机。

在古代利用风车将风能转换为机械能用来磨碎谷物或抽水。风能作为一种无污染和可再生的新能源有着巨大的发展潜力，特别是对沿海岛屿、交通不便的边远山区、地广人稀的草原牧场，以及远离电网和近期内电网还难以达到的农村、边疆，作为解决生产和生活能源的一种可靠途径，有着十分重要的意义。即使在发达国家，风能作为一种高效清洁的新能源也日益受到重视，现在，人们感兴趣的是如何利用风能发电，图 3.2 所示为大型风电场。

图 3.2　大型风电场

风力发电机的工作原理比较简单，最简单的风力发电机可由风轮和发电机两部分构成，风轮在风力的作用下旋转，把风的动能转变为风轮轴的机械能，如果将风轮的转轴与发电机的转轴相连，发电机在风轮轴的带动下旋转发电。风力发电的原理这么简单，为什么仅到 20 世纪的中后期才获得应用呢？主要原因：(1)常规发电还能满足需要，社会生产力水平不够高，还无法顾及降低环境污染和解决偏远地区的供电问题；(2)能够并网的风力发电机的设计与制造，只有在现代高技术出现后才有可能，20 世纪初期是造不出现代风力发电机的。那么，现代风力发电机是什么样呢？下面就介绍一下现代风力发电机的结构与技术特点：现代风力发电的原理，是利用风力带动风轮叶片旋转，再透过增速机将旋转的速度提升，来促使发电机发电。依据目前的风力机技术，大约是每秒 3 米的微风速度（微风的程度）便可以开始发电。把风能转变为电能是风能利用中最基本的一种方式。现代风力发电机一般由风轮、发电机（包括装置）、调向器（尾翼）、塔架、限速安全机构和储能装置等构件组成，如图 3.3 所示。

风力发电所需要的装置称为风力发电机组。一般风力发电机组主要可分为风轮（包括尾翼）、发电机和塔架 3 部分。大型风力发电站基本上没有尾翼，一般只有小型（包括家用型）才会

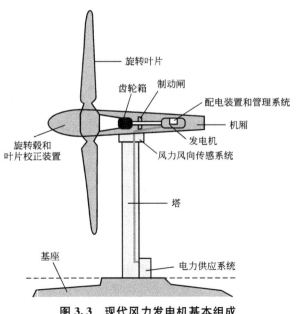

图 3.3　现代风力发电机基本组成

拥有尾翼。

阅读材料3-1

风力发电使用的特点

使用风力发电机，就是源源不断地把风能变成家庭使用的标准市电，其节约的程度是明显的，一个家庭一年的用电只需20元电瓶液的代价。而现在的风力发电机比几年前的性能有很大改进，以前只是在少数边远地区使用，风力发电机接一个15W的灯泡直接用电，一明一暗并会经常损坏灯泡。而现在由于技术进步，采用先进的充电器、逆变器，风力发电成为有一定科技含量的小系统，并能在一定条件下代替正常的市电。

山区可以借此系统做一个常年不花钱的路灯；高速公路可用它做夜晚的路标灯；山区的孩子可以在日光灯下晚自习；城市小高层楼顶也可用风力发电机，这不但节约而且是真正的绿色电源。家庭用风力发电机不但可以防止停电，而且还能增加生活情趣。在旅游景区、边防、学校、部队乃至落后的山区，风力发电机正在成为人们的采购热点。无线电爱好者可用自己的技术在风力发电方面为山区人民服务，使人们看电视及照明用电与城市同步，也能使自己劳动致富。

3.1.1 风轮

风轮是把风的动能转变为机械能的重要部件，它由两只（或更多只）螺旋桨形的风轮组成。当风吹向叶片时，叶片上产生气动力驱动风轮转动。叶片的材料要求强度高、重量轻，目前多用玻璃钢或其他复合材料（如碳纤维）来制造。由于风轮的转速比较低，而且风力的大小和方向经常变化着，这又使转速不稳定。所以，在带动发电机之前，还必须附加一个把转速提高到发电机额定转速的齿轮变速箱，再加一个调速机构使转速保持稳定，然后再连接到发电机上。为保持风轮始终对准风向以获得最大的功率，还需在风轮的后面装一个类似风向标的尾翼。

3.1.2 发电机

发电机是把由风轮得到的恒定转速，通过升速传递给发电机均匀运转，把机械能转变为电能的装置。风力发电在芬兰、丹麦等国家很流行，中国也在西部地区大力提倡。小型风力发电系统效率很高，但它不是只由一个发电机头组成的，而是一个有一定科技含量的小系统：由风力发电机、充电器和数字逆变器组成。风力发电机由发电机头、转体、尾、叶片组成。每一部分都很重要，各部分功能为：叶片用来接受风力并通过发电机转为电能；尾翼使叶片始终对着来风的方向从而获得最大的风能；转体能使发电机头灵活地转动以实现尾翼调整方向的功能；发电机头的转子是永磁体，定子绕组切割磁力线产生电能。

3.1.3 塔架

塔架是支承风轮、尾翼和发电机的构架。它一般修建得比较高，为的是获得较大的和较均匀的风力，又要有足够的强度。塔架高度视地面障碍物对风速影响的情况，以及风轮的直径大小而定，一般小型风力发电机塔架在6～20m范围内。

3.2 风力发电基本理论

3.2.1 贝茨(Betz)理论

世界上第一个关于风力机风轮叶片接受风能的完整的理论,是1919年由德国的A·贝茨(Betz)建立的。贝茨理论的建立,是假定风轮是"理想"的。"理想风轮"是指风轮全部接受风能,假设没有轮毂,叶片无限多,气流通过风轮时没有阻力,空气流是连续的、均匀的、不可压缩的,气流速度的方向不论在叶片前或流经叶片后都是垂直叶片扫掠面的(或称平行风轮轴线的),具体条件如下。

(1) 风轮没有锥角、倾角和偏角,全部接受风能(没有轮毂),叶片无限多,对空气流没有阻力。

(2) 风轮叶片旋转时没有摩擦阻力;风轮前未受扰动的气流静压和风轮后的气流静压相等,即 $p_1=p_2$。

(3) 风轮流动模型可简化成一个单元流管,如图3.3所示。

(4) 作用在风轮上的推力是均匀的。

分析一个放置在移动的空气中的"理想风轮"叶片上所受到的力及移动空气对风轮叶片所做的功。设风轮前方的风速为 V_1,V 是实际通过风轮的风速,V_2 是叶片扫掠后的风速,通过风轮叶片前风速面积为 S_1,叶片扫掠面的风速面积为 S 及扫掠后风速面积为 S_2。风吹到叶片上所做的功等于将风的动能转化为叶片转动的机械能,则必有 $V_1 > V_2$,$S_2 > S_1$。如图3.4所示。

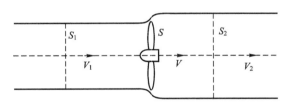

图3.4 贝茨理论简图

假设空气是不可压缩的,于是由连续条件可得

$$S_1 V_1 = S_2 V_2 = SV \tag{3-1}$$

风作用在叶片上的力由欧拉定理求得

$$F = \rho S V(V_1 - V_2) \tag{3-2}$$

式中 ρ——空气当时密度,kg/m³;

S——叶片扫掠面的风速面积,m²;

V——实际通过风轮的风速,m/s²;

V_1——风轮前方的风速,m/s²;

V_2——风轮后方的风速,m/s²;

故风轮吸收的功率为

$$P = FV = \rho S V^2 (V_1 - V_2) \tag{3-3}$$

从上游至下游动能的变化为

$$\Delta W = \frac{1}{2}mV_1^2 - \frac{1}{2}mV_2^2 \tag{3-4}$$

由于从上游至下游空气质量不变，故

$$m = \rho_1 S_1 V_1 = \rho S V = \rho_2 S_2 V_2 \tag{3-5}$$

所以

$$\Delta W = \frac{1}{2}\rho Sv(V_1^2 - V_2^2)$$

由于风轮吸收的功率是由动能转换而来的，所以

$$P = \Delta W \tag{3-6}$$

即

$$\rho S V^2(V_1 - V_2) = \frac{1}{2}\rho S V(V_1^2 - V_2^2)$$

得到

$$V = \frac{V_1 + V_2}{2} \tag{3-7}$$

将式(3-7)代入式(3-2)、式(3-3)，可得到

$$F = \frac{1}{2}\rho S(V_1^2 - V_2^2) \tag{3-8}$$

$$P = \frac{1}{4}\rho S(V_1^2 - V_2^2)(V_1 + V_2) \tag{3-9}$$

风速 V_1 是在风轮前方，可测得并给定，可写出 P 与 V_2 的函数关系式，并对 P 微分求最大值得

$$\frac{dP}{dV_2} = \frac{1}{4}\rho S(V_1^2 - 2V_1 V_2 - 3V_2^2) \tag{3-10}$$

令 $\frac{dP}{dV_2} = 0$ 有两个解：①$V_2 = -V_1$，没有物理意义；②$V_2 = V_1/3$。

将 $V_2 = V_1/3$ 代入式(3-9)，得到最大功率为

$$P_{max} = \frac{8}{27}\rho S V_1^3 \tag{3-11}$$

将上式除以气流通过扫掠面 S 时风所具有的动能，可推得风力机的理论最大效率（或称理论风能利用系数）为

$$\eta_{max} = \frac{P_{max}}{\frac{1}{2}\rho S V_1^3} = \frac{(8/27)\rho S V_1^3}{\frac{1}{2}\rho S V_1^3} = \frac{16}{27} \approx 0.593 \tag{3-12}$$

上式即为贝茨理论的极限值。表明风力机从自然风中所能索取的能量是有限的，这个有限效率值就称为理论风能利用系数 $C_P = 0.593$。而风力机的实际风能利用系数往往更低，即 $C_P < 0.593$。其功率损失部分可以解释为留在尾流中的旋转动能。这样风力机实际能得到的有用功率输出是

$$P_S = \frac{1}{2}\rho S V_1^3 C_P \tag{3-13}$$

3.2.2 叶素理论

1889年，Richard Froude 提出叶素理论。叶素理论是从叶素附近流动来分析叶片上的受力和功能交换。叶素为风轮叶片在风轮任意半径 r 处的一个基本单元，它是由 r 处翼型剖面延伸一小段厚度 dr 而形成的，如图 3.5 所示。像这样把叶片假想分割成无限多个叶

素，每个叶素都是叶片的一部分，每个叶素的厚度无限小，且假定所有叶素都是独立的，叶素之间不存在相互作用，通过各叶素的气流也不相互干扰。在分析叶素的空气动力学特征时就可以忽略叶片长度的影响。这种理论就叫叶素理论。

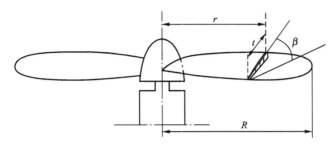

图 3.5 风轮的叶素

作用在每个叶素上的力仅由叶素的翼型升阻特性来决定，叶素本身可以看成一个二元翼型，作用在每个叶素上的力和力矩沿展向积分，就可以求得作用在风轮上的力和力矩，如图 3.6 所示。

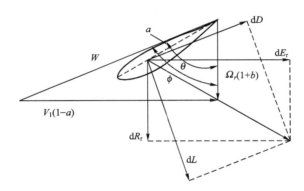

图 3.6 叶剖面和气流角、受力关系

其中：

$$dL = \frac{1}{2}\rho W^2 CC_L d_r \quad \text{（升力元）} \tag{3-14}$$

$$dD = \frac{1}{2}\rho W^2 CC_D d_r \quad \text{（阻力元）} \tag{3-15}$$

$$W = \frac{V}{\sin\phi} \quad \text{（合速度）} \tag{3-16}$$

式中 L——升力，N 或 kN；
C——弦长，m；
C_L——升力系数；
C_D——阻力系数。

$$dF_x = dL\cos\phi + dD\sin\phi = \frac{1}{2}\rho W^2 Cd_r C_x \tag{3-17}$$

$$dF_r = dL\sin\phi - dD\cos\phi = \frac{1}{2}\rho W^2 Cd_r C_r \tag{3-18}$$

式中

$$C_x = C_L\cos\phi + C_D\sin\phi$$
$$C_r = C_L\sin\phi - C_D\cos\phi$$

风轮半径 r 处环素上周推力为

$$dT = BdF_x = \frac{1}{2}\rho W^2 BC d_r C_x \tag{3-19}$$

转矩为

$$dM = BdF_r = \frac{1}{2}\rho W^2 BCC_r r d_r \tag{3-20}$$

其中，B 为叶片数。

在这里干扰系数又称为诱导系数，共有两个：一个是轴向干扰系数 a，另一个是周向干扰系数 b。它们的物理意义就是当气流通过风轮时，风轮对气流速度的影响程度。从图中可以清楚地看出，通过风轮的轴向速度为 $V_1(1-a)$，而不是来流风速 V_1，其中 aV_1 就是风轮产生的诱导速度，是以 a 为系数对 V_1 所打的折扣。同理，气流相对于风轮的切向速度也不是 Ω_r，而是多了一项 $b\Omega_r$，这一项就是切向诱导速度。

应该指出，在进行气动分析时，干扰系数的影响是决不可忽略的，既然不能忽略 a、b 的影响，而确定它们又比较困难，这就造成了气动设计的复杂性。

3.2.3 涡流理论

另一种计算风轮气动性能的理论就是涡流理论。涡流理论的优点在于考虑通过风轮的气流诱导转动。风轮旋转工作时，流场并不是简单的一维定常流动，而是一个三维流场，如图 3.7 所示。理论考虑风轮后涡流流动，并有以下假定。

（1）忽略叶片翼型阻力和叶梢损失的影响。

（2）忽略有限叶片数对气流的周期性影响。

（3）叶片各个径向环断面之间相互独立。

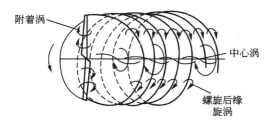

图 3.7 风轮涡流示意图

涡流理论认为对于有限长的叶片，空气流流经风轮后形成尾迹旋涡，它形成两个主要旋涡区：一个靠近叶尖，一个在轮毂附近。当风轮旋转时，每个叶片尖部下游的气流的迹线为一螺旋线，因此，每个叶片的尾迹旋涡形成一螺旋形。由涡流引起的风速可看成是由下列 3 个涡流系统叠加的结果，即①中心涡，集中在转轴上；②每个叶片的附着涡；③每个叶片尖部形成的螺旋涡。

正因为涡系的存在，流场中轴向和周向的速度发生变化，即引入诱导因子（轴向干扰因子 a 和周向干扰因子 b）。由旋涡理论可知：在风轮旋转平面处气流的轴向速度为

$$V = (1-a)V_1 \tag{3-21}$$

周向方向上，由于气流涡旋运动，气流在下游周向方向上产生一个旋转角速度 Ω，上游周向的角速度为 0，假定风轮以角速度 ω 旋转。由贝茨理论的思想可得出：气流在风轮

处的角速度为$(\Omega-0)/2$,在风轮平面内气流相对于风轮的轴向速度为

$$\omega+\frac{\Omega}{2}=(1+b)\Omega \tag{3-22}$$

式中　Ω——气流的旋转角速度,rad/s;
　　　ω——风轮的旋转角速度,rad/s。

因此由上式可得在风轮半径 r 处的切向速度为

$$U=(1+b)\Omega_r \tag{3-23}$$

在轮毂附近也存在同样的情况,每个叶片都对轮毂涡流的形成产生一定的作用。在涡流理论中,空间给定一点的风速,可以看作直线运动的风速和旋涡诱导速度的合速度,风轮叶片上的诱导速度和升力是由风轮尾流中的自由尾流涡诱导产生的。

用该理论计算风轮气动性能的关键在于如何合理地模拟风轮后面的尾涡几何结构。因此,涡流理论研究的重点就在于如何建立尾流模型。一般现在有刚性尾流模型、自由尾流模型和修正的自由尾流模型3种主要模型,一些文献的研究表明涡流理论计算结果更符合实际。但是涡流理论涉及流体力学理论,计算复杂得多,得到的多叶片风轮机动力特性如图3.8、图3.9(a)和(b)所示。

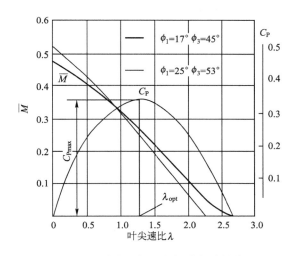

图3.8　多叶片风轮机空气动力特性曲线

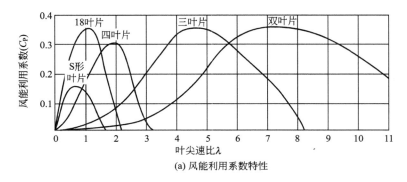

(a) 风能利用系数特性

图3.9　风能利用系数特性和无因次扭矩特性

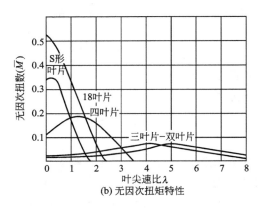

(b) 无因次扭矩特性

图 3.9(续)

3.2.4 动量理论

动量理论是 William Rankime 于 1865 年提出的。动量理论是用来描述作用在风轮上的力与来流速度之间的关系,回答风轮究竟能从动能中转换成多少机械能。

风轮扫掠面上半径为 dR 的圆环微元体如图 3.10 所示。在风轮扫掠面内半径 r 处取一个圆环微元体,应用动量定理,作用在风轮$(R,R+dR)$环形域上的推力为

$$dT = m(V_1 - V_2) = 4\pi\rho V_1^2(1-a)adR \tag{3-24}$$

转矩为

$$dM = mr^2 = 4\pi\rho r^3 V_1 \Omega(1-a)bdR \tag{3-25}$$

由以上式子得:

$$\frac{a}{1-a} = \frac{BCC_x}{8\pi R\sin^2\phi}$$

$$\frac{b}{1+b} = \frac{BCC_r}{4\pi R\sin^2\phi}$$

如果忽略叶型阻力,则

$$C_x \approx C_L\cos\phi$$

$$C_y \approx C_L\sin\phi$$

$$\tan\phi = \frac{(1-a)}{(1+b)}\cdot\frac{1}{\lambda}$$

其中,$\lambda = \frac{\Omega r}{V_1}$ 称为 r 处的速度比。

由以上式子可导出能量方程

$$b(1+b)\lambda^2 = a(1-a) \tag{3-26}$$

再将动量理论中的转矩公式和叶素理论中的结论相结合得出

$$\frac{NCC_L}{r} = \frac{8\pi a}{1-a}\cdot\frac{\sin^2\phi}{\cos\phi}$$

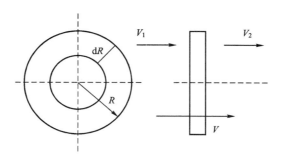

图 3.10　风轮扫掠面上的圆环微元体

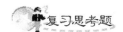

思考题

1. 现代风力发电机一般由什么构件组成？
2. 现代风力发电机为什么仅到 20 世纪的中后期才获得应用呢？
3. 风力发电机的工作原理是什么？
4. 风力发电使用的特点是什么？
5. 贝茨（Betz）理论的基本思想是什么？
6. 简述叶素理论。
7. 简述涡流理论。
8. 简述动量理论。

第 4 章 风力发电机组

本章教学要点

知识要点	掌握程度	相关知识
风力发电机组的构成和分类	了解风力发电机组的构成和分类	了解风力发电机组的 7 种分类方法，简单了解风力发电机组的构成
风电发电机组的工作原理	掌握风力发电机组的工作原理	了解关于风速、风能、功率的基本定义；掌握几个基本理论：贝茨理论、叶素理论、涡流理论；掌握风力机组的空气动力特性
叶片	掌握叶片应满足的基本要求以及叶片的分类	了解叶片应满足的基本要求；掌握根据不同的分类方法及叶片的类型
轮毂	掌握 3 种结构的轮毂形式	掌握 3 种结构的轮毂形式：固定式轮毂、叶片之间相对固定的铰链式轮毂和各叶片自由的铰链式轮毂
塔架	了解塔架的结构与类型	了解根据不同的分类方法塔架的类型与结构
机舱及齿轮传动系统	了解机舱及齿轮传动系统	了解机舱内的部件；了解齿轮箱的类型与特点；齿轮箱的设计要求及使用要求；齿轮箱的效率、润滑、冷却和噪声
调向装置	掌握主动偏航系统和被动偏航系统	调向装置分为主动偏航系统和被动偏航系统。被动偏航常见的有尾翼、侧轮和下风向 3 种；主动偏航形式主要是电机调向
风力机功率输出及功率调节装置	掌握风力机功率输出及有关定义，掌握几种风力机的功率调节方式	几种风力机的功率调节方式：定桨距风力机的叶片失速调节、变桨距角控制、变速/恒频风力发电系统
制动装置	掌握两大类制动装置：空气动力制动和机械制动	掌握空气动力制动，空气动力制动有叶尖扰流器、扰流板、主动变桨距、自动偏航等几种方法；掌握机械制动
发电机	掌握发电机类型，了解发电机常见故障	掌握发电机类型：同步发电机、异步发电机（笼型感应发电机、绕线转子异步发电机、双馈式感应发电机等）和交流永磁发电机；了解发电机常见故障
控制器	了解几种常用控制器	常用的几种控制器：整流器、逆变器、变频器、充电控制器
避雷系统	了解避雷系统 3 个主要构成要素及各部件防雷措施	了解避雷系统 3 个主要构成要素，分别是：接闪器、引下导线和接地装置；了解各部件防雷措施

导入案例

风力发电机组的原理是利用风力带动风力机叶片旋转，再通过增速齿轮箱将旋转的速度提升，来促使发电机发电。风力研究报告显示：依据目前的风力机技术，大约是每秒 3 米的微风速度（微风的程度）便可以开始发电。风力发电正在世界上形成一股热潮，因为风力发电没有燃料问题，也不会产生辐射或空气污染。

现代风机的设计极限风速为 60～70m/s，也就是说在这么大的风速下风机也不会立即被破坏。理论上的 12 级飓风，其风速范围也仅为 32.7～36.9m/s。就 1500kW 风机而言，一般在 4m/s 左右的风速自动启动，在 13m/s 左右发出额定功率。然后，随着风速的增加，一直控制在额定功率附近发电，直到风速达到 25m/s 时自动停机。

风力发电在芬兰、丹麦等国家很流行，我国也在西部地区大力提倡。风力发电机因风量不稳定，故其输出的是变化的交流电，须经整流器整流，再对蓄电池充电，使风力发电机产生的电能变成化学能。然后用有保护电路的逆变器把蓄电池里的化学能转变成交流 220V 市电，才能保证稳定使用。

通常人们认为，风力发电的功率完全由风力发电机的功率决定，总想选购大一点的风力发电机，而这是不正确的。目前的风力发电机只是给蓄电池充电，而由蓄电池把电能储存起来，人们最终使用电功率的大小与蓄电池大小有更密切的关系。功率的大小更主要取决于风量的大小，而不仅是机头功率的大小。在内地，小的风力发电机会比大的更合适，因为它更容易被小风量带动而发电，持续不断的小风会比一时狂风更能供给较大的能量。当无风时人们还可以正常使用风力带来的电能，也就是说一台 200W 风力发电机也可以通过大容量蓄电池与逆变器的配合使用，获得 500W 甚至 1000W 乃至更大的功率输出。

最简单的风力发电机可由风轮和发电机两部分构成，立在一定高度的塔架上，这是小型离网风机。最初的风力发电机发出的电能随风速变化时有时无，电压和频率不稳定，没有实际应用价值。为了解决这些问题，现代风机增加了齿轮箱、偏航系统、液压系统、刹车系统和控制系统等。

4.1 风力发电机组的分类和构成

风力发电就是风的动能通过风力机转换成风轮的机械能，风轮再带动发电机发电，转换成电能。本章主要介绍发电用风力机组的各种形式、风力发电的基本原理和主要设备等。

4.1.1 风力发电机组的分类

风力发电机组有多种形式，按不同的分类方式可分成若干种类。

1. 根据风力机轴的空间位置分类

根据风力机轴的空间位置可将风力发电机组分为水平轴风力发电机组和垂直轴风力发

电机组。水平轴风力发电机组，即风轮围绕一个水平轴旋转，风轮的旋转平面与风向垂直，如图4.1所示。水平轴风力发电机启动容易，效率高。目前绝大多数成熟的风力发电机组都是水平轴的。

(a) 少叶片水平轴风力发电机　　　　(b) 多叶片水平轴风力发电机

图 4.1　水平轴风力发电机组

垂直轴风力发电机组，风轮的旋转轴垂直于地面或气流方向，如图4.2所示。垂直轴风力发电机组的主要优点是可以接受来自任何方向的风，因而当风向改变时，无须对风，故不需要安装调向装置，结构简化。另外，齿轮箱和发电机可以安装在地面上，减轻风力发电机组的承重，且方便维护。但垂直轴风力发电机的效率一般较低，目前市场上还没有完全成熟的批量生产的垂直轴风力发电机供应。

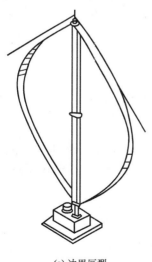 

(a) 达里厄型　　　　　　　　　(b) 旋翼型

图 4.2　垂直轴风力发电机组

如第2章所述,也可根据叶片的数量将风力发电机组分为单叶片风力发电机组、双叶片风力发电机组、三叶片和多叶片风力发电机组,如图4.3所示。

风轮叶片数目的多少视风力机的用途而定,用于风力发电的风力机叶片数一般取1～4片(多数为3片或2片),而用于风力磨面、风力提水的风力机的叶片数较多,一般取为12～24片。风力机的风轮的转速与叶片的多少有关。叶片越多,转得越慢。叶片数多的风力机通常称为低速风力机,它在低速运行时,有较大的转矩。它的启动力矩大、启动风速低,因而适用于磨面、提水。叶片数目少的风力机通常称为高速风力机,它在高速运行时有较高的风能利用系数,但启动风速较高,适用于发电。其中三叶片风轮由于稳定性好,在风力发电机组上得到了最广泛的应用。

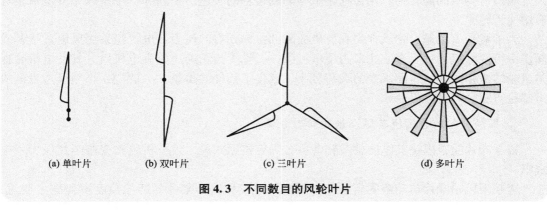

图4.3 不同数目的风轮叶片

2. 根据风轮的迎风方式分类

水平轴风力发电机组根据风轮的迎风方式,即风—风轮—塔架三者相对位置的不同,可以分为上风型水平轴风力发电机组和下风型水平轴风力发电机组。

风轮安装在塔架的上风位置迎风旋转的,即风首先通过风轮再穿过塔架,风轮总是面对来风方向,风轮在塔架"前面",称为上风型风力发电机组,如图4.4(a)所示。

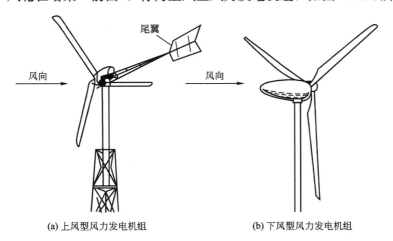

图4.4 上风型、下风型风力发电机组

风轮安装在塔架的下风位置,即风首先通过塔架再穿过风轮,风轮在塔架"后面",称为下风型风力发电机组,如图4.4(b)所示。

上风型风力发电机组必须有某种调向装置来保持风轮迎风,如图4.4(a)中所示的风力发电机组的尾翼。下风型风力发电机组则能够自动对准风向,从而避免安装调向装置。但对于下风型风力发电机组,由于一部分空气通过塔架后再吹向风轮,塔架干扰了即将流经叶片的气流,形成所谓的塔影效应,使风力发电机功率输出性能有所降低。

3. 根据风轮与发电机之间的连接方式分类

根据风轮与发电机之间的连接方式可将风力发电机组分为直驱式风力发电机组和变速式风力发电机组。

带有增速齿轮箱的风力发电机组称为变速式风力发电机组。一般风轮的转速低,达不到发电机所要求的高转速,用齿轮箱来提高高速轴的转速。一般大、中型风力发电机组都有增速齿轮箱。

为了减少齿轮箱的传动损失和发生故障的概率,有的风力发电机组采用风轮直接驱动同步多极发电机,称为直驱式风力发电机组,又称无齿轮箱风力发电机组。其发电机转速与风轮转速相同,机组所承受的载荷较小,减轻了部件的重量。一般微、小型风力发电机组都是直驱的,没有齿轮箱。

4. 根据叶片能否围绕其纵向轴线转动分类

根据叶片能否围绕其纵向轴线转动可分为定桨距式风力发电机组和变桨距式风力发电机组。

定桨距风轮叶片与轮毂固定连接,即当风速变化时,桨叶的迎风角度不能随之变化。在风轮转速恒定的条件下,风速增加超过额定风速时,如果风流与叶片分离,叶片将处于"失速"状态,风轮输出功率降低,发电机不会因超负荷而烧毁。结构简单,但是承受的载荷较大。图4.5所示即为定桨距风力机的功率特性。

变桨距风轮的叶片与轮毂通过轴承连接。当风速变化时,桨叶的迎风角度能随之变化。虽然结构比较复杂,但能够获得较好的性能,在额定点具有较高的风能利用系数,无需担心风速超过额定点后的功率控制问题。而且叶片承受的动态载荷较小。但结构复杂,制造、维护成本高。图4.6所示即为变桨距风力机的功率特性。

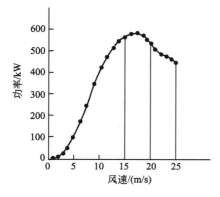

图4.5 定桨距风力机的功率特性

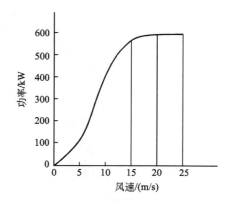

图4.6 变桨距风力机的功率特性

5. 根据发电机组负载形式分类

根据发电机组负载形式可将风力发电机组分为并网型风力发电机组和离网型风力发电机组。

并网型风力发电机组必须和现有的大电网结合才能有效地工作，它的基本目的是向大电网输送电力，并网发电系统不需要蓄电池等储能装置，而是通过并网逆变器直接馈入电网。然后电力通过电网再输送给用电户。

离网型风力发电机组则完全独立于现有电网，为没有常规电网供电的用户提供电力服务。离网发电系统需要蓄电池储能，当蓄电池已经满了，而又没用负载的时候，如半夜，则系统所发的电能被浪费了。

6. 根据风力发电机组的发电机类型分类

风力发电机组应用的发电机类型主要有直流发电机、同步交流发电机、异步交流发电机、交流永磁发电机等。故风力发电机组可分为直流发电机式风力发电机组、同步交流发电机式风力发电机组、异步交流发电机式风力发电机组、交流永磁发电机式风力发电机组等 4 种。

4.1.2 风力发电机组的构成

水平轴式风力发电机是目前世界各国应用最广泛、技术也最成熟的一种形式。而垂直轴风力发电机因其效率低、需启动设备，发展技术并不成熟、完善，因而并未得到广泛应用。本书主要详细介绍水平轴风力发电机组的构成。

如第 2 章所述，水平轴风力发电机主要由风轮（包括叶片和轮毂）、机舱、高速轴、低速轴、增速齿轮箱（有的风机没有）、发电机、调向装置、调速装置、刹车制动装置、塔架、避雷装置等组成。典型结构如图 4.7 所示。

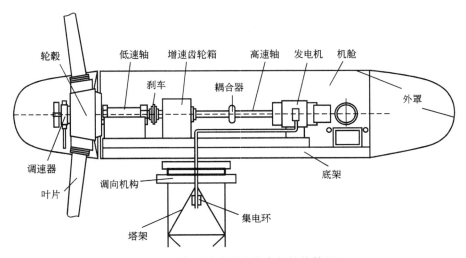

图 4.7 水平轴式风力发电机结构简图

1. 风轮

风轮由轮毂和叶片组成。叶片根部安装在轮毂上，形成悬臂梁形式。由于叶片是风力发电机接收风能的关键部件,叶片在转动中,距转动中心不同半径的线速度不同,接收风能也不同,为了使叶片各部分接收风能大体一致,叶片往往做成从叶根至叶尖是渐缩的不同翼型,并且扭转一定的角度,这种叶片称为扭曲叶片。现代大中型风力发电机都采用扭曲叶片,不同的叶片扭曲、翼型参数及叶片结构都直接影响叶片接受风能的效率和叶片的寿命。

叶片尖端在风轮转动中所形成圆的直径称为风轮直径,亦称为叶片直径。从叶片结构上又可分为木制叶片、铝合金挤压成型的等弦长叶片、钢制叶片、钢纵梁玻璃钢叶片、玻璃钢叶片等。

2. 机舱及齿轮传动系统

机舱多为铸铁结构,或采用带加强筋的板式焊接结构。风轮获得的能量进行传递、转换的全部机械和电气部件都安装在机舱里,如高速轴、低速轴、风轮轴承、联轴器、增速齿轮箱、调速装置、发电机、制动装置等,如图4.7所示。

齿轮传动系统一般包括低速轴、高速轴、增速齿轮箱、联轴器和制动器等。对于大中型风力机来说,由于风轮的转速低而发电机转速高,为匹配发电机转速,要在低速的风轮轴与高速的发电机轴之间接一个增速齿轮箱。但不是每一种风力机都必须具备所有这些环节,有些风力机的轮毂直接连接到齿轮箱上,就不需要低速传动轴。也有一些风力机(特别是微、小型风力机)设计成无齿轮箱的,风轮直接与发电机连接,发电机转速与风轮转速相同。

3. 发电机

风轮接受风能而转动最终传给风力发电机,风力发电机的作用是将风能最终变成电能而输出。常用的发电机有4种。

(1)直流发电机,常用在微、小型风力发电机上。一般直流电压为12V、24V或36V等。中型风力发电机也有用直流发电机的。

(2)永磁发电机,常用在小型风力发电机上,一般电压为115V或127V等,有直流发电机也有交流发电机。永磁交流发电机在中、大型风力发电机上尚未得到广泛使用,主要有些技术问题还未解决。现在我国已经发明了交流电压449/240V的高效永磁交流发电机,可以做成多极低转速,特别适合风力发电机。

(3)同步交流发电机,它的电枢磁场与主磁场同步旋转,同步转速$n_D=60f/p$。

(4)异步交流发电机,它的电枢磁场与主磁场不同步旋转,其转速比同步转速略低。当并网时转速应提高。异步发电机又可分为以下3种类型。

① 笼型异步发电机,其转子为笼型。由于结构简单可靠、廉价、易于接入电网,而在小、中型机组中得到大量的使用。

② 绕线转子异步发电机,其转子为绕线型。定子与电网直接连接输送电能,同时绕线式转子也经过变频器控制向电网输送有功或无功功率。

③ 双馈式感应发电机,又称为交流励磁发电机。双馈电机不仅可调节无功功率,也可调节有功功率。较同步电机和其他异步电机都有着更加优越的运行性能。

4. 调速装置

风速是变化的,风轮的转速也会随风速的变化而变化。为了控制风轮运转在所需要的额定速度下的装置称为调速装置。目前世界各国所采用的调速装置主要有以下几种。

(1) 离心飞球调速装置。离心飞球调速装置是风力发电机最早的变桨距调速装置。离心飞球调速最典型的结构是绞接在轮毂上的飞球随风轮转动而转动，在额定风速下，飞球的离心力与弹簧压力相平衡。当风速超过额定风速时，风轮转速加快，飞球离心力增大，克服弹簧压力向外伸开，飞球另一端的拐轴就驱动大齿轮转动，并驱动与其啮合的小齿轮转动，而小齿轮轴正是叶片可变桨距的轴，因此叶片向其安装角增大的方向转动，使叶片减少迎风面，保持风轮运转在额定转速范围内。当风速减小时，飞球调速过程恰好相反。离心飞球调速装置还有很多种结构形式，可以控制整个叶片变桨距，也可以利用飞球离心力控制叶片锥角以改变叶片迎风面来调速。

(2) 定桨距叶尖失速控制调速装置。定桨距叶尖失速控制调速装置是当代风力发电机常采用的主要调速方式之一。定桨距就是叶片的安装角是固定的，也就是叶片固定在轮毂上不能转动。在叶尖上有一段叶片是可以转动的，在额定风速下叶尖上可动的一段叶片与固定叶片保持一致，当风速超过额定风速时，可动叶尖在液压或机械动力的驱动力的驱动下，转动一定角度，使可动叶尖失速对风形成阻力，风愈大则转的角度愈大对风的阻力也愈大，从而保持叶片运转在额定风速下。当风速减小时上面的过程正好相反。当风速达到停机风速时，可动叶尖对风轮运转完全形成阻力，致使风轮停下转动，也称空气制动或刹车。

(3) 可变桨距调速装置。可变桨距调速装置是现代风力发电机的主要调速方式之一。当风速增大使叶片转速迅速加快时，微机会发出指令，电磁阀打开，变桨距液压油缸动作，拉动叶片使叶片转动一定角度，增大安装角，使叶片接受风能减少，维持风轮运转在额定转速范围内。反之，当风速减小时，微机会发出指令，减小叶片的安装角以使叶片接受风能增加，维持风轮转速在额定转速的范围内。变桨距调速装置也有多种形式，上述为液压变桨距调速装置，变桨距调速装置还有一种由调速电机来驱动的。这种由调速电机驱动的变桨距调速也是当代风力发电机主要的调速方式之一。

(4) 空气动力调速装置。空气动力调速装置的机理是在叶尖上或叶片中部安装一块阻尼板，在额定风速下，阻尼板随风轮运转的离心力与弹簧的拉力平衡并保持在风轮转动中受空气阻力最小的位置。当风速超过额定风速时，阻尼板由于离心力的作用而张开造成空气阻力使风轮转速保持在额定转速的范围内。当风速减小时，离心力减小，靠弹簧的拉力把阻尼板又拉回来，减小空气阻力，使风轮稳定在额定转速范围内。

(5) 扭头、仰头调速装置。扭头、仰头调速装置就是把风轮和机舱与转盘偏心布置，当风速超过额定风速时风轮和机舱能绕转盘偏离风向一定角度从而减小叶片迎风面积以达到调速的目的。超过额定风速越大则风轮偏离风向越大，使风轮保持在额定转速的范围内。扭头调速是沿用最久的行之有效的调速方式之一，其结构简单、易于制造、成本低，至今还用在中型 20kW 以下及微小型风力发电的调速上。仰头调速装置常用在微小型风力发电机的调速上。仰头调速装置也是将风轮和机舱与塔架的铰接轴偏心布置，当风轮在额定风速下运转时弹簧拉力与风轮机舱对铰接轴的力矩相平衡，当风速大于额定风速时风轮克服弹簧拉力而仰头调速。仰头调速机理与扭头调速机理相同，仅是方向不同。

5. 调向装置

根据不同形式和容量的水平轴风力机，调向装置一般可分为尾翼调向，下风向调向、侧向风轮调向及调向电机（伺服电机）调向和液压驱动调向等5种形式。

（1）尾翼调向如图4.4(a)所示。尾翼调向结构简单，调向可靠，至今还在微型、小型和20kW以下中型风力发电机的调向上使用。尾翼由尾翼梁固定，尾翼梁另一端固定在机舱上，尾翼板一直顺着风向，以使风轮也对准风向，这就是尾翼调向。

（2）下风向调向如图4.4(b)所示下风向调向就是将风力发电机的风轮置于下风向，置于下风向的风轮能自动调向，不必另行设置调向装置。这种调向装置常用在大、中型风力发电机组的调向上。由于下风向风轮调向使风轮随风向变化而摆动，所以下风向调向需要阻尼器以减少风轮的摆动。下风向风轮调向的缺点是当叶片转到塔架下风向的紊流区时产生振动，易使叶片与轮毂的连接处产生疲劳断裂。同时叶片在塔架的紊流区内不能正面接收风能。圆柱型、圆锥型塔架下风向紊流比桁架塔架下风向紊流小。

（3）侧向风轮调向。侧风轮调向常用于大、中型风力发电机组调向。侧风轮是在风力发电机机舱后边的侧向安装一个或两个多叶片风轮。当风轮未对准风向时，侧风轮转动，侧风轮轴上的蜗杆与固定在塔架上的蜗轮相啮合，当侧风轮转动时，驱动机舱和风轮对准风向达到调向的目的。当风轮和机舱对准风向后，侧风轮与风向平行，停止转动。

通常，一侧侧风轮调向对于安装侧风轮一侧的风向调向灵敏，而对另一侧的风的调向不灵敏，这样往往采用机舱两侧都安装侧风轮的调向装置，使主风轮左右调向都很灵敏。侧风轮往往使主风轮摆动，也应加阻尼器使侧风轮调向平稳和不摆动。当侧风轮用蜗轮蜗杆时，由于蜗杆自锁可不用阻尼器。

（4）调向电机或伺服电机调向。是用风向标、测速发电机通过电子电路实现伺服电机自动调向的电路原理。

风向标带动导电杆绕水平环形滑动可变电阻器的中心转动，可变电阻器固定在机舱上。导电杆与变阻器之间的电压通过电阻加到电子放大器上。

测速发电机的输出电压与风轮的转速成正比，是由电阻、整流器和电池（两者反向接入）所组成的电路。只要风轮的转速比额定风速时的转速低，测速发电机的输出电压就比电池低，此时电机没有电流，放大器输入端使伺服电机启动并驱动机舱转动，使风轮对准风向；当风速超过额定风速时，风轮转速加快，测速发电机所发出电压使电阻上的电压下降，电子放大器输出，使调向伺服电机启动并驱动机舱转动使风轮偏离风向。这种电子电路控制的伺服电机调向装置不仅可以自动调向，还可以实现风力发电机的扭头调速及将风轮转到与风向相平行的位置时停机，同时这套电子控制伺服电机调向装置还能防止风力发电机突然卸荷或突然与电网解列时的飞车现象。

6. 刹车制动装置

当机组在遇到大风速或维修时需要停机，使风力发电机停止运转的装置称为刹车制动装置。风力发电机组实现刹车制动的方式有多种：按供能分有人力制动系统、动力制动系统和伺服制动系统；按传动方式分为液压制动系统、气压制动系统、电磁制动系统、机械制动系统及组合制动系统等。当采用电磁制动器时，需有外电源；当采用液压制动器时，除需外电源外，还需泵站、电磁阀、液压油缸及管路等。但也有某些小型风力发电机组为了减少机械结构,不采用这些刹车制动系统,而采用"自动偏航保护":当大风来临时,风力发电机的风轮"扭头",即不正面迎接风流的主风向,以此保护机组在规定的时间内不出故障或少出故障。

7. 塔架

塔架可以分为钢桁架结构、圆锥型钢管结构和钢筋混凝土结构等3种形式。

一般圆锥型塔架对风的阻力较小,产生紊流的影响要比钢桁架结构小。圆锥型塔架在当前风力发电机组中大量采用,其优点是美观大方,维修梯子被安装在圆锥内壁上,上下塔架安全可靠。

钢桁架式塔架在早期中、小型风力发电机组中大量使用,其主要优点为制造简单、成本低、运输方便,但其主要缺点为不美观,通向塔顶的上下梯子不好安排,上下时安全性差。

根据风力机容量的大小,塔架制成实心铁柱式结构、钢桁架式结构、圆锥型钢管式结构和钢筋混凝土式结构等形式。对于小型风力机,塔架多以实心铁柱式(有时还配以钢缆绳)为主;对于中大型风力机,多用于钢桁架结构或圆筒形结构。

在中大型风力机中,塔架可设计成刚性,对应于小型风力机的柔性塔架,两者各具特点。刚性塔架一般和上风向风力机相配合,塔影效应可以减至最小,从塔架的设计及动力学的观点看,这种方式是最简单的,一般刚性塔架的固有频率大于 kn,其中 k 为叶片数,n 为风轮转数;柔性塔架具有显著的减少材料消耗及降低造价的优点,柔性塔架比刚性塔架更轻、更经济,但是设计更复杂,要求对运行状况下的动力学,也就是风力机动态响应精确计算。细的塔架将降低下风向安装的风力机叶片上的塔影效应,这样风轮叶片上承受的交变负荷也将减小,叶片可制作得更轻些,塔架顶端的重量及负荷也可以降低,因此最终塔架可以制作得更细一些,从而减少材料消耗,降低造价。柔性塔架的固有频率在 kn 和 n 之间;柔性塔架的固有频率小于 n。

一般为防止钢制塔架生锈,往往对钢制塔架热镀锌。

8. 避雷系统

一般的雷击破坏主要是在风电机组的叶片上,所以避雷的首要任务是保护叶片,传统的防雷装置由接闪器、引下导体和接地地网组成。通常将接闪器做成圆盘形状,将其嵌装在叶片的叶尖部,盘面与叶面平齐,接闪器与设置在叶片内部的引下导体连接,当叶片叶尖受到雷击时,雷电流由接闪器导入引下导体,引下导体再将雷电流引入叶根部轮毂、低速轴和塔架等,最终通过接地地网泄入大地。

4.2 风电发电机组的工作原理

4.2.1 基本定义

1. 关于风速的基本定义

(1)启动风速。风力机风轮由静止开始转动并能连续运转的最小风速。

(2) 切入风速。风力机对额定负载开始有功率输出时的最小风速。

(3) 切出风速。由于调节器的作用使风力机对额定负载停止功率输出时的风速。

(4) 工作风速范围。风力机对额定负载有功率输出的风速范围。

(5) 额定风速。由设计和制造部门给出的，使机组达到规定输出功率的最低风速。

(6) 风速频率。用来描述各种不同风速的频率分布。定义为某地一年内发生同一风速的小时数与全年小时数（8760h）的百分比。

2. 关于风能的基本定义

(1) 风能。空气流动产生的动能。

风能的计算如下。

由流体力学可知，气流的动能为：
$$W = \frac{1}{2}mv^2 \tag{4-1}$$

式中　m——气体的质量，kg；
　　　v——气体的瞬时速度，m/s。

设单位时间内气流流过截面积为 S 的气体的体积为 V，则
$$V = Sv \text{（m}^3\text{)} \tag{4-2}$$

该体积的空气质量为
$$m = \rho V = \rho Sv \tag{4-3}$$

式中　ρ——气体密度，kg/m³。

则气流所具有的动能为
$$W = \frac{1}{2}\rho V v^2 = \frac{1}{2}\rho S v^3 \tag{4-4}$$

从风能公式可以看出，风能的大小与气流密度、流经面积以及气流速度有关。尤其是气流速度的微小变化能引起风中能量的极大变化。

(2) 风能密度。风能密度是流动空气在单位时间内垂直流过单位截面积的风能。即 $W = \frac{1}{2}\rho v^3$。风能密度的单位为 W/m²，即 kg/s³。

(3) 风玫瑰图。通常用风玫瑰图表示某一地区某一时间段内的风向、风速等情况。风玫瑰图是根据气象站观测得到的风能资源数据绘制而成的图，因该图的形状像玫瑰花朵，所以命名为"风玫瑰图"。

风玫瑰图分为风向玫瑰图和风速玫瑰图。风向玫瑰图表示风向和风向的频率。这里所说的风向是指风吹来的方向，即风从外部吹向某地区中心的方向。风向频率是在一定时间内各种风向出现的次数占所有观察次数的百分比。根据各方向风的出现频率，以相应的比例长度，按风向从外部吹向中心，描述在8个或16个方位所表示的图上，然后将各相邻方向的端点用直线连接起来，绘成的图形就是风向玫瑰图。图4.8所示为某地区一年中某个月的风向玫瑰图。图中线段最长的，即从外面到中心的距离最大，表示风频率最大，它就是当地主导风向；外面到中心的距离最小，表示风频率最小，它是当地最小风频率。

如果将风向的频率换成一段时间内的平均风速，则绘出的图就成为风速玫瑰图。

风玫瑰图还有其他形式，其中风频风速玫瑰图每一方向上既反映风频大小（线段的长度），又反映该方向上各风速所出现的比例，如图4.9所示，中心圆圈内的数字代表静风的频率。

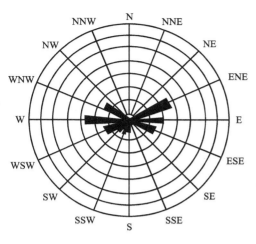

图 4.8　月风向玫瑰图　　　　　　图 4.9　风频风速玫瑰图

3. 关于功率的基本定义

(1) 额定功率。是指空气在对应于机组额定风速时的输出功率值。

(2) 最大功率。风力机在工作风速范围内能输出的最大功率值。

(3) 功率曲线。当风力发电机组被确定后，风速与负载所获得的电功率之间的关系曲线称为风力发电机组的功率曲线，如图 4.10 所示。

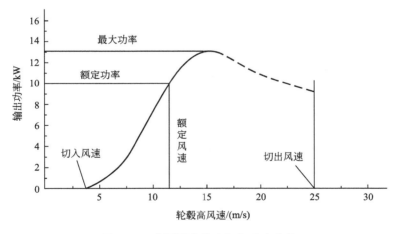

图 4.10　典型风力发电机组功率曲线

根据负载的性质、负载的大小，以及风力发电机安装现场的风速、风向、地形等情况的不同，风力发电机组的功率曲线是一组而不是一条。风力发电机的功率曲线反应了不同风力发电机的性能。图 4.10 所示为某 10kW 风力发电机的输出功率曲线。

4.2.2　空气动力特性

前面已介绍了风力发电机的基本理论，本节主要介绍空气动力特性。

1. 风轮的几何参数与空气动力特性

1) 风轮的几何定义及参数

(1) 风轮。风轮就是叶片安装在轮毂上的总成。

(2) 风轮旋转平面。风轮转动时所形成的圆面。

(3) 风轮直径。风轮扫掠圆面的直径,亦称叶片直径。

2) 风轮的空气动力特性

(1) 风轮机的空气动力特性曲线。

风轮机功率＝转矩(M)×角速度(ω),风轮机的功率又可表示为 $\frac{1}{2}\rho S V^3 C_P$。

所以有
$$M \times \omega = \frac{1}{2}\rho S V^3 C_P \tag{4-5}$$

于是有
$$C_P = \frac{2M\omega}{\rho S V^3} \tag{4-6}$$

令叶尖速比为 $\lambda = \frac{r\omega}{V}$(也称风力机高速特性系数),则 $\omega = \frac{\lambda V}{r}$,又因 $\omega = \frac{2\pi n}{60}$,则

$$\lambda = \frac{r\omega}{V} = \frac{r\pi n}{30V} \tag{4-7}$$

而 $\omega = \frac{\lambda V}{r}$,代入 C_P 表达式
$$C_P = \frac{2M\omega}{\rho S V^3} = \frac{2M\dfrac{\lambda V}{r}}{\rho \pi r^2 V^3} = \frac{2M\lambda}{\pi r^3 \rho V^2} \tag{4-8}$$

或者
$$\frac{C_P}{\lambda} = \frac{2M}{\pi r^3 \rho V^2} = \overline{M} \tag{4-9}$$

其中,$\overline{M}$ 为无量纲转矩。

$C_P = f_1(\lambda)$,$\overline{M} = f_2(\lambda)$ 的关系曲线称为风力机空气动力特性曲线(图 3.8、图 3.9),由模型试验或理论计算得到。由特性曲线可方便地比较各种风力机的空气动力特性,也是风力机设计的最重要的依据。

(2) 风轮的推力、力矩、功率和效率的一般关系式。

沿叶片长度将叶片分为 N 个足够多数目的叶素,分析计算作用于所有叶素上的推力 $\mathrm{d}T$ 和力矩 $\mathrm{d}M$,并对所有叶片分别累计相加,就可以得到风作用在风轮上的总推力 T 及作用于风轮转轴上的总力矩 M。应用下列表达式就不难求出由风供给风轮上的功率 P 以及风轮输出的有效功率 P_u。

$$P = z\sum_{i=1}^{N} V\mathrm{d}T_i = TV \tag{4-10}$$

$$P_u = z\sum_{i=1}^{N} \omega \mathrm{d}M_i = M\omega \tag{4-11}$$

风轮的效率为
$$\eta = \frac{P_u}{P} = \frac{M\omega}{TV} \tag{4-12}$$

其中,z 为风轮的叶片数。总推力 T 最终作用于风力机的塔架上。

2. 叶片的几何参数与空气动力特性

1) 叶片的几何定义与参数(图 4.11)

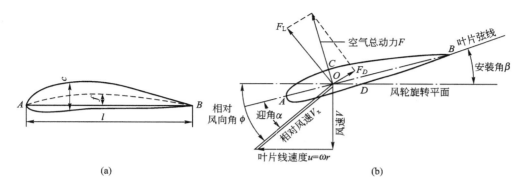

图 4.11 翼型的几何参数和气流角

(1) 翼的前缘。翼的前头 A 为一圆头，称翼的前缘。
(2) 翼的后缘。翼的尾部 B 为尖形，称翼的后缘。
(3) 翼弦。翼的前缘 A 与后缘 B 的直线连线 AB 的长是翼的弦长 l，亦称翼弦。
(4) 展弦比。翼展的平方与翼的面积 S_y 之比，即风轮直径的平方与叶片面积之比，称展弦比。
(5) 叶片长度。叶片的有效长度，$L=(D_{风轮}-D_{轮毂})/2$。
(6) 叶片实度。叶片在风轮旋转平面上投影面积的总和与风轮扫掠面积的比值。
(7) 翼型厚度。是指剖面上下表面之间垂直于翼弦的直线段的长度，以 C 表示。最大厚度就是其最大值 C_{max}，通常以它作为翼型厚度的代表。最大厚度与翼弦之比 $\bar{C}=C_{max}/l$ 称为相对厚度，它通常的取值范围为 3%～20% 之间(风轮最常用的为 10%～15%)。
(8) 翼型中线最大弯度。翼型的中弧线是翼弦上各垂直线段的中点的连线(图 4.11(a) 中的虚线)。中弧线到翼弦的垂直距离称为翼型的弯度，显然，它也有一个最大值 f_{max}，称为翼型中线最大弯度。f_{max} 与 l 的比值称翼型相对弯度，即 $\bar{f}=f_{max}/l$。
(9) 安装角。风轮旋转平面与叶片弦线(即翼弦)所成的角 θ 称为叶片安装角，亦称桨距角或节距角。在扭曲叶片中，沿叶片伸展方向不同位置叶片的安装角各不相同，用 θ_i 表示。
(10) 攻角 α。翼弦与相对风速所成的角 α 称为攻角，亦称迎角。

2) 叶片的空气动力特性

(1) 风轮叶片所受的力推导如下。

风以速度 V 吹到叶片上，如图 4.15(b) 所示，叶片受到空气动力 F 开始转动。
F 与相对速度的方向有关，并用下式表示。

$$F=\frac{1}{2}\rho C_r S_y V^2 \quad (4-13)$$

式中　ρ——空气密度；
　　　S_y——叶片面积；
　　　C_r——空气动力系数。

空气的总动力 F 分解在相对风速方向的一个力 F_D，称为阻力；另一个垂直于阻力 F_D 的力，称为升力 F_L。F_L 就是使静止的叶片在风速 V 吹在叶片上时使叶片转动的力。F_D 与 F_L 可分别表示为

$$F_D = \frac{1}{2}\rho C_D S_y V^2 \tag{4-14}$$

$$F_L = \frac{1}{2}\rho C_L S_y V^2 \tag{4-15}$$

式中　C_D——阻力系数；
　　　C_L——升力系数。

因两个分量是垂直的，故

$$F^2 = F_D^2 + F_L^2 \quad C_r^2 = C_D^2 + C_L^2 \tag{4-16}$$

（2）叶片的速度。

由图 4.11(b)可知

$$\vec{V}_w = \vec{u} + \vec{V} \tag{4-17}$$

式中　V_w——相对速度，m/s；
　　　u——叶片转速，m/s；
　　　V——风速，m/s。

$$u = \omega r_i = \frac{n\pi}{30} r_i \tag{4-18}$$

式中　ω——叶片角速度，rad/s；
　　　r_i——叶片计算速度点至转动中心的距离，m；
　　　n——叶片转数，r/min。

（3）特性系数。

在讨论风力机的性能时，以下特性系数具有很重要的意义。

① 风能利用系数 C_P。风力机从自然风能中吸收能量的大小程度用风能利用系数 C_P 表示。由式(3-13)知

$$C_P = \frac{P}{\frac{1}{2}\rho S V^3} \tag{4-19}$$

式中　P——风力机实际获得的轴功率，W；
　　　ρ——空气密度，kg/m³；
　　　S——风轮的扫风面积，m²；
　　　V——上游风速，m/s。

② 叶尖速比 λ。叶尖速比简称尖速比，指风轮叶片尖端线速度 V 与风速 v 之比。用来表示风轮在不同风速中的状态。

$$\lambda = \frac{V}{v} = \frac{R\omega}{v} = \frac{2\pi R n}{60 v} = \frac{\pi R n}{30 v} \tag{4-20}$$

式中　ω——风轮角速度，rad/s；
　　　R——风轮半径，m；
　　　n——风轮转速，r/min。

低速风轮，λ 取小值；高速风轮，λ 取大值。

③ 升力系数 C_L、阻力系数 C_D。风吹在叶片上时使叶片产生升力 F_L 和阻力 F_D，在式(4-14)、式(4-15)中，F_L、F_D 分别是升力和阻力，C_L、C_D 分别称为升力系数和阻力系数。升力与阻力之比称为翼型的升阻比，用 L/D 来表示

$$L/D = \frac{F_L}{F_D} = \frac{C_L}{C_D} \tag{4-21}$$

升阻比对风力机的效率有重要的影响,一般希望其叶片运行在升阻比最大的状态。

3. 影响升力系数 C_L、阻力系数 C_D 的因素

1) 攻角的影响

如图 4.12 所示,升力系数 C_L 随攻角 α 的变化是:在负攻角时,C_L 呈曲线状,有一最小值 C_{Lmin};正攻角时,升力系数 C_L 随攻角增加而先增加后减小。阻力系数 C_D 整体呈下凹曲线形,当攻角达到某个值以后,C_D 随攻角 α 增加而增加。当攻角 α 超过某个临界值(10°~16°之间,取决于雷诺数)时,即 C_L 超过最大值 C_{Lmax} 以后,升力急剧减小而阻力增大。从而翼型上部出现尾流,即上表面边界层发生分离,如图 4.13 所示,此时,流过翼型的气流就失速。把此种现象称为翼型失速。在图 4.12 中,与 C_{Lmax} 对应的 α_M 点称为失速点。平板翼型在非常小的攻角下就会失速,这是由于其具有尖锐的前缘的缘故,将平板拱弯可以改善其失速特性,但是如果增加圆的厚度,修其前缘,可以使失速特性得到更大改善。

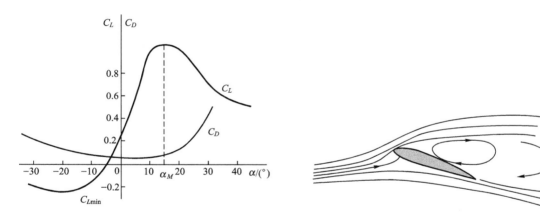

图 4.12 升力系数 C_L、阻力系数 C_D 随攻角 α 变化　　图 4.13 在翼型周围失速的气流

当叶片在运行中出现失速以后,会出现噪声突然增加的情况,从而引起风力机振动和运行不稳等现象,所以应尽量避免。

2) 弯度的影响

有弯度的翼型,如 NACA4412,如图 4.14 所示,它具有弯曲的弦线,导致上、下弧流速差加大,从而使压力差加大,这使该形式的翼型在零攻角的情况下仍然能够产生升力。通常在正攻角范围内,有弯度的翼型比对称翼型具有更高的升阻比,这是采用这种翼型的原因。

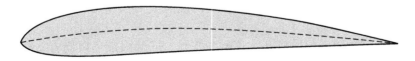

图 4.14 NACA4412 的翼型剖面

3) 表面粗糙度和雷诺数的影响

表面粗糙度和雷诺数对叶片的空气动力特性有着重要影响。其中，雷诺数 $Re×10^5$ 是用来表征流体流动情况的无量纲数，其物理意义表示了流体惯性力（由于惯性产生的力是冲力）与黏性力（内摩擦力）之比。图 4.15 所示为雷诺数和表面粗糙度对几种翼型（NACA0012，NACA23012、23015，NACA4412、4415）的气动力特性的影响曲线。

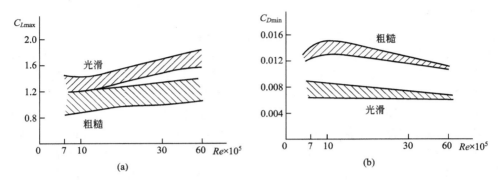

图 4.15　雷诺数和表面粗糙度对叶片气动力特性的影响

4.3　叶　片

4.3.1　叶片应满足的基本要求

叶片是风力发电机中最基础和最关键的部件，也是风力发电机接受风能的最主要部件。其良好的设计、可靠的质量和优越的性能是保证机组正常稳定运行的决定因素。由于恶劣的环境和长期不停地运转，对叶片的基本要求有如下几个方面。

（1）有高效的接受风能的翼型，如 NACA 系列翼型等。有合理的安装角（或攻角），科学的升阻比、叶尖速比以提高风力机接受风能的效率。

（2）叶片有合理的结构，密度轻且具有最佳的结构强度、疲劳强度和力学性能，能可靠地承担风力、叶片自重、离心力等给予叶片的各种弯矩、拉力，不得折断，能经受暴风等极端恶劣的条件和随机负载的考验。

（3）叶片的弹性、旋转时的惯性及其振动频率都要正常，传递给整个发电系统的负载稳定性好，不得在失控（飞车）的情况下在离心力的作用下拉断并飞出，也不得在飞车转速以下范围内引起整个风力发电机组的强烈共振。

（4）叶片的材料必须保证表面光滑以减少叶片转动时与空气的摩擦阻力，从而提高传动性能，而粗糙的表面可能会被风"撕裂"。

（5）不允许产生过大噪声；不得产生强烈的电磁波干扰和光反射，以防给通信领域和途经的飞行物（如飞机）等带来干扰。

（6）能排出内部积水，尽管叶片有很好的密封，叶片内部仍可能有冷凝水。为避免对叶片产生危害，必须把渗入的水放掉。可在叶尖打小孔，另一个小孔打在叶根颈部，形成叶片内部的空间通道。但小孔一定要小，不然由于气流从内向外渗流而产生气流干扰，造成功率损失，还可能产生噪声。

(7) 耐腐蚀、耐紫外线照射性能好，还应有雷击保护，将雷电从轮毂上引导下来，以避免由于叶片结构中很高的阻抗而出现破坏。

(8) 制造容易，安装及维修方便，制造成本和使用成本低。

4.3.2 叶片类型

(1) 根据叶片的数量可分为单叶片、双叶片、三叶片以及多叶片。叶片少的风力机可实现高转速，所以又称为高速风力机，适用于发电；而多叶片具有高转矩、低转速的特点，又称为低速风力机，适合用于提水、磨面等。

(2) 根据叶片的翼型形状可分为变截面叶片和等截面叶片这两种。

变截面叶片在叶片全长上各处的截面形状及面积都是不同的，等截面叶片则在其全长上各处的截面形状和面积都是相同的。

在某一转速下通过改变叶片全长上各处的截面形状和面积，使叶片全长上的各处的攻角相同，这就是变截面叶片设计的初衷。可见变截面叶片在某一风速下及其附近区域有最高的风能利用效率，脱离这一区域风能利用效率就会显著下降。

等截面叶片在任何风速下总有一段叶片的攻角处于最佳状态，因此在可利用的风速范围内等截面叶片的风能利用效率几乎是一致的。

一段叶片的效率总不如叶片全长的效率高，所以在变截面叶片的最高效率风速点及附近区域的风能利用率要远高于等截面叶片。

等截面叶片的制造工艺远优于变截面叶片，特别是在发电机组功率较大时变截面叶片几乎是很难制作的。

(3) 根据叶片的材料及结构形式可分为以下几种。

① 木制叶片。木制叶片多用于小型风力机，但木制叶片不易做成扭曲型。中型风力机可使用粘结剂粘合的胶合板，如图 4.16 所示。木制叶片应采用强度很高的整体木方做叶片纵梁来承担叶片在工作时所必须承担的力和力矩，而且木制叶片必须绝对防水，为此，可在木材上涂敷玻璃纤维树脂或清漆等。

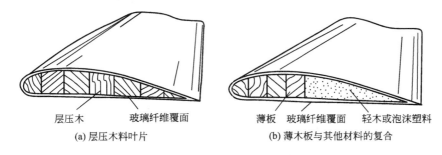

(a) 层压木料叶片　　　　　(b) 薄木板与其他材料的复合

图 4.16　木制叶片的结构

② 钢梁玻璃纤维蒙皮叶片。叶片在近代采用钢管、D 型梁（D 型钢或 D 型玻璃）做纵梁，钢板做肋梁，内填泡沫塑料外覆玻璃纤维蒙皮的结构形式，往往在大型风力发电机上使用。叶片纵梁的钢管及 D 型梁从叶根至叶尖的截面应逐渐变小，以满足扭曲叶片的要求并减轻叶片重量，即做成等强度梁，如图 4.17 所示。

③ 铝合金挤压成型叶片。铝合金材料可拉伸、挤压制成空心叶片，如图 4.18 所示。

用铝合金挤压成型的叶片的每个截面都采用一个模具挤压成型，适宜做成等宽叶片，因而更适用于垂直轴风力发电机使用。此种叶片重量轻，制造工艺简单，可连续生产，又可按设计要求的扭曲进行扭曲加工，但不能做到从叶根至叶尖渐缩，另外，由于受压力机功率的限制，铝合金挤压叶片叶宽最多达 40cm 左右。

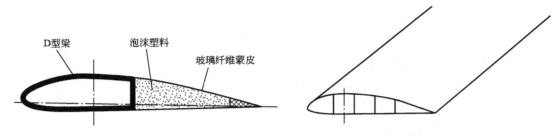

图 4.17　钢梁玻璃纤维蒙皮叶片　　　　图 4.18　铝合金等弦长挤压成型叶片

④ 玻璃钢叶片。所谓玻璃钢（Glass Fiber Reinforced Plastic，GFRP）就是环氧树脂、酚醛树脂、不饱和树脂等塑料渗入长度不同的玻璃纤维而做成的增强塑料。由于所使用的树脂品种不同，因此有聚酯玻璃钢、环氧玻璃钢、酚醛玻璃钢之分。

玻璃钢质轻而硬，产品的比重是碳素钢的 1/4，可是拉伸强度却接近，甚至超过碳素钢，而强度可以与高级合金钢相比；耐腐蚀性能好，对大气、水和一般浓度的酸、碱、盐以及多种油类和溶剂都有较好的抵抗能力；不导电，是优良的绝缘材料；具有持久的抗老化性能，可保持长久的光泽及持续的高强度，使用寿命在 20 年以上；除灵活的设计性能外，产品的颜色可以根据客户的要求进行定制，外形尺寸也可切割拼接成客户所需的尺寸；玻璃钢的质量还可以通过表面改性、上浆和涂覆加以改进，其单位（kW）成本较低。

由于以上优点，使得玻璃钢在叶片生产中得到了广泛应用。

⑤ 碳纤维复合叶片。一直以来玻璃钢以其低廉的价格，优良的性能占据着大型风力机叶片材料的统治地位。但随着风力发电产业的发展，叶片长度的增加，对材料的强度和刚度等性能提出了新的要求。减轻叶片的重量，又要满足强度与刚度要求，有效的办法是采用碳纤维复合材料（Carbon Fiber Reinforced Plastic，CFRP）。研究表明，碳纤维复合材料的优点有：叶片刚度是玻璃钢复合叶片的 2 至 3 倍；减轻叶片重量；提高叶片抗疲劳性能；使风机的输出功率更平滑更均衡，提高风能利用效率；可制造低风速叶片；利用导电性能避免雷击；具有振动阻尼特性；成型方便，可适应不同形状的叶片等。

碳纤维复合材料的性能大大优于玻璃纤维复合材料，但价格昂贵，影响了它在风力发电上的大范围应用，但事实上，当叶片超过一定尺寸后，碳纤维叶片反而比玻璃纤维叶片便宜，因为材料用量、劳动力、运输和安装成本等都下降了。国外专家认为，由于现有一般材料不能很好地满足大功率风力发电装置的需求，而玻璃纤维复合材料性能已经趋于极限。因此，在发展更大功率风力发电装置时，采用性能更好的碳纤维复合材料势在必行。

⑥ 纳米材料。法国 Nanoledge Asia 公司在第十三届中国国际复合材料工业技术展览会的"技术创新与复合材料发展"专题高层研讨会上指出，Nanoledge 碳纳米结构材料将引领复合材料领域的一场革命，纳米技术能够增加产品的抗冲击性、抗弯强度、防裂纹扩

展性、导电性等多种功能,可以使新产品的发展成倍增加。碳纳米结构材料给叶片材料的发展提供了新的契机,为叶片的长度增加提供了更大空间。这项技术有待于进一步研究,使得更先进的材料应用于叶片生产中。

4.4 轮　　毂

风轮轮毂是连接叶片与风轮主轴的重要部件,用于传递风轮的力和力矩到后面的机构,由此叶片上的载荷可以传递到机舱或塔架上。多数轮毂通常由高强度球墨铸铁制成,使用球墨铸铁的主要原因是可以使用浇铸工艺浇铸出轮毂的复杂形状,更方便成型与加工。此外,球墨铸铁有铸造性能好、减振性能好、抗疲劳性能好、应力集中敏感性低、成本低等优点。也有采用焊接结构的轮毂,如小型风力发电机的轮毂。

这里将讨论 3 种结构的轮毂形式。

4.4.1　固定式轮毂

固定式轮毂的形状有球形和三角形两种,如图 4.19 所示。三叶片风轮大多采用固定式轮毂,悬臂叶片和主轴都固定在这种无铰链部件上。它的主轴轴线与叶片长度方向的夹角固定不变。这种轮毂的安装、使用和维护比较简单,不存在铰链式轮毂中的磨损问题。只要在设计时充分考虑了轮毂的防腐问题,基本上可以说是免维护的。因此是目前风力机上使用最广泛的轮毂。但叶片上的全部力和力矩都将经轮毂传递至其后续部件,导致后续部件的机械承载大。

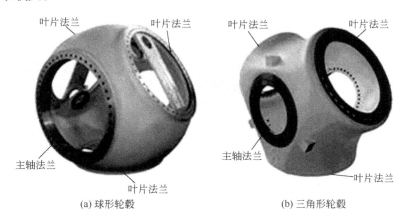

(a) 球形轮毂　　　　(b) 三角形轮毂

图 4.19　固定式轮毂

4.4.2　叶片之间相对固定的铰链式轮毂

铰链式轮毂常用于单叶片和双叶片风轮,如图 4.20(b)所示,铰链轴线通过风轮的质心。这种铰链使两叶片之间固定连接,它们的轴向相对位置不变,但可绕铰链轴沿风轮拍向(俯仰方向)在设计位置作±(5°~10°)的摆动(类似跷跷板)。当来流速度在风轮扫掠面上下有差别或阵风出现时,叶片上的载荷使得叶片离开设计位置,若位于上部的叶片向前,则下方的叶片将要向后。

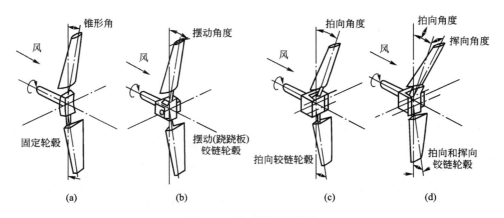

图 4.20　各类铰链式轮毂

叶片俯仰方向变化的角度也与风轮转速有关,转速越低,角度变化越大。具有这种铰链式轮毂的风轮具有阻尼器的作用。当来流速度变化时,叶片偏离原位置而做俯仰运动,其安装角也发生变化,一片风叶因安装角的变化升力下降,而另一片升力提高,从而产生反抗风况变化的阻尼作用。由于两叶片在旋转过程中驱动力矩的变化很大,因此风轮会产生很高的噪声。

4.4.3　各叶片自由的铰链式轮毂

每个叶片都可以单独做运动,如图 4.20(c)所示,这种铰链的每个叶片都可以单独做拍向(俯仰方向)调整而互不干扰;而有的铰链还可以让叶片不但能单独做拍向调整,还可以做单独的挥向(叶片转动方向)调整,如图 4.20(d)所示。这两种叶片都称为叶片自由的铰链式轮毂,也可以称为柔性轮毂。对于柔性轮毂来说,受到叶片传递来的力和力矩较小。但制造成本高,易磨损,可靠性相对较低,维护费用高。

4.5　塔　　架

塔架属于风力发电机组的基础装备,塔架是主要承载部件,用来支撑整个风力发电机组的重量。由于常年在野外运行,环境恶劣,运行风险大,而且要求可靠使用寿命在 20 年以上,所以塔架在风力发电机组中扮演着非常重要的角色。

随着风力发电机组容量不断增加,塔架高度也不断增加,塔架高度主要依据风轮直径确定,但还要考虑当地具体的情况。离地面越高,风速越大,能有效地提高功率输出。如在目前 2~3MW 的风力发电机上如果采用 80m 高的塔架,可以比采用 60m 高的塔架的风机具有更多的电力输出;另一方面,更高的塔架还可使大型的风力机进入市场。同时,靠近地面的气流不稳定,再加上地面各种障碍物的影响,会影响风力发电机的功率收益,而高塔架使得风力机叶片处于较平稳的气流中,能降低风力机的疲劳和磨损,因此塔架不宜过低。而考虑到塔架越高,制造、安装、运输等费用也都相应提高,这是一对矛盾问题。

要仔细考虑投资成本是否合理，经验证实，风轮直径在 25m 以上的风力发电机组，其轮毂中心高与风轮直径的比约为 1∶1 较为适宜。还可以考虑采用更薄的塔架材料，提高钢材使用率，从而降低重量和成本。

1. 按结构分为桁架型和圆锥型

（1）桁架型塔架。如图 4.21 所示，桁架型塔架通过角材组装而成，并利用螺栓将斜撑体连接到腿上，将腿都连接在一起。在典型情况下，塔架呈方形，有 4 只腿，以便于斜撑体的连接。桁架型塔架在早期风力发电机组中大量使用，其主要优点为制造简单、成本低、运输方便、塔身稳定，但其主要缺点是不美观，通向塔顶的上下梯子不好安排，上下时安全性差。而且塔架腿张开的程度受叶尖旋转平面限制，为了不让叶尖与塔架冲突，常将塔架设计成是"细腰"的。

（2）圆锥型塔架。圆锥型塔架如图 4.22 所示。以材料来分，圆锥型塔架可分为钢管型和钢筋混凝土型。在早期风力发电机组中钢筋混凝土塔架被大量应用，后来由于批量生产需要，而被钢管塔架所取代。近年来风力发电机组容量不断增加，塔架的高度、体积、重量都在增大，运输出现困难，又出现以钢筋混凝土塔架取代钢管塔架的趋势。

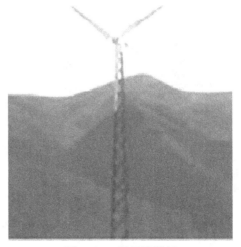

图 4.21 桁架型塔架

相比桁架型塔架，圆锥型塔架的优点是美观大方，上下塔架安全可靠。故在当前风力发电机组中被大量使用。不过，该类塔架需在塔架根部安装一扇塔门，并在塔内壁设计供维修工人上下攀爬的梯子，以及在塔根部安放控制柜，机舱内发电机产生的电流通过电缆线进入控制柜。梯子若是镶嵌在塔壁上固定的，则塔门及梯子等因素则有可能削弱塔架强度。图 4.23 所示为圆锥型塔架内部结构。

图 4.22 圆锥型塔架

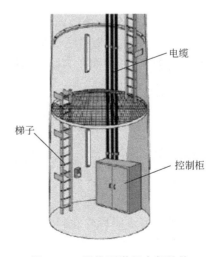

图 4.23 圆锥型塔架内部结构

2. 按有无拉索分成两种

塔架可分为无拉索的和有拉索的两种，无拉索的以桁架或圆锥形式矗立在混凝土基础的中心，如图4.21、图4.22所示；而有拉索的则相反，它的基础由四散的基础结构或再加上相对很小的中心基础构成。无拉索的结构简单，占地少，但是它必须在吊车的帮助下才可以安装，而且维护特别麻烦，也需要吊车的配合，极大地增加了用户的使用成本，如图4.24所示。有拉索的优点是结构重量轻，运输方便，可以人工安装，缺点是占地面积大，不美观，如图4.25所示。

图4.24 吊车运作无拉索的圆锥型塔架

图4.25 有拉索的塔架

3. 按固有频率分成刚性塔、半刚性塔和柔塔3种

风轮、机舱和塔架构成一个系统，塔架由于风轮的转动而受迫做振动，若由于风轮残余的旋转不平衡质量产生的塔架受迫振动的频率为 n r/s，由于塔影效应、尾流、不对称空气来流、风剪切等造成的频率为 zn r/s，其中，z 为叶片数。

塔架—机舱—风轮系统的固有频率与塔架受迫振动时的一阶固有频率相比，若系统固有频率大于 zn，则称之为"刚性塔"；介于 n 与 zn 之间的称"半刚性塔"；系统固有频率低于 n 的是"柔塔"。目前，大型风力机多采用"半刚性塔"和"柔塔"，因为塔架的刚性越大，重量和成本就越高。

4.6 机舱及齿轮传动系统

4.6.1 机舱

机舱一般包容了将风轮获得的能量进行传递、转换的全部机械和电气部件。位于塔架上面的水平轴风力机机舱，通过轴承可随风向旋转。风轮轴承、传动系统、增速齿轮箱、转速与功率调节器、发电机、刹车系统等均安装在机舱内(图4.26)。

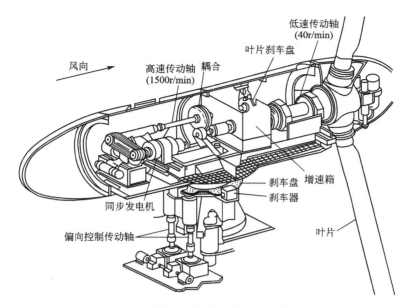

图 4.26 大中型水平轴风力发电机的机舱及其内外安装的部件

(1) 机舱装配时需要注意的是：从风轮到负载(发电机)各部件之间的联轴节要精确对中。由于所有的力、力矩、振动通过风轮传动装置作用在机舱结构上，反过来机舱结构的弹性变形又作为相应的耦合增载施加在主轴、轴承、机壳上。为减少这些载荷，建议使用弹性联轴节。

(2) 设计机舱的要求是：尽可能减小机舱质量而增加其强度和刚度；兼顾舱内各部件安装、检修便利与机舱空间要紧凑这两个相互矛盾的需求，满足机舱的通风、散热、检查等维护需求；机舱对流动空气的阻力要小；以及考虑制造成本等因素。

(3) 在设计时，除了对机舱的强度及刚度要求较为苛刻，同时对机舱底盘的结构设计要求也较高。机舱底盘一般分类如下。

① 按制造方法及材料可分为铸造机舱底盘、焊接机舱底盘两类。

② 按结构形状可分为梁式机舱底盘、框架式机舱底盘、箱式机舱底盘3类。

机舱底盘的作用就是把风轮载荷转移到偏航轴承上，并且为齿轮箱和发电机提供支撑。在风电机组设备中，机舱底盘和齿轮箱相连，而且在原则上它们是一个独立的单元，所以，在一般情况下，机舱底盘作为一个独立的实体。机舱底盘是通过横向或纵向的梁焊接，或者是通过铸造来精确满足载荷的要求。一个常见的结构是反截锥体，前面支撑低速轴的主轴承，左舷和右舷的齿轮箱支撑在后面，发电机固定在安装平台上，通过螺钉与主铸件相连。

4.6.2 齿轮箱

风力发电机组中的齿轮箱是一个重要的机械部件。由于叶尖切向速度的限制，风轮的运转速度较低，远达不到发电机发电时转速的要求，例如，一般大型风力机(直径大于100m)的转速为15r/min或更低，直径8m的风轮转速也就是200r/min左右；水平轴风力机特别是大型风力机用于发电时，因发电机不能太重，要求发电机极对数少、转速尽可能高。基于这两个原因，必须要在风轮与发电机之间连接一个齿轮箱，通过齿轮箱齿轮副的增速作用来实现发电机所需的工作转速，故也将齿轮箱称为增速箱。

对于小型风力发电机来说，一般是不安装增速箱的，而是把风轮轮毂直接与发电机轴相连接，发电机转速等于风轮转速。这样做的目的是减轻整机重量，节省各项成本。

1. 齿轮箱的类型与特点

不同形式的风力发电机组有不一样的要求，齿轮箱的布置形式以及结构也因此而异。本章主要论述水平轴风力发电机组用的齿轮箱。此类齿轮箱按照轴线可分为定轴线齿轮传动、行星齿轮传动及它们互相组合起来的齿轮传动；按照传动的级数可分为单级和多级齿轮箱；按照转动的布置形式又可分为展开式、分流式和同轴式及混合式等。常用齿轮箱形式及其特点和应用见表4-1。

表4-1 常用齿轮箱形式及其特点和应用

传动形式		传动简图	推荐传动比	特点及应用
两级圆柱齿轮传动	展开式		$i=i_1 i_2$ $i=8\sim60$	结构简单，但齿轮相对于轴承的位置不对称，因此要求轴承有较大的刚度。高速级齿轮布置在远离转矩输入端，这样，轴在转矩作用下产生的扭矩变形可部分地互相抵消，以减缓沿齿宽载荷分布不均匀的现象。用于载荷比较平稳的场合。高速级一般做成斜齿，低速级可做成直齿
	分流式		$i=i_1 i_2$ $i=8\sim60$	结构复杂，但由于齿轮相对于轴承对称布置，与展开式相比载荷沿齿宽分布均匀、轴承受载较均匀。中间轴危险截面上的转矩只相当于轴所传递转矩的一半。适用于变载荷的场合。高速级一般用斜齿，低速级可用直齿或人字齿
	同轴式		$i=i_1 i_2$ $i=8\sim60$	减速器横向尺寸较小，两对齿轮浸入油中的深度大致相同，但轴向尺寸和重量较大，且中间轴较长、刚度差，使沿齿宽载荷分布不均匀，高速轴的承载能力难以充分利用
	同轴分流式		$i=i_1 i_2$ $i=8\sim60$	每对啮合齿轮仅传递全部载荷的一半，输入轴和输出轴只承受扭矩，中间轴只受全部载荷的一半，故与传递同样功率的其他减速器相比，轴颈尺寸可以缩小

(续)

传动形式		传动简图	推荐传动比	特点及应用
三级圆柱齿轮传动	展开式	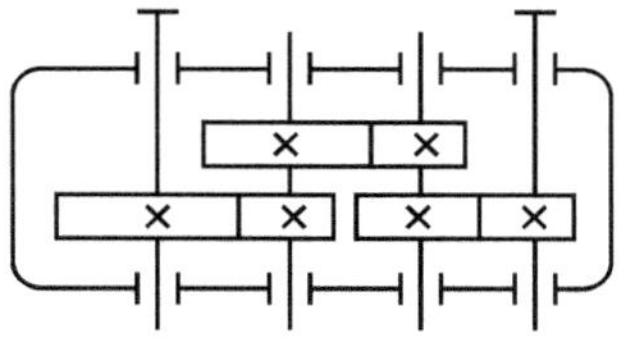	$i=i_1 i_2 i_3$ $i=40 \sim 400$	同两级展开式
	分流式	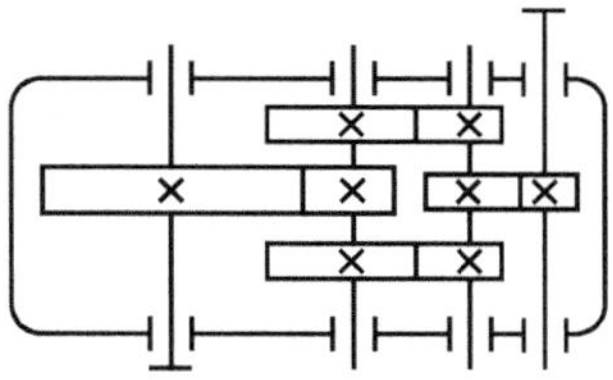	$i=i_1 i_2 i_3$	同两级分流式
行星齿轮传动	单级 NGW	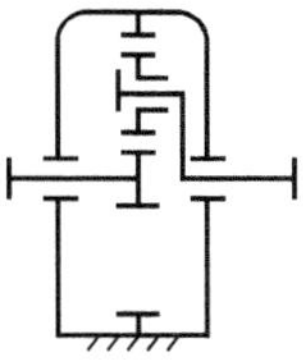	$i=2.8 \sim 12.5$	与普通圆柱齿轮减速器相比，尺寸小，重量轻，但制造精度要求较高，结构较复杂，在要求结构紧凑的动力传动中应用广泛
	两级 NGW	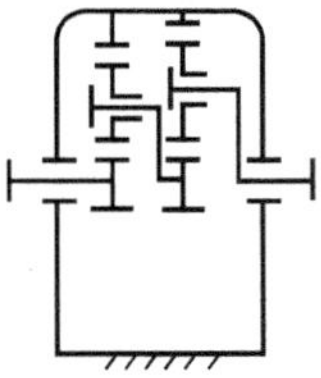	$i=i_1 i_2$ $i=14 \sim 160$	同单级 NGW 型
一级行星两级圆柱齿轮传动	混合式	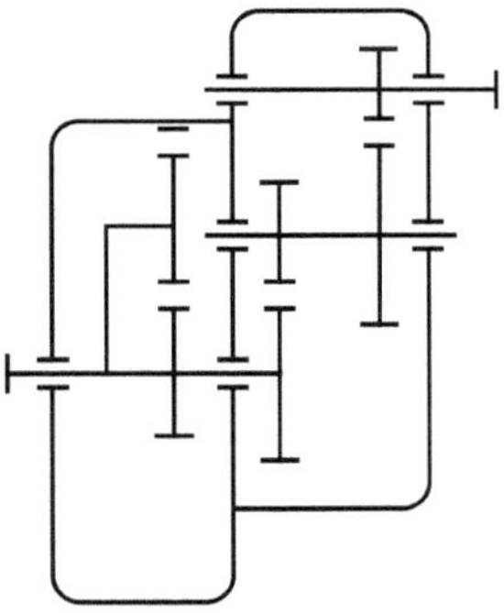	$i=20 \sim 80$	低速轴为行星传动，使功率分流，同时合理应用了内啮合。末二级为平行轴圆柱齿轮传动，可合理分配减速比，提高传动效率

2. 齿轮箱的设计要求及使用要求

1）设计要求

风力机的设计过程中，一般对齿轮箱、发电机都不做详细的设计，而只是计算出所需的功率、工作转速及型号，向有关的厂家去选购。最好是确定为已有的定型产品，可取得最经济的效果；否则就需要自己设计或委托有关厂家设计，然后试制及生产。小型风力机的简单齿轮箱可自行设计。

齿轮箱作为传递动力的部件，在运行期间同时承受动、静载荷，故其设计需满足以下基本要求。

（1）设计风力发电机时应尽量首先选择符合增速比设计要求的体积小、重量轻的行星齿轮增速器，在没有适合的商品增速器可供选择时，就需要选择其他增速器或自行设计增速器。采用行星齿轮增速器时，为了提高传动装置的承载能力，减小尺寸和质量，往往对称布置多个行星齿轮。

（2）设计增速器时应尽量采用斜齿以提高传动平稳性，减少噪声。

（3）尽量使增速器的体积小质量轻的同时应选择合理的材料、科学的工艺以延长增速器的寿命。

（4）应保证齿轮箱平稳工作，防止振动和冲击，保证充分的润滑条件等。

2）使用要求

在风力发电机组中，齿轮箱是重要的部件之一，由于其安装在机舱顶的狭小空间内，一旦出现故障，维修显得相当困难。故除了其设计上有要求外，还要注意其使用要求，以使增速器达到预期的使用寿命。

（1）安装要求。

齿轮箱主动轴与叶片轮毂的连接必须可靠紧固。输出轴若直接与电机连接时，应采用合适的联轴器，最好是弹性联轴器，并串接起保护作用的安全装置。齿轮箱轴线和与之相连接的部件的轴线应保证同心，其误差不得大于所用联轴器和齿轮箱的允许值，齿轮箱体上也不允许承受附加的扭转力。打开观察窗盖检查箱体内部机件应无锈蚀现象。

（2）空载试运转。

按照说明书的要求加注规定的机油达到油标刻度线，在正式使用之前，可以利用发电机作为电动机带动齿轮箱空载运转。此时，经检查齿轮箱运转平稳，无冲击振动和异常噪声，润滑情况良好，且各处密封和结合面无泄漏，才能与机组一起投入试运转。

（3）正常运行监控。

每次机组启动，在齿轮箱运转前先启动润滑油泵，待各个润滑点都得到润滑后，间隔一段时间方可启动齿轮箱。当环境温度较低时，如小于 10℃，须先接通电热器加热机油，达到预定温度后才投入运行。如发生故障，监控系统将立即发出报警信号，使操作者能迅速判定故障并加以排除。在运行期间，要定期检查齿轮箱运行状况，看看运转是否平稳；有无振动或异常噪声；各处连接的管路有无渗漏，接头有无松动；油温是否正常。

（4）定期更换润滑油。

第一次换油应在首次投入运行 500h 后进行，以后的换油周期为每运行 5000～10000h。在运行过程中也要注意箱体内油质的变化情况，定期取样化验，若油质发生变化，氧化生成物过多并超过一定比例时，就应及时更换。齿轮箱应每半年检修一次。

（5）齿轮箱常见故障及预防措施。

① 齿轮损伤。齿轮损伤的影响因素很多，包括选材、设计计算、加工、热处理、安装方式、润滑和使用维护等。常见的齿轮损伤有齿面损伤和轮齿折断两类。

② 轮齿折断（断齿）。断齿常由细微裂纹逐步扩展而成。根据裂纹扩展的情况和断齿原因，断齿可分为过载折断（包括冲击折断）、疲劳折断及随机断裂等。

过载折断是由于作用在轮齿上的应力超过其极限应力,导致裂纹迅速扩展。疲劳折断发生的根本原因是轮齿在过高的交变应力重复作用下,从危险截面(如齿根)的疲劳源起始的疲劳裂纹不断扩展。随机断裂的原因通常是材料缺陷、点蚀、剥落或其他应力集中造成的局部应力过大,或较大的硬质异物落入啮合区引起。

③ 齿面疲劳。齿面疲劳是在过大的接触剪应力和应力循环次数作用下,轮齿表面或其表层下面产生疲劳裂纹并进一步扩展而造成的齿面损伤。正确进行齿轮强度设计、选择好材质、保证热处理质量、选择合适的精度配合、提高安装精度、改善润滑条件等,是解决齿面疲劳的根本措施。

④ 胶合。胶合是相啮合齿面在啮合处的边界膜受到破坏,导致接触齿面金属融焊而撕落齿面上的金属的现象,很可能是由于润滑条件不好或有干涉引起,适当改善润滑条件和及时排除干涉起因,调整传动件的参数,清除局部载荷集中,可减轻或消除胶合现象。

⑤ 轴承损坏。轴承是齿轮箱中最为重要的零件,其失效常常会引起齿轮箱灾难性的破坏。轴承在运转过程中,套圈与滚动体表面之间经受交变载荷的反复作用,由于安装、润滑、维护等方面的原因,而产生点蚀、裂纹、表面剥落等缺陷,使轴承失效,从而使齿轮副和箱体产生损坏。重视轴承的设计选型,充分保证润滑条件,按照规范进行安装调试,加强对轴承运转的监控是非常必要的。通常在齿轮箱上设置了轴承温控报警点,对轴承异常高温现象进行监控,同一箱体上不同轴承之间的温差一般也不超过15℃,要随时随地检查润滑油的变化,发现异常立即停机处理。

⑥ 断轴。断轴也是齿轮箱常见的重大故障之一。究其原因是轴在制造中没有消除应力集中因素,在过载或交变应力的作用下,超出了材料的疲劳极限所致。设计时,轴的强度应足够,轴上的键槽、花键等结构也不能过分降低轴的强度。保证相关零件的刚度、防止轴的变形,也是提高可靠性的相关措施。

⑦ 油温高。对冬夏温差巨大的地区,要配置合适的加热器和冷却器,还要设置监控点,对运转和润滑状态进行遥控。齿轮箱油温最高不应超过80℃,不同轴承间的温差不得超过15℃。油温低于10℃时,加热器会自动对油池进行加热;当油温高于65℃时,油路会自动进入冷却器管路,经冷却降温后再进入润滑油路。

3. 效率

齿轮箱的效率可通过功率损失计算或在试验中实测得到。功率损失主要包括齿轮啮合、轴承摩擦、润滑油飞溅和搅拌损失、风阻损失、其他机件阻尼等。齿轮传动的效率可按下列公式计算。

$$\eta = \eta_1 \eta_2 \eta_3 \eta_4 \tag{4-22}$$

式中 η_1——齿轮啮合摩擦损失的效率;
η_2——轴承摩擦损失的效率;
η_3——润滑油飞溅和搅油损失的效率;
η_4——其他摩擦损失的效率。

对于行星齿轮轮系机构,计算效率时还应考虑对应于均载机构的摩擦损失。行星齿轮轮系的效率可通用一般机械设计手册推荐的公式进行计算。

风力发电齿轮箱的专业标准要求齿轮箱的机械效率大于97%,是指在标准条件下应达到的指标。而实际齿轮箱的效率是在95%~98%之间变化,这依赖于行星式和平行轴的级数及其润滑方式。

4. 齿轮箱的润滑和冷却

齿轮箱的润滑十分重要，良好的润滑能够对齿轮和轴承起到足够的保护作用。使齿轮和轴承的转动部位上保持一层油膜，使表面点蚀和磨损最小。

有两种润滑方法可以采用：飞溅润滑和压力馈油。前者，向低速齿轮上不断滴油，并且同时淋在装置里面且流到轴承上。后者，油被一个杆状的油泵传递，在压力下过滤并传到齿轮和轴承上。飞溅润滑的优势是简单和由此带来的可靠性，但是压力馈油润滑通常在以下场合中优先考虑。

（1）油可以正面地射到喷嘴要求的地方。

（2）磨损颗粒由过滤环节可以去除。

（3）避免损失效率的搅油。

（4）油循环系统能够将流过齿轮箱的油通过安装在机舱外部的冷却装置更加有效地将齿轮箱降温。

（5）如果系统安装待机电泵时，当机组待机时，必须允许间歇式润滑。对于压力馈油系统，当温度过高或压力不足时，一般是调节滤波器后面的温度和压力开关来停机。对润滑油的要求应考虑能够对齿轮和轴承起保护作用。此外还应具备如下性能：①减小摩擦和磨损，具有高的承载能力，防止胶合；②吸收冲击和振动；③防止疲劳点蚀；④冷却，防锈，抗腐蚀。风力发电齿轮箱属于闭式齿轮传动类型，其主要的失效形式是胶合与点蚀，故在选择润滑油时，重点是保证有足够的油膜厚度和边界膜强度。

5. 齿轮箱噪声

风力发电齿轮箱的噪声标准为85dB(A)左右。噪声主要来自各传动件，故应采取相应降低噪声的措施。

（1）"修齿顶"，即通常从两个啮合齿轮的顶端去掉一些材料，也就是对齿的轮廓进行调整，增加重合度。

（2）适当提高齿轮精度，提高轴和轴承的刚度。

（3）合理布置轴系和轮系传动，避免发生共振。

（4）采用螺旋状的齿轮通常比直齿轮噪声要小。

（5）采用行星式齿轮箱通常比平行轴齿轮箱噪声要小，这是因为减小的齿轮体积使变桨的线速度减小。

4.7 调向装置

调向装置又称偏航装置，是水平轴式风力发电机组不可缺少的组成系统之一。偏航系统一般分为主动偏航系统和被动偏航系统。被动偏航指的是依靠风力通过相关机构完成机组风轮对风动作的偏航方式，常见的有尾翼、侧轮和下风向3种，小型风力机一般采用被动偏航；主动偏航指的是采用电机系统来完成对风动作的偏航方式，对于并网的大型风力发电机组来说，通常都采用主动偏航形式。

4.7.1 尾翼调向

尾翼调向常在微、小型风力发电机上采用。其优点是：结构简单，调向可靠，制造容易，成本低，能自然地对准风向，不需要特殊控制。尾翼必须具备一定的尺寸条件才能获得满意的对风效果，如下式。

$$A' = 0.16 A \frac{e}{l} \quad (4-23)$$

式中　A'——尾翼面积；
　　　A——风轮扫掠面积；
　　　e——转向轴与风轮旋转平面间的距离；
　　　l——尾翼中心到转向轴的距离(图 4.27)。

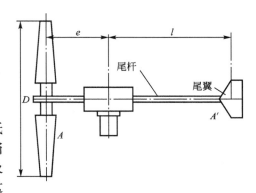

图 4.27　尾翼调向

4.7.2 侧轮调向

侧轮调向就是在机舱后边设计一个或两个低速风轮，侧轮与主轮轴线垂直或成一定角度，当风向偏离主轮轴线后，侧轮产生转矩，使主轮及机舱转动，直到主轮轴与风向重新平行为止。这种对风装置的优点是无需外力推动。

但对许多风力机测试的结果表明：只使用单个侧轮时，由于机舱两侧气流的不均衡，使得来流吹向机舱的偏左或偏右方向时，侧轮的调向灵活程度不一，导致调向效率不高，如图 4.28(a)所示。较好的设计是采用两个侧轮分别安装在机舱后部，并且不与主风轮轴线垂直，而与主风轮轴成 70°～75°角，以使风向变化时不论两边哪一个风轮都能获得其调向所需功率而可靠地调向，如图 4.28(b)所示。

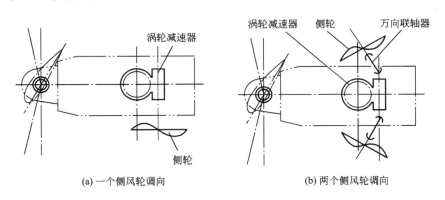

(a) 一个侧风轮调向　　　　(b) 两个侧风轮调向

图 4.28　侧风轮调向

4.7.3 下风向调向

如 4.1.1 节所述，风力机根据风轮的迎风方式，可设计成上风型和下风型两种形式，一般大多为上风型。上风型风力机都需要安装调向装置，而下风型风力机风轮能自然地对准风向，因此一般不需要进行调向控制，但不断变化的风向易使风轮左右摇摆，因而需要加装阻尼器，就是在随风转动的机舱下面的转盘上设置 2 对或 3 对对称的橡胶或尼龙摩擦块,摩擦块由可调弹簧压在转盘的圆板的上下外圆面上,摩擦块支座固定在塔架上。

4.7.4 电机调向

1. 电机调向原理

对于大型风力发电机组,一般都采用电动机驱动的风向调节装置。该装置较复杂,属于主动偏航装置。它除了具备前几种偏航装置的使风轮跟踪风向的功能,而且当风力发电机组由于偏航作用,机舱内引出的电缆发生缠绕时,能够自动解除缠绕。

整个电机调向系统由电动机、减速器、调向齿轮、偏航调节系统、偏航制动器、偏航计数器、偏航液压回路和扭缆保护装置等部分组成。偏航调节系统包括风向标和偏航系统调节软件。风向标对应每一个风向都有一个相应的脉冲输出信号,通过偏航系统软件确定其偏航方向和偏航角度,然后将偏航信号放大传送给电动机,这样,电动机以风向标作为调向的信号来源,通过电子电路及继电器控制和接通电动机正转或反转来实现调向。因电机转速较高而调向速度较低,还需要安装减速器以满足调向所需要的速度。通过减速器转动风力机平台,直到对准风向为止。如机舱在同一方向偏航超过设定圈数时,则扭缆保护装置动作,自动执行解缆,当回到中心位置时解缆停止。

如图4.29所示的结构,风力发电机组的机舱安装在旋转支撑上,而旋转支撑的内齿环与风力发电机组塔架用螺栓紧固相连,外齿环与机舱固定。调向是通过两台与调向内齿环相啮合的调向减速器驱动的。在机舱底板上装有盘式刹车装置,以塔架顶部法兰为刹车盘。

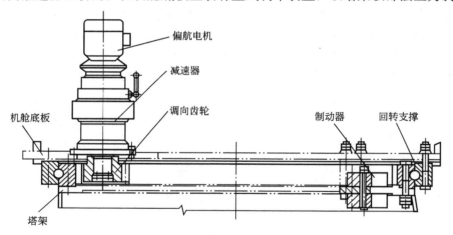

图 4.29 电机调向系统结构

偏航系统是一个随动系统,当风向与风轮轴线偏离一个角度时,控制系统经过一段时间的确认后,会控制偏航电动机将风轮调整到与风向一致的方位。偏航控制系统框图如图4.30所示。

2. 调向系统的技术要求

1) 电缆

为保证机组悬垂部分电缆不至于产生过度的纽绞而使电缆断裂失效,必须使电缆有足够的悬垂量,在设计上要采用冗余设计。电缆悬垂量的多少是根据电缆所允许的扭转角度确定的。

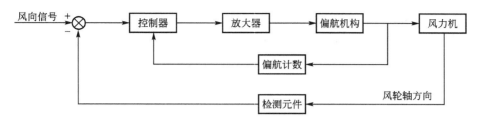

图 4.30 偏航控制系统框图

2) 阻尼

就偏航控制本身而言,对响应速度和控制精度并没有要求,但在对风过程中风力发电机组是作为一个整体转动的,具有很大的转动惯量,并因偏航过程中产生的振动而造成整机的共振。从稳定性考虑,需要设置足够的阻尼。阻尼力矩的大小要根据机舱和风轮质量总和的惯性力矩来确定,其基本的原则为确保风力发电机组在偏航时动作平稳顺畅而不产生振动。

3) 解缆和纽缆保护

解缆和纽缆保护是风力发电机组的偏航系统所必须具有的主要功能。偏航系统的偏航动作会导致机舱和塔架之间的连接电缆发生纽绞,所以在偏航系统中应设置与方向有关的计数装置或类似的程序对电缆的纽绞程度进行检测。一般对于主动偏航系统来说,检测装置或类似的程序应在电缆达到规定的纽绞角度时(如调向 720°或 1080°),控制器报告故障,风力发电机组将停机,并自动进行解缆处理(偏航系统按扭绞的反方向调向 720°或 1080°),解缆结束后,故障信号消除,控制器自动复位。有多种方式可以监视电缆缠绕情况,除了在控制软件上编入调向计数程序外,一般在电缆处直接安装传感器,最简单的传感器是一个行程开关,将其触点与电缆束连接,当电缆束随机舱转动到一定程度时即拉动开关。对于被动偏航系统检测装置或类似的程序应在电缆达到危险的纽绞角度之前禁止机舱继续同向旋转,并进行人工解缆。

4) 偏航计数器

偏航系统中都设有偏航计数器,偏航计数器的作用是用来记录偏航系统所运转的圈数,当偏航系统的偏航圈数达到计数器的设定条件时,则触发自动解缆动作,机组进行自动解缆并复位。计数器的设定条件是根据机组悬垂部分电缆的允许扭转角度来确定的,其原则是要小于电缆所允许扭转的角度。

5) 偏航制动器

采用齿轮驱动的偏航系统时,为避免因振荡的风向变化而引起偏航轮齿产生交变载荷,应采用偏航制动器(或称偏航阻尼器)来吸收微小自由偏转振荡,防止偏航齿轮的交变应力引起轮齿过早损伤。对于由风向冲击叶片或风轮产生偏航力矩的装置,应经试验证实其有效性。

6) 偏航液压系统

并网型风力发电机组的偏航系统一般都设有液压装置,液压装置的作用是拖动偏航制动器松开或锁紧。一般液压管路应采用无缝钢管制成,柔性管路连接部分应采用合适的高压软管。连接管路连接组件应通过试验保证偏航系统所要求的密封和承受工作中出现的动载荷。液压元器件的设计、选型和布置应符合液压装置的有关具体规定和要求。液压管路应能够保持清洁并具有良好的抗氧化性能。液压系统在额定的工作压力下不应出现渗漏现象。

7）其他

此外，偏航系统还必须有润滑、密封等措施，以保证系统能够长期稳定运行。

4.8 风力机功率输出及功率调节装置

4.8.1 风力机功率输出

1. 功率输出及其测量

此处的功率输出指的是风力机在某一具体时刻的实际功率输出，即输出电压与输出电流的乘积。

$$P_{出} = UI \tag{4-24}$$

而本章 4.2.2 节提到的公式

$$P_{入} = \frac{1}{2}\rho SV^3 C_P \tag{4-25}$$

则是功率输入公式，故有风力机对应不同时刻的效率

$$\eta = \frac{P_{出}}{P_{入}} = \frac{UI}{\frac{1}{2}\rho SV^3 C_P} \tag{4-26}$$

测量功率输出的方法有内接法、外接法两种，如图 4.31 所示。

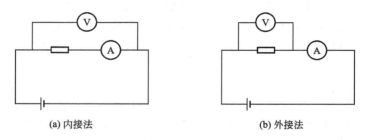

(a) 内接法　　　　　　　　　　(b) 外接法

图 4.31　两种测量功率输出方法

2. 与功率输出有关的因素

（1）叶片。不同翼型叶片吸收风能的能力也不同，平板的等截面翼型吸收风能较差，功率输出少，弯曲的变截面翼型则好很多。另外，叶片长度较大，吸收风能多，输出功率也多。反之，则输出功率少。

（2）安装高度。提高风力发电机的安装高度能够获得更多的风能。同时，风力机离地面越高越能有效躲避地形地貌及建筑物、植物等对风的扰动。在发电机功率足够的前提下提高其安装高度可以大幅度地增加发电机的功率输出。但风力发电机过高会带来安装、运输、更换零部件的不便。过高的风力发电机组要承受很大的风压，对发电机组、塔架、地基的强度要求会大大提高，因此成本将大幅度提高，将提高安装高度而增加的功率输出收益抵消掉。故并不是安装高度越高越能提高经济收益。

(3) 风轮自身的气动性能。即不同风速下风力机输出功率随转速变化的特性,风轮自身的气动性能好,则功率输出多。

(4) 发电机效率随功率变化的特性。发电机效率越高,则越能提高功率输出。

(5) 系统控制风轮对风的准确程度。即调向装置的灵敏度,调向装置越灵敏,则效率越高,功率输出越多;反之,则越少。

(6) 功率调节的方式。该因素对功率输出特性的影响将在下面讨论。

4.8.2 风力机功率调节方式

风力机必须有一套控制系统用来调节、限制它的转速和功率。调速与功率调节装置的首要任务是使风力机在大风、运行发生故障和过载荷时得到保护;其次,使它能在启动时顺利切入运行,并在风速有较大幅值变化和波动的情形下,使风力机运行在其最佳功率系数所对应的叶尖速比值附近,以保持较高的风能利用率;最后,使它能为用户提供良好的能量,例如,制热时,供热温度稳定,发电时,功率无波动,产生的频率是与电网一致的。

至于对风力机是作单纯的转速或功率调节,还是作转速—功率的复合调节控制,这取决于风轮自身的功率—转速特性、风速的变化范围、风力机的负载(发电机、泵等)特性以及用户对控制的需求。

这里要讨论的主要是针对大型风力机的功率调节和转速—功率复合调节的方法与装置。

1. 定桨距风力机的叶片失速调节

定桨距风力发电机组的主要结构特点是:风轮的桨叶与轮毂是固定的刚性连接,即当风速变化时,桨叶的迎风角度不能随之变化。

如图4.32所示,当气流流经上下翼面形状不同的叶片时,弯曲的凸面使气流加速,压力较低;凹面较平缓而使气流速度减慢,压力较高,压力差在叶片上产生由凹面指向凸面的升力。当桨叶的桨距角 θ 不变,随着风速 v 增加,攻角 α 相应增大,升力系数 C_L 线性增大;在接近 C_{Lmax} 时,增加变缓;达到 C_{Lmax} 后开始减小。参见本章4.2.2节中图4.12(升力系数 C_L、阻力系数 C_D 随攻角 α 变化),另外,阻力系数 C_D 初期不断增大;在升力开始减小时,C_D 继续增大,这是由于气流在叶片上的分离随攻角的增大而增大,分离区形成大的涡流,流动失去翼型效应,与未分离时相比,上下翼面压力差减小,致使阻力激增,升力减少,从而限制了功率的增加,这种现象称为叶片失速。

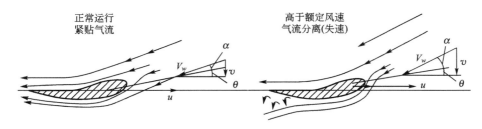

图 4.32 定桨距风力机的气动特性

失速调节叶片的攻角沿轴向由根部向叶尖逐渐减少,因而根部叶面先进入失速,随风速增大,失速部分向叶尖处扩展,原先已失速的部分,失速程度加深,未失速的部分逐渐进入失速区。失速部分使功率减少,未失速部分仍有功率增加,从而使输入功率保持在额定功率附近。这就是失速调节的原理。

图 4.33 叶尖扰流器

运行中的风力机有巨大的转动惯量,若急速大风风速超过某值时,功率超过其额定值,并进一步上升。为多一道保险屏障,此时风轮自身需具备有效的制动能力,使风力发电机组在大风情况下安全地脱网停机,否则可能会发生灾难性的飞车事故。目前绝大多数的定桨距风力发电机组都采用了叶尖扰流器。叶尖扰流器的结构如图 4.33 所示。

当风力机正常运行时,叶尖扰流器与桨叶主体精密地合为一体,组成完整的桨叶。当风力机需脱网停机时,在液压系统的作用下使叶尖扰流器旋转 80°～90°形成阻尼板,对空气形成强大的扰流作用,从而使风轮转速降低。

综上所述,定桨距失速控制的优点是:定桨距失速控制无需额外添加功率调节构件,也无需功率调节系统的维护,结构简单,性能可靠,造价低。缺点是:启动性差,而且必须配备可靠的刹车装置,这种失速控制方式还过分依赖于叶片独特的翼型结构设计,叶片本身结构较复杂,成型工艺难度也较大。随着功率增大,叶片加长,所承受的气动推力大,使得叶片的刚度减弱,失速动态特性不易控制,所以很少应用在兆瓦级以上的大型风力发电机组的功率控制上。

2. 变桨距角控制

变桨距风力发电机组的结构特点是:风轮的叶片与轮毂通过轴承连接,需要功率调节时,叶片就相对轮毂转一个角度,即改变叶片的桨距角。此种结构比较复杂,但能获得较好的性能,而且叶片及整机承受的载荷较小。所以,从今后的发展趋势看,在大型风力发电机组中将会普遍采用变桨距技术。

桨距角的微小变化对功率输出有显著的影响。正桨距角的设置增加了设计桨距角,从而减少了攻角。相反,负桨距角的设置增加了攻角,而且可能导致失速的产生,如图 4.34

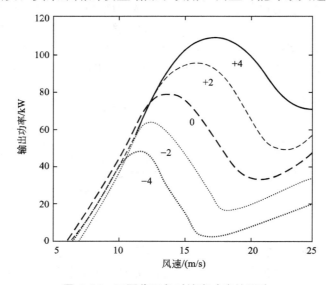

图 4.34 不同桨距角对输出功率的影响

所示。对于一定的风况条件，可以通过对叶片桨距角进行适当的调节，使设计的风轮运行在最佳风能捕获状态。

变桨距风力机功率调节的原理是：风轮的桨叶在静止时，叶尖桨距角（即叶尖翼型弦线与旋转切线方向的夹角）为90°，这时气流对桨叶不产生转矩，整个桨叶实际上是一块阻尼板。当风速达到启动风速时，桨叶向0°方向转动，直到气流对桨叶产生一定的攻角，风轮开始启动。

当叶尖桨距角转为0°，风力机正常运转，而发电机的输出功率还小于其额定功率时，风力机应尽可能地捕捉较多的风能，所以这时没必要改变桨距角，此时的变桨距风力机等同于定桨距风力机，其功率输出完全取决于风速及桨叶的气动性能。由于此阶段风力机工作在欠功率状态，故整机效率并未达到最大。

风速增大，风力机功率逐渐增大，当超过额定功率时，变桨距机构开始工作，叶片相对自身的轴线转动，叶片前缘（即叶片翼型的圆头部分）转向迎风方向，使得桨距角增大，攻角减小，升力也减小，实现了功率输出始终控制在额定功率值附近。当遇到大风或需气动刹车时，桨距角又重新回归90°，这个过程称为顺桨。若转动过程是后缘（即叶片翼型的尖部）转向迎风方向，则称为主动失速变桨（在本节前面所述的定桨距风力机的叶片失速调节是被动失速调节）。而顺桨是更常见采用的刹车控制策略。

在设计变桨距叶片时，既可以设计为叶片全程都能变桨距，也可以设计为叶片端部约15%的部分能变桨距，对于这种部分变桨距机组，功率控制仍然是完全有效的。而且变桨距执行机构负载明显地降低，以及内侧部分叶片仍然失速，有效地减小了叶片上载荷的波动。但它也有缺点，如叶尖附近增加了额外的重量，叶尖转轴承受很高的弯矩，叶片外形与变桨距执行机构之间在物理上很难相互匹配，维护困难等。故目前市场上全程变桨距控制占据主导地位。

另外，变桨距驱动系统可以分为每个叶片具有独立的桨距驱动系统，以及用一个驱动器同时驱动所有叶片的桨距驱动系统两类。前者的优点是它由两个或3个独立的气动刹车系统来控制超速，缺点是它需要非常精确地控制每个叶片的桨距角以避免桨距角度差异。后者具有一个变桨距驱动器，不会出现叶片桨距角角度差异，但结构复杂。

综上所述，变桨距风力机与定桨距风力机相比具有以下特点。

（1）变桨距风力机具有在额定功率点以上输出功率平稳的特点，图4.35、图4.36所示分别为定桨距、变桨距风力机的功率特性图。

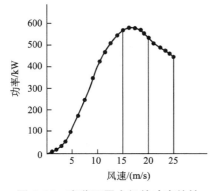

图4.35　定桨距风力机的功率特性

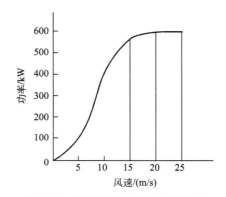

图4.36　变桨距风力机的功率特性

（2）对于定桨距风力机，一般在低风速段的风能利用系数较高，当风速接近额定点时，风能利用系数开始大幅下降。而变桨距风力机，由于桨叶的桨距角可以控制，使得在额定功率点仍然具有较高的风能利用系数。

（3）变桨距风力机由于能调整叶片角度，故功率输出不受温度、海拔、气流密度的影响。

（4）变桨距风力发电机组在低风速时，桨叶可以转动到合适的角度，使风轮具有最大的启动力矩，从而比定桨距风力发电机组更容易启动。

（5）变桨距风力机轮毂结构复杂，制造、维护成本高，可靠性差。

3. 变速恒频风力发电系统

前面讲的发电系统都属于恒速恒频风力发电系统，在额定风速以下时，这种发电系统在不同风速下维持或近似维持同一转速，不能根据风速变化在运行中始终保持最佳叶尖速比以获得最大风能利用率。

20世纪70年代中期以后，变速恒频风力发电系统逐渐发展起来。这种发电系统与恒速发电系统相比，它的优势在于：低风速时它能够根据风速变化，在运行中保持最佳叶尖速比以获得最大风能，提高了风力机的运行效率，从风中获取的能量可以比恒转速风力机高得多。高风速时利用风轮转速的变化，储存或释放部分能量，提高传动系统的柔性，使功率输出更加平稳（其功率曲线如图4.37所示）。变速恒频风力发电机组的控制主要通过两个阶段来实现：在额定风速以下时，主要是调节发电机转矩使转速跟随风速变化，以获得最佳叶尖速比，因此可作为跟踪问题来处理。在高于额定风速时，主要通过变桨距系统改变桨叶的桨距角来限制风力机获取能量，使风力发电机组功率保持在额定值附近，并使系统失速负荷最小化。可以将风力发电机组作为一个连续的随机的非线性多变量系统来考虑，一台变速风力发电机组通常需要两个控制器，一个通过电力电子装置控制发电机转矩，另一个通过伺服系统控制桨叶的桨距角。

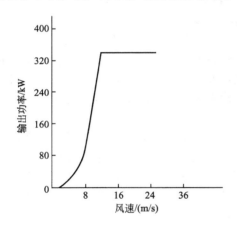

图4.37 变速恒频风力发电机组的功率曲线

但与恒速恒频系统相比，风/电转换装置的电气部分变得较为复杂和昂贵。不过，电气部分的成本在大、中型风电机组中所占比例并不大，而且，由于变转速风力机的输出功率特性在高风速下最好，所以，对同一风源地，相同风速范围内运行的3种功率调节方式风力机做年发电量计算，结果表明：变转速风力机的年发电量最大，变桨距机的次之，失速调节风力机的最小。因而发展大、中型变转速风电机组受到很多国家的重视。

变转速运行的风力发电机有不连续变速和连续变速两大类。一般来说，利用不连续变速发电机也可以获得连续变速运行的某些好处，但不是全部好处。主要效果是比以单一转速运行的风电机组有较高的年发电量，因为它能在一定的风速范围内运行于最佳叶尖速比附近。但它面对风速的快速变化（湍流）实际上只起一台单速风力机的作用，因此不能期望它像连续变速系统那样有效地获取变化的风能。更重要的是，它不能利用转子的惯性来吸收峰值转矩，所以，这种方法不能改善风力机的疲劳寿命。

连续变速系统可以通过多种方法得到，包括机械方法、电/机械方法、电气方法及电力电子学方法等。机械方法可采用可变速比液压传动或可变传动比机械传动；电/机械方法可采用定子可旋转的感应发电机；电气式变速系统可采用高滑差感应发电机或双定子感应发电机等。这些方法虽然可以得到连续的变速运行，但都存在这样或那样的缺点和问题，在实际应用中难以推广。

目前看来最有前景的当属电力电子学方法。这种变速发电系统主要由两部分组成，即发电机和电力电子变换装置。发电机可以是市场上已有的通常电机，如同步发电机、鼠笼型感应发电机、绕线型感应发电机等，也可以是近来研制的新型发电机，如磁场调制发电机、无刷双馈发电机等；电力电子变换装置有交流/直流/交流变换器和交流/交流变换器等。

4.9 制动装置

制动装置是风力机在遇到大风或需维修时，使风轮达到静止或空转状态的系统。制动装置大体可以分为空气动力制动和机械制动两大类。

IEC 61400-1 和 GL 标准要求风力发电机组至少有一套制动系统作用于风轮或低速轴上，而 DS472 进一步要求必须有一套空气动力制动系统。在实际应用中，空气动力制动和机械制动两种都要提供。因为机械制动器的功能是使风轮静止，即停车。但是，如果每个叶片都有独立的空气动力制动系统，而且每个空气动力制动系统都可以在电网掉电的情况下使风力机减速，那么就不必为此设计机械制动器。而空气动力刹车并不能使风轮完全静止下来，只是使其转速限定在允许的范围内。

4.9.1 空气动力制动

空气动力制动方法主要有叶尖扰流器、扰流板、主动变桨距、自动偏航等几种。

1. 叶尖扰流器

叶尖扰流器的内部结构如图 4.38 所示，叶尖安装在叶尖转轴上，其长度大约占叶片总长度的 15%。当风力发电机组正常运行时，在液压缸活塞杆的拉力作用下，抵消叶尖转动时的离心力，使叶尖与叶片主体部分合为一体，组成完整的叶片。此时的叶尖是吸收风能的主要部分。

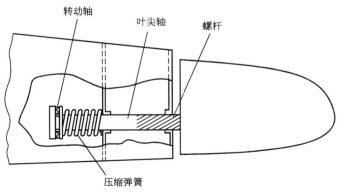

图 4.38 叶尖扰流器的内部结构

当风力机需要空气制动时，液压系统按控制系统发出的指令，释放液压缸压力，叶尖扰流器在离心力作用下向外飞出，并通过转轴带动螺杆，进而带动叶尖旋转 80°～90°形成阻尼板，使得风轮在短时间内迅速减速。工作时的叶尖扰流器结构如图 4.33（本章前述的 4.8.2 节）所示。

控制系统的正常指令能够使液压力释放，而使叶尖扰流器发挥制动作用，若是液压系统出现故障，导致液压油路失去压力，同样也会导致叶尖扰流器制动。因此，叶尖扰流器不仅是每次正常制动的制动装置，也是液压系统出现故障时的一种保护装置。

2. 扰流板

扰流板制动原理与叶尖扰流器原理很相似，将扰流板用铰链连接在叶片端部，并同时与弹簧相连。在风力机正常运转时，弹簧拉力大于扰流板离心力，使得扰流板紧贴叶片，不干扰叶片正常运转，如图 4.39(a)所示。当风轮超速时，扰流板离心力大于弹簧拉力而伸展开，形成阻尼板，降低风轮转速，如图 4.39(b)所示。这种设备过去被使用，但其能否使风轮充分减速，以及存在无法展开的风险，导致其广泛应用还有待于进一步测试。

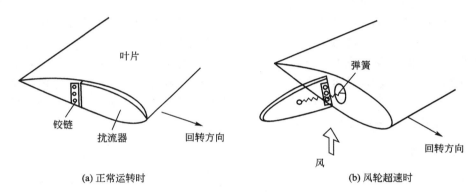

图 4.39 利用扰流板产生空气动力制动

3. 主动变桨距

采用桨距控制除可控制功率外，同时还可控制转速，叶片变桨距到顺桨形成一个高效的空气动力制动方法，允许风力机在大风中运行而不致破坏。在风力机中这种控制相当广泛，见 4.8.2 节风力机功率调节方式中的变桨距角控制。

4. 自动偏航

遇到大风情况，风力机的机头偏离主风向，向上扭头使风轮变成水平方向，或向左右侧面扭头旋转 90°使风轮平面与主风向平行，而尾翼仍然平行于风向，这样当机头偏离主风向后，吸收风能的效率自然降低，从而有效保护风力发电机，如图 4.40 所示。

4.9.2 机械制动

如图 4.41 所示，机械制动一般采用一个钢制刹车圆盘和布置在其四周的液压夹钳构成。液压夹钳固定，圆盘可以安装在齿轮箱的高速轴或低速轴上并随之一起转动。圆盘设

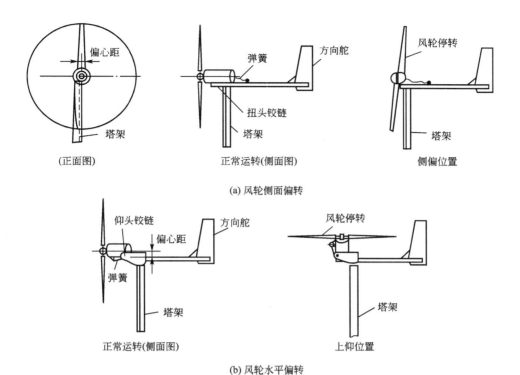

图 4.40 自动偏航保护

置在高速轴上更加普遍，因为在结构布置方面较为容易；另外，制动力矩相对而言较小。制动夹钳有一个预压的弹簧制动力，液压力通过油缸中的活塞将制动夹钳打开。需要制动时，释放液压力，进而释放预压的弹簧制动力，压制中间的钢制制动圆盘，从而使齿轮箱的高速轴或低速轴制动，即风轮制动。

制动装置总是处于准备工作状态，可以随时对机组进行制动，或是由液压系统解除制动。但在正常停机的情况下，液压力并不是完全释放，即在制动过程中只作用了一部分弹簧

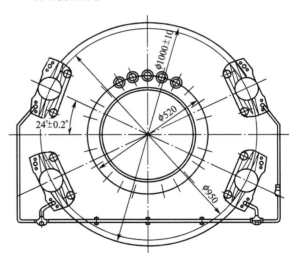

图 4.41 机械制动结构

力。为此，在液压系统中设置了一个特殊的减压阀和蓄能器，以保证在制动过程中不完全提供弹簧的制动力。为了监视机械制动机构的内部状态，制动夹钳内部装有温度传感器和指示制动片厚度的传感器。

空气动力制动性能优于机械制动，所以通常风力机停机时，都优先选择空气动力制动。

4.10 发 电 机

发电机分为交流发电机和直流发电机,用途广泛的是交流发电机,交流发电机有三相和单相交流发电机,两相交流发电机极少,三相交流发电机应用最广泛。

前面讲了,风力发电系统有恒速/恒频发电系统和变速/恒频发电系统之分。恒速/恒频发电系统是较简单的一种,采用的发电机主要有两种:同步发电机和笼型感应发电机;变速/恒频发电系统可以采用的发电机主要有:同步发电机、笼型感应发电机、绕线转子异步发电机、双馈式发电机及磁场调制发电机等。

4.10.1 类型

1. 同步发电机

同步发电机是根据电磁感应原理而制成的。一般分为转场式同步发电机和转枢式同步发电机,最常用的是转场式同步发电机。

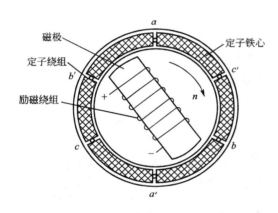

图 4.42 三相同步发电机结构原理图

普通同步发电机的结构主要由两部分组成,如图 4.42 所示,一部分线圈绕在一个导磁性能良好的金属片叠成的圆筒内壁的凹槽内,这个圆筒固定在机座上,称为定子。定子内的线圈可输出感应电动势和感应电流,所以又称其为电枢。另一部分线圈则绕在定子圆筒内的一磁导率强的金属片叠成的圆柱体的凹槽内,称为转子。转子轴的两端与机座构成轴承支撑,带动转子灵活转动。转子与定子内壁之间保持小而均匀的间隙,这称为旋转磁场式无刷同步发电机,即转场式同步发电机。

在图 4.42 中,定子铁心上的槽内嵌有均匀分布的在空间彼此相隔 120°角的三相电枢绕组 aa'、bb' 和 cc'。转子上装有磁极和线圈(即励磁绕组),当励磁绕组通以直流电流 I_f 后形成直流恒定磁场。转子被风力机带动旋转,则直流恒定磁场也随之旋转,与定子三相绕组之间有相对运动,因而直流恒定磁场的磁力线切割定子三相绕组,在定子三相绕组中感应出 3 个幅值相同,彼此相隔 120°角的交流电势。这个交流电势的频率 f 决定于电机的极对数 p 和转子转速 n,即

$$f=\frac{pn}{60} \tag{4-27}$$

转子及其恒定磁场被风力机带动旋转时,在转子与定子之间小而均匀的间隙中形成一个旋转的励磁磁场,称为转子磁场或主磁场。由于间隙处于转子与定子内壁之间,间隙层的厚度和形状对电机内部磁场的分布和同步电机的性能有重大影响。

正常工作时,发电机的定子线圈即电枢都接有负载,定子线圈被磁力线切割以后产

生的感应电动势通过负载形成感应电流，此电流流过定子线圈也会在间隙中产生一个磁场，称为定子磁场或电枢磁场。这样在间隙中就形成两个磁场，这两个磁场相互作用构成一个合成磁场。发电机就是由合成磁场的磁力线切割定子线圈而发电的。由于定子磁场是由转子磁场引起的，而且它们之间总是保持着一先一后并且同速的同步关系，所以称这种发电机为同步发电机。即所谓的同步就是转子的转速等于定子旋转磁场的转速。

从制造工艺、绝缘性能和工作可靠性等方面比较，容量越大转场式同步发电机的优越性越多。转场式同步发电机按磁极形状又可分为隐极式和凸极式两种。除了转场式同步发电机外，还有转枢式同步发电机，其磁极安装于定子上，而交流绕组分布于转子表面的槽内，这种同步发电机的转子充当了电枢。

同步发电机的频率和电网的频率一致。我国电网的频率为50Hz，故有

$$pn = 3000 \tag{4-28}$$

由上式可知，要使得发电机供给电网50Hz的工频电能，发电机的转速必须为某些固定值，这些固定值称为同步转速。例如，2极电机（即$p=1$）的同步转速为3000r/min，4极电机（即$p=2$）的同步转速为1500r/min，依次类推。只有运行于同步转速，同步电机才能正常运行，这也是同步电机名称的由来。

由于同步发电机一般采用直流励磁，当其单机独立运行时，通过调节励磁电流，能方便地调节发电机的电压。若并入电网运行，因电压由电网决定，不能改变，此时调节励磁电流的结果是调节了电机的功率因数和无功功率。

表征同步发电机性能的主要是空载特性和负载运行特性。这些特性是用户选用发电机的重要依据。发电机不接负载时，电枢电流为零，称为空载运行。此时电机定子的三相绕组只有励磁电流I_f感生出的空载电动势，其大小随I_f的增大而增加。但是，由于电机磁路铁心有饱和现象，所以两者不成正比。反映空载电动势与励磁电流I_f关系的曲线称为同步发电机的空载特性。负载运行特性就是当发电机接上对称负载后发电机的运行特性。

同步发电机的主要优点是效率很高，它可以向电网或负载提供无功功率，它不仅可以并网运行，也可以单独运行，满足各种不同负载的需要。

同步发电机的缺点是它的结构以及控制系统比较复杂，成本相对于感应发电机也比较高。若发电机定子出线端直接接入工频电网，则系统需要单独一套稳速装置；另外，同步发电机的并网也不像感应发电机那样简单，需要一整套并网措施。

2. 异步发电机

异步发电机又叫感应发电机，当交流发电机的电枢磁场的旋转速度落后于主磁场的旋转速度时，这种交流发电机称为异步交流发电机。异步发电机的优点是：结构简单，价格便宜，维护少；允许其转速在一定限度内变化，可吸收瞬态阵风能量，功率波动小；并网容易，不需要同步设备和整步操作。

异步发电机也可以有两种运行方式，即并网运行和单独运行。异步交流发电机只要频率接近电网频率就可以并网，但当频率低于电网频率时，异步发电机成了电动机，由电网的电力驱动发电机转动，此种现象称为逆功率，异步发电机并网应安装逆功率切换装置。

异步发电机既可作为电动机运行,也可作为发电机运行。当作为电动机运行时,其转速 n 总是低于同步转速 n_S(n:转子的转速;n_S:定子旋转磁场的转速),这时电机中产生的电磁转矩与转向相同。若电机由某原动机(如风力机)驱动至高于同步转速时,则电磁转矩的方向与旋转方向相反,电机作为发电机运行,其作用是把机械能转变为电能。$S=\frac{n_S-n}{n_S}$ 称为转差率,则作为电动机运行时 $S>0$,而作为发电机运行时 $S<0$。异步发电机的功率随该负转差率绝对值的增大而提高,额定转差率在 0.5%~0.8% 之间,特殊装配的转子可以提高转差率,但使发电机的效率下降。

异步发电机主要有以下几种类型:笼型感应发电机、绕线转子异步发电机、双馈式感应发电机等。

1)笼型感应发电机

它的定子铁心和定子绕组的结构与同步发电机相同,转子采用鼠笼型结构。这种发电机结构简单可靠、廉价、特别适合于高圆周速度电机,易于接入电网,这里只介绍并网运行的笼型感应发电机,对带电容器自励的单独运行的感应发电机不作介绍,因其使用极为有限。

并网运行的感应发电机的电压一定是电网电压,其频率也一定是电网频率,输出功率变化也不会使感应发电机产生振荡及失步,感应发电机的输出功率与转差率几乎呈线性关系(图 4.43)。感应发电机的并网不像同步发电机那样繁杂,不需要设置同步、整步装置。但是感应发电机并网瞬间与电动机相似,存在很大的冲击电流。对于较小的电网,感应发电机并网时可以采取一定的措施如采取降压法并网以降低冲击电流,对于电网容量较大的电网,则可以采用直接并网法并网。

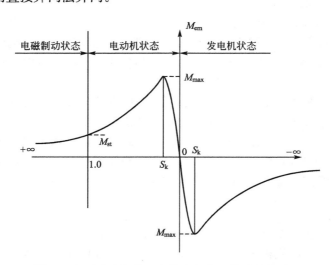

图 4.43 感应电机的运行状态与电机转差率的关系

工程上为简化计算,又保证有足够的计算精度,分析计算感应电机的性能时,一般采用 T 型等效电路(图 4.44),现大多采用较准确的 Γ 型等效电路(图 4.45),取修正系数 $\sigma_1=1+X_1/X_m$,通常 $\sigma_1=1.05$ 左右,电机容量越大,σ_1 越接近于 1.0。

当电网电压 U_1 和频率 f_1 恒定时,可以认为电机的电阻和漏电抗值基本不变,电磁转矩 M_{em} 仅与转差率 S 有关,其关系曲线如图 4.46 所示。

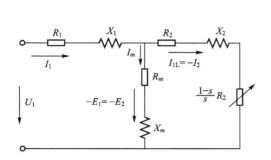

图 4.44 感应电机的 T 型等效电路

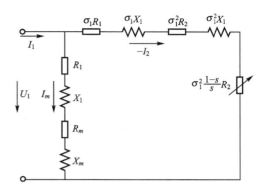

图 4.45 感应电机较准确的 Γ 型等效电路

U_1—电机端电压（相值）(V) R_2'—折算到定子侧的转子电阻(Ω) R_1—定子绕组每相电阻值(Ω) X_1—定子漏抗(Ω) X_2—折算到定子侧的转子漏抗(Ω)

并网型风力感应发电机的工作特性是指在额定电压、额定频率下，感应发电机的转差率 S，效率 η，功率因数 $\cos\varphi_1$，定子电流 I_1 和输出转矩 M_2 与输出功率的关系曲线。图 4.46 所示为典型的一组曲线，曲线形状与电动机相应的曲线相似。这里特别要提醒以下几点。

（1）由于风力发电机受风速变化的影响，绝大部分时间发电机处于轻载状态，为综合提高发电机的出力，提高中低输出功率区的效率，通常希望发电机的效率曲线平坦些。

（2）另外，风力机运行时因风速的大小、方向是不稳定的，随时变化的，为了减少发电机输出功率的波动，降低风力机受冲击的机械应力，要求发电机的转速—输出功率特性软一点，因此

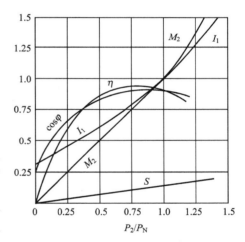

图 4.46 感应发电机的工作特性

就要求发电机的转差率绝对值 S 要大。对于小容量（$P_N \leqslant 100\text{kW}$）感应发电机，转差率绝对值设计到 4%～5%还是做得到的，高转差率引起电机转子铜（铝）耗增加，温升增大，额定点效率降低等影响在技术上还是可以解决的；对于中大容量（$P_N \geqslant 200\text{kW}$）感应发电机，转差率绝对值设计到 2%～3%已是非常困难了，甚至是不可能的。在确定风力发电机的技术指标时要综合考虑电机的效率、转差率、输出功率的稳定性和电机的温升，不能片面强调某一个参数的重要性而忽视对其他参数的影响，不能顾此失彼。

（3）并网型风力感应发电机本身不发无功功率，其励磁电流要从电网获取，因此感应发电机的功率因数是一个重要的技术指标，只要技术上允许，应尽量提高发电机的自然功率因数值。发电机的功率因数与其磁密的高低、定转子空气隙的大小、轴的挠度、电机的振动、噪声有密切的关系，自然功率因数不可能无限地提高，否则会引起发电机其他技术参数的恶化，严重时甚至会使发电机无法运行。

笼型感应发电机的选择需注意以下几点。

(1) 选择风力发电机时，一般不宜用同容量的电动机来替代以降低设备成本，因为电动机电压较低，会引起励磁电流大幅增加，功率因数降低；另外，按电动机设计时，为了提高电机的效率，总是最大可能地减少电机转子铜耗，电机的转差率一般比较小；然而当风力发电机运行时，考虑到提高发电机输出功率的稳定性，希望发电机有较大的转差率。

(2) 发电机的铁心材料应选择损耗小、导磁性能强的冷轧硅钢板，一般应用 $P_{15/50} \leqslant 350W/kg$ 的冷轧硅钢板。

(3) 定子绕组应为低谐波含量的对称均匀绕组，尽最大可能地增加每极每相槽数，对于双速发电机，既可采用双绕组双速，也可以采用单绕组双速电机。

(4) 发电机转子可以采用铜条转子，也可以采用铸铝转子，优先推荐使用铜条转子。

(5) 发电机定转子槽配合选择时，要避免噪声大的槽配合，也要避免选用会产生轴电流的槽配合，槽配合的选择无论对感应电动机还是对感应发电机均是十分重要的，建议选用曾经使用过且表明无不良电磁噪声、振动和轴电流的槽配合。

(6) 选择发电机轴承时，要考虑到电机运行发热后引起轴膨胀的影响，要允许电机轴能向非转动端膨胀。

(7) 发电机结构要注意能保证在任何状态下，内外气压平衡，必要时可在机座上钻个气压平衡孔。

(8) 发电机转子需经动平衡校正，一般要校到 G6.3 以保证发电机有较小的振动，空载运行时，发电机振速一般应不超过 2.8mm/s。

(9) 发电机必须有安全接地螺栓，出线盒内也应有一个供电缆接地的接地螺栓。

(10) 发电机的磁路设计要合理，磁密不宜取得太高，定子齿部、轭部磁密一般不要超过 1.65T，空气隙磁密不超过 0.85T，定子电密不超过 $5.0A/mm^2$。

2) 绕线转子异步发电机

绕线转子异步发电机的转子为线绕型。定子与电网直接连接输送电能，同时绕线式转子也经过变频器控制向电网输送有功或无功功率。转子绕组系统由 3 只集电环引出，具体结构这里不详细介绍。

绕线转子感应发电机与电网相接有多种方式，常见的有以下几种。

(1) 定子接电网，转子直接短路（一般不采用这种方式，此时用笼型感应电机更经济）。

(2) 定子通过两只控制性能优良的电流型 PWM 逆变器接入电网，转子直接通过集电环接网（图 4.47）。这种连接方式有以下特点：①发电机能从极低转速到 2 倍同步转速，这样大的转速范围内向电网提供电压稳定、正弦性良好的三相电力；②发电机和 2 台逆变器的容量仅为系统能向电网供电的最大功率 P_{max} 的一半，系统能充分而有效地利用风能，经济性极好。

(3) 定子直接接电网，转子通过集电环馈入可控变频电流，原理图如图 4.48 所示。这种连接方式类似于绕线式感应电动机的串级调速，同样有较为宽广的调速范围而且转子可控变频装置的容量很小，仅为发电机转子的转差功率，从而也显现出良好的经济性。

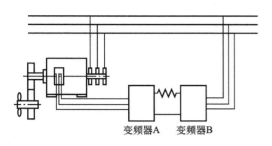

图 4.47 转子直接通过集电环接入电网，定子通过电流型 PWM 逆变器后接入电网

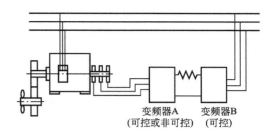

图 4.48 定子直接接入电网，转子通过集电环馈入可控变频电流(调速用)

3) 双馈感应发电机

双馈感应发电机的构造与传统的绕线式感应发电机类似，定子绕组由具有固定频率的对称三相电源鼓励，所不同的是转子绕组由具有可调节频率的三相电源鼓励。由于其定子、转子都能向电网馈电，故简称双馈电机。双馈电机虽然属于异步发电机的范畴，但是由于其有独立的励磁绕组，可以像同步发电机一样施加励磁，调节功率因数，所以又称为交流励磁电机。

同步发电机由于是直流励磁，其可调量只有一个电流的幅值，所以同步发电机一般只能对无功功率进行调节。交流励磁电机有很多优点，是因为它采用的是可变的交流励磁电流。交流励磁发电机的可调量有 3 个：一是与同步电机一样，可以调节励磁电流的幅值；二是可改变励磁电流的频率；三是可改变励磁电流的相位。通过改变励磁电流的频率，可调节转速。这样在负荷突然变化时，敏捷转变电机的转速，充分应用转子的动能，释放和吸收负荷，对电网的扰动远比常规电机小。另外，通过调节转子励磁电流的幅值和相位，可达到调节有功功率和无功功率的目标。而同步发电机的可调量只有一个，即励磁电流的幅值，所以调节同步电机的励磁一般只能对无功功率进行补偿。而双馈电机的励磁可以调节转子励磁电流的幅值和相位，当转子电流的相位改变时，由转子电流发生的转子磁场在气隙空间的地位就发生一个位移，改变了双馈电机电势与电网电压向量的相对地位，也就改变了电机的功率角。所以双馈电机不仅可调节无功功率，也可调节有功功率。一般来说，当电机吸收电网的无功功率时，往往功率角变大，使电机的稳固性降落。而双馈电机却可通过调节励磁电流的相位，减小机组的功率角，使机组运行的稳定性进步，从而可多接收无功功率，战胜由于夜间负荷降低，电网电压过高的困难。与之相比，其他异步发电机却因需从电网接收无功的励磁电流，与电网并列运行后，造成电网的功率因数变坏。另外，双馈发电机无论处于亚同步速或超同步速都可以在不同的风速下运行，其转速可随风速变化做相应的调整，使风力机的运行始终处于最佳状况，机组效率提高。所以双馈电机较同步电机和其他异步电机都有着更加优越的运行性能。

有些异步发电机有两种转速，称为双速发电机，有双绕组双速和单绕组双速发电机，是为满足变速/恒频发电系统需求而产生的新型发电机，这类发电机优缺点并存。

3. 交流永磁发电机

交流永磁发电机通常为低速多极式，定子结构与一般同步电机相同，转子采用永磁体结构。由于没有励磁绕组，不用外界激磁，不消耗励磁功率，因而有较高的效率。永磁发电机转子结构的具体形式很多，按磁路结构的磁化方向基本上可分为径向式、切向式和轴向式 3 种类型。

微、小型风力发电机组常采用交流永磁发电机,可以省去增速齿轮箱,发电机直接与风轮相连。在这种低速交流永磁发电机中,定子铁耗和机械损耗相对较小,而定子绕组铜耗所占比例较大。为了提高发电机效率,主要应降低定子铜耗,因此采用较大的定子槽面积和较大的绕组导体截面,额定电流密度取得较低。

启动阻力矩是微、小型风电装置的低速交流永磁发电机的重要技术指标之一,它直接影响风力机的启动性能和低速运行性能。为了降低切向式永磁发电机的启动阻力矩,必须选择合适的齿数、极数配合,采用每极分数槽设计,分数槽的分母值越大,气隙磁导随转子位置越趋均匀,启动阻力矩也就越小。

永磁发电机的运行性能是不能通过其本身来进行调节的,为了调节其输出功率,必须另加输出控制电路,但这往往与对微、小型风电装置的简单和经济性要求相矛盾,实际使用时应综合考虑。

永磁发电机有很多优点:结构简单、可靠性高、效率高;体积小、重量轻、比功率大;中、低速发电性能好;无无线电干扰等。

4.10.2 发电机常见故障

1) 发电机过热

发电机过热的原因可能有:没有按规定的技术条件运行;发电机的三相负荷电流不平衡;风道被积尘堵塞,通风不良;进风温度过高或进水温度过高,冷却器有堵塞现象;轴承磨损或轴承加润滑脂过多或过少;定子铁心绝缘损坏,引起片间短路;定子绕组的并联导线断裂等。

2) 发电机中性线对地有异常电压

发电机中性线对地有异常电压的原因可能有:发电机绕组有短路或对地绝缘不良;空载时中性线对地无电压,而有负荷时出现电压,是由于三相不平衡引起的。

3) 发电机电流过大

发电机电流过大的原因可能有:负荷过大;输电线路发生相间短路或接地故障。

4) 发电机端电压过高

发电机端电压过高的原因可能有:与电网并列的发电机电网电压过高;励磁装置的故障引起过励磁。

5) 功率不足

功率不足,即发电机端电压低于电网电压,送不出额定无功功率,原因可能有:由于励磁装置电压源复励补偿不足,不能提供电枢反应所需的励磁电流。

6) 定子绕组绝缘击穿、短路

定子绕组绝缘击穿、短路的原因可能有:定子绕组受潮;绕组本身缺陷或检修工艺不当,造成绕组绝缘击穿或机械损伤;绕组过热;绝缘老化;发电机内部进入金属异物;过大电压击穿。

7) 铁心片间短路

铁心片间短路的原因可能有:铁心叠片松弛;铁心片个别地方绝缘受损伤或铁心局部过热,使绝缘老化;铁心片边缘有毛刺或检修时受机械损伤;有焊锡或铜粒短接铁心;绕组发生弧光短路。

8）发电机失去剩磁，启动时不能发电

发电机失去剩磁，启动时不能发电的原因可能有：励磁机磁极所用的材料接近软钢，剩磁较少；发电机的磁极失去磁性。

9）发电机启动后，电压升不起来

发电机启动后，电压升不起来的原因可能有：励磁回路断线，使电压升不起来；剩磁消失；励磁机的磁场线圈极性接反；在发电机检修中做某些试验时误把磁场线圈通以反向直流电，导致剩磁消失或反向。

10）发电机的振荡失步

发电机的振荡失步的原因可能有：系统发生短路故障；发电机大幅度甩负荷。

11）发电机振动

发电机振动的原因可能有：转子不圆或平衡未调整好；转轴弯曲；联轴节连接不正；结构部件共振；励磁绕组层间短路；供油量或油压不足；供油量过大或油压过高；定子铁心装配松动；轴承密封过紧；发电机通风系统不对称。

4.11 常用控制器

在风力发电机组中可能会常用到的控制器有：整流器、逆变器、变频器及充电控制器。

（1）整流器：是把交流电转换成直流电的装置。

（2）逆变器：与整流器相反，把直流电转换成交流电的装置，就称为逆变器。

（3）变频器：把电压和频率固定不变的交流电变换为电压或频率可变的交流电的装置称为变频器。

（4）充电控制器：是专门用来控制蓄电池等储能装置充放电用的，目的主要是防止蓄电池充电时过充电，放电时过放电。

4.11.1 整流器

1. 概念

整流器（Rectifier）是一个整流装置，简单地说就是将交流电（AC）转化为直流电（DC）的装置。它的主要功能有：第一，将交流电（AC）变成直流电（DC），经滤波后供给负载，或者供给逆变器；第二，给蓄电池提供充电电压，因此，它同时又起到一个充电器的作用；第三，整流器还用在调幅（AM）无线电信号的检波。

在风力发电机上，由于现代风力发电机基本上都使用交流发电机，当需要把风电变成直流向蓄电池充电或向电镀供电等就要将三相交流电经变压器降压至可以充电或电镀的交流电压再经整流变成直流，这时就用到整流器。尤其在小型离网型风力发电机中经常用到。图4.49所示为小型离网型风力发电原理简图。

2. 整流器分类及原理

按照所采用的整流器件，可分为机械式、电子管式和半导体式几类。其中最简单、最常用的是二极管整流器。

图 4.49　小型离网型风力发电原理简图

按照整流的方法，可分为半波整流、全波整流。其中全波整流又分为桥式整流和中心抽头式整流。

1) 半波整流

如图 4.50 所示，半波整流利用二极管单向导通特性，在输入为标准正弦波的情况下，输出获得正弦波的正半部分，负半部分则损失掉；或者相反。这样，在半波整流器的工作过程中，只有一半的输入波形会形成输出，对于功率转换是相当没有效率的。半波整流在单相整流时使用一只二极管，三相整流时使用 3 只二极管。

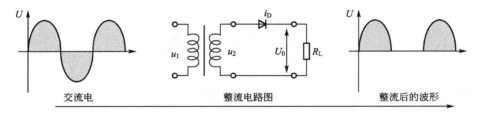

图 4.50　半波整流原理图

2) 全波整流

全波整流可以把完整的输入波形转成同一极性来输出。由于充分利用到原交流波形的正、负两部分，并转成直流，因此效率更高。全波整流有桥式和中心抽头式两种。

（1）桥式整流器。

桥式整流器也称为整流桥堆。桥式整流器是利用二极管的单向导通性进行整流的最常用的电路。

如图 4.51 所示，桥式整流电路的工作原理如下：u_2 为正半周时，对 D_1、D_2 加正向电压，D_1、D_2 导通；对 D_3、D_4 加反向电压，D_3、D_4 截止。电路中构成 u_2、D_1、R_L、D_2 通电回路，在 R_L 上形成上正下负的半波整流电压。u_2 为负半周时，对 D_3、D_4 加正向电压，D_3、D_4 导通；对 D_1、D_2 加反向电压，D_1、D_2 截止。电路中构成 u_2、D_3、R_L、D_4 通电回路，同样在 R_L 上形成上正下负的另外半波的整流电压。如此重复下去，结果在 R_L 上便得到全波整流电压。

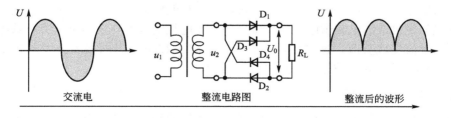

图 4.51　桥式整流原理图

桥式整流是对二极管半波整流的一种改进，是目前使用最多的一种整流电路。这种电路利用4个二极管，两两对接。输入正弦波的正半部分是两只管导通，得到正的输出；输入正弦波的负半部分时，另两只管导通，由于这两只管是反接的，所以输出还是得到正弦波的正半部分。桥式整流只增加两只二极管口连接成"桥"式结构，便具有全波整流电路的优点，而同时在一定程度上克服了它的缺点。使得桥式整流器对输入正弦波的利用效率比半波整流高一倍。

桥式整流器品种多，性能优良，整流效率高，稳定性好，最大整流电流从0.5A到50A，最高反向峰值电压从50V到1000V。现在常用的全桥整流，不用单独的4只二极管而用一只全桥，其中包括4只二极管，但是要标清符号，有交流符号的两端接变压器输出，正、负两端接入整流电路。

（2）中心抽头式。

中心抽头式的整流器与桥式整流器的输出波形是一样的，均为全波波形，如图4.52所示。整流结构相比桥式整流器的结构要简单得多，只用到两只整流二极管，但这种电路增加了变压器的次级绕组，相比桥式整流器，中心抽头式需要两倍的原桥式整流器的次级绕组，成本过高，现已很少使用。

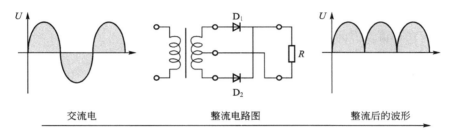

图4.52 中心抽头式整流原理图

综上所述，半波整流一般是采用一个二极管就可以完成了，但功率转换效率低；中心抽头式全波整流用两只二极管，造价昂贵；桥式全波整流用4只二极管，它对输入正弦波的利用效率比半波整流高一倍。

4.11.2 逆变器

1. 概念

众所周知，整流器的功能是将50Hz的交流电整流成为直流电。而逆变器与整流器恰好相反，逆变器（Inverter）是一种把直流电（DC）转化为交流电（AC）的装置。逆变技术是建立在电力电子、半导体材料与器件、现代控制、脉宽调制（PWM）等技术学科之上的综合技术。

目前，常用的储能设备为蓄电池组，所储存的电能为直流电。然而，绝大多数的家用电器，如电视机、电冰箱、洗衣机等均不能直接用直流电源供电，而是采用交流电源，绝大多数动力机械也是如此。还有，当供电系统需要升高电压或降低电压时，交流系统只需加一个变压器即可，而在直流系统中升降压技术与装置则要复杂得多。独立运行的风力发电系统所发出的电虽然是交流电，但它是电压和频率一直在变化的非标准交流电，不能被直接用来驱动交流用电器。另外，风能是随机波动的，不可能与负载的需求完全相匹配，需要有储能设备来储存风力发电设备发出来的电，然后再逆变成可以使用的标准的交流电。因此，除针对仅有直流设备的特殊用户外，在风力发电系统中都需要配备逆变器，最大限度地满足无电地区等各种用户对交流电源的需求。而且逆变器还具有自动稳压功能。逆变器的应用可参见小型离网型风力发电原理简图（图4.49）。

2. 逆变器类型

目前逆变技术很成熟，形式也很多。主要分类如下。

（1）根据逆变器输出交流电波形，可分为方波逆变器、阶梯波逆变器、正弦波逆变器和准正弦波逆变器；

（2）根据逆变器输出交流电压的相数，可分为单相逆变器、三相逆变器和多相逆变器。

（3）根据逆变器使用的半导体器件类型的不同，可分为晶体管逆变器、晶闸管逆变器和可关断晶闸管逆变器。

（4）根据逆变器逆变原理的不同，可分为高频逆变器和低频逆变器两类。

（5）根据逆变器输入直流电源的性质，可分为电压源型逆变器和电流源型逆变器。

（6）根据主电路拓扑结构，可分为推挽逆变器、半桥逆变器和全桥逆变器。

（7）根据功率流动方向，可分为单向逆变器和双向逆变器。

（8）根据负载是否有源，可分为有源逆变器和无源逆变器。

（9）根据输出交流电的频率，可分为低频逆变器、工频逆变器、中频逆变器和高频逆变器。

3. 基本工作原理

独立运行的风力发电机往往将多余电能储存在蓄电池内，当无风不能发电时，需要将蓄电池的直流电变成交流电为用电器供电。用于风力发电的逆变器输出交流电的频率为50Hz。

典型的逆变电路如图4.53所示，它由主逆变电路、输入电路、输出电路、控制电路、辅助电路和保护电路等组成。其中逆变开关电路则是逆变器的核心，简称为逆变电路。它通过半导体开关器件的导通与断开完成逆变的功能。

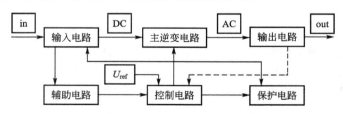

图4.53 逆变电路的基本构成

逆变器的种类很多，各自的具体工作原理、工作过程不尽相同，但是最基本的逆变过程是相同的。下面以最简单的逆变电路——单相桥式逆变电路为例，具体说明逆变器的"逆变"过程。单相桥式逆变电路的原理如图4.54(a)所示。

输入直流电压为E，R代表逆变器的纯电阻性负载。当开关K_1、K_3接通后，电流流过K_1、R和K_3时，负载R上的电压极性是左正右负；当开关K_1、K_3断开，K_2、K_4接

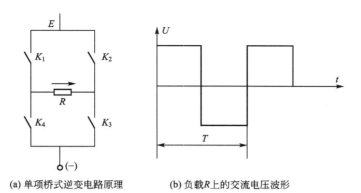

(a) 单项桥式逆变电路原理　　(b) 负载R上的交流电压波形

图 4.54　DC/AC 逆变原理

通后，电流流过 K_2、R 和 K_4，负载 R 上的电压极性与前次反向。若两组开关 $K_1 \sim K_3$、$K_2 \sim K_4$ 以频率 f 交替切换工作，负载 R 上即可得到波形为方波，频率为 f 的交变电压 U_R，如图 4.54(b) 所示。

简单地说，DC/AC 逆变基本原理就是用一个有 6 个线头的开关，有两根线接负载，有 4 根线接电源，开关有两种状态，不停地切换开关，使负载的电源极性不停地对换，50Hz 的电源每秒切换开关 100 次。简单的只能输出矩形的波形，复杂的可输出正弦波或准正弦波。

正弦波逆变器输出的是同人们日常使用的电网一样甚至更好的正弦波交流电，因为它不存在电网中的电磁污染。方波逆变器输出的则是质量较差的方波交流电，其正向最大值到负向最大值几乎在同时产生，这样，对负载和逆变器本身造成剧烈的不稳定影响。同时，其负载能力差，仅为额定负载的 40%～60%，不能带感性负载，如所带的负载过大，方波电流中包含的三次谐波成分将使流入负载中的容性电流增大，严重时会损坏负载的电源滤波电容。针对上述缺点，近年来出现了准正弦波(或称改良正弦波、修正正弦波、模拟正弦波等)逆变器，其输出波形从正向最大值到负向最大值之间有一个时间间隔，使用效果有所改善，但准正弦波的波形仍然是由折线组成，属于方波范畴，连续性不好。总括来说，方波逆变器的制作采用简易的多谐振荡器，其技术属于 20 世纪 50 年代的水平，将逐渐退出市场。正弦波逆变器提供高质量的交流电，能够带动任何种类的负载，但技术要求和成本均高。准正弦波逆变器可以满足人们大部分的用电需求，效率高，噪声小，售价适中，因而成为市场中的主流产品。产品样式如图 4.55 所示。

在选择逆变器时，除了考虑功率、波形等因素以外，逆变器的效率也非常重要。逆变器在工作时其本身也要消耗一部分电力，因此，它的输入功率要大于它的输出功率。逆变器的效率即是逆变器输出功率与输入功率之比。效率越高则在逆变器身上浪费的电能就少，用于电器的电能就更多。

4. 逆变器使用注意事项

(1) 在连接机器的输入输出前，请首先将机器的外壳正确接地。正、负极必须接正确。逆变器接入的直流电压标有正负极。红色为正极(＋)，黑色为负极(－)，蓄电池上也同样标有正负极，红色为正极(＋)，黑色为负极(－)，连接时必须正接正(红接红)，负接负(黑接黑)。连接线线径必须足够粗，并且尽可能减少连接线的长度。

(a) 方波逆变器

(b) 正弦波逆变器

图 4.55 逆变器产品样式

(2) 直流电压要一致。每台逆变器都有接入直流电压数值，如 12V、24V 等，要求选择蓄电池电压必须与逆变器直流输入电压一致。例如，12V 逆变器必须选择 12V 蓄电池。

(3) 逆变器输出功率必须大于电器的使用功率，特别对于启动时功率大的电器，如冰箱、空调，还要留一些的余量。

(4) 应放置在通风、干燥的地方，谨防雨淋，并与周围的物体有 20cm 以上的距离，远离易燃易爆品，切忌在该机上放置或覆盖其他物品，使用环境温度不大于 40℃。

(5) 充电与逆变不能同时进行，即逆变时不可将充电插头插入逆变输出的电气回路中。

(6) 两次开机间隔时间不少于 5 秒(切断输入电源)。

(7) 请用干布或防静电布擦拭以保持机器整洁。

(8) 怀疑机器有故障时，请不要继续进行操作和使用，应及时切断输入和输出，为避免意外，严禁用户自行打开机箱进行操作和使用。

(9) 在连接蓄电池时，请确认手上没有其他金属物，以免发生蓄电池短路，灼伤人体。

4.11.3 变频器

1. 概念

把电压和频率固定不变的交流电变换为电压或频率可变的交流电的装置称为变频器。特点是：不改变总电能，只改变电压、改变频率(Variable Voltage and Variable Frequency)，故简称 VVVF。产品如图 4.56 所示。

为了使风力发电机适应风速的特点变转速运行，就用到变频器。变频器是应用变频技术与微电子技术，通过改变电机工作电源的频率和和电压，控制交流电机转速的电力传动元件。它具有调压、调频、稳压、调速等基本功

图 4.56 变频器产品图

能，通过它可以把不同频率的电力系统连接起来。

变频技术诞生的背景是交流电机无级调速的广泛需求。在变频器发明以前，人们通过改变交流电机的磁极对数来调速，但仅仅是一挡一挡的调速，没法无级调速。变频器的作用是改变交流电机供电的频率和幅值，因而改变其运动磁场的周期，达到控制电机转速的目的，实现无级调速，使得复杂的调速控制简单化。

目前，交流电机变频调速以其优异的调速启动、制动性能、无级调速、高效率、高功率因数和节电等优点，被认为是当今节约电能，改善生产工艺流程，提高产品质量，以及改善运行环境的一种最主要的、最理想的电机调速手段。

2．类型

1) 按变换的环节分类

(1) 交—直—交变频器，先把交流电经整流器先整流成直流电，中间电路对整流电路的输出进行平滑滤波，再经过逆变器把这个直流电变成频率和电压都可变的交流电。又称间接式变频器，这种变频器优势明显，是目前广泛应用的通用型变频器。它可以分为电压型和电流型两种。

(2) 交—交变频器，即将交流电直接变换成频率、电压可调的交流电，又称直接式变频器。这种变频器无中间环节，效率高，但连续可调的频率范围窄。

2) 按直流环节的储能方式分类

(1) 电流型变频器。

电流型变频器特点是中间直流环节采用大电感作为储能环节，缓冲无功功率，即扼制电流的变化，使电压接近正弦波，由于该直流内阻较大，故称电流源型变频器。电流型变频器的特点是能扼制负载电流频繁而急剧的变化。常选用于负载电流变化较大的场合，如图 4.57(a) 所示。

(2) 电压型变频器。

电压型变频器特点是中间直流环节的储能元件采用大电容，负载的无功功率将由它来缓冲，直流电压比较平稳，直流电源内阻较小，相当于电压源，故称电压型变频器。常选用于负载电压变化较大的场合，如图 4.57(b) 所示。

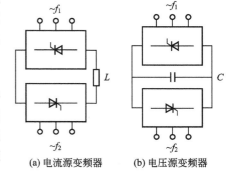

图 4.57 两种结构的变频器

3) 按照工作原理分类

可以分为 V/f 控制变频器、转差频率控制变频器、矢量控制变频器和直接转矩控制变频器等。

(1) V/f 控制是对变频器的频率和电压同时进行调节，频率下降时电压 V 也成比例下降。

(2) 转差频率控制为 V/f 控制的改进方式。

(3) 矢量控制是将交流电机的定子电流分解成磁场分量电流和转矩分量电流并分别加以控制的方式。

(4) 直接转矩控制把转矩作为控制量，直接控制转矩，是继矢量控制变频调速技术之后的一种新型的交流变频调速技术。

4）按照开关方式分类

可以分为 PAM 控制变频器、PWM 控制变频器和高载频 PWM 控制变频器。

（1）PAM 是英文 Pulse Amplitude Modulation（脉冲幅度调制）的缩写，是按一定规律改变脉冲列的脉冲幅度，以调节输出量值和波形的一种调制方式。

（2）PWM 是英文 Pulse Width Modulation（脉冲宽度调制）的缩写，是按一定规律改变脉冲列的脉冲宽度，以调节输出量和波形的一种调制方式。

5）按照用途分类

可以分为通用变频器、高性能专用变频器、高频变频器、单相变频器和三相变频器等。

6）按电压等级分类

可以分为高压变频器、中压变频器和低压变频器等。

3. 基本工作原理

变频器是把工频电源（50Hz 或 60Hz）变换成各种频率的交流电源，以实现电机的变速运行。

变频器主要由主电路（包括整流器、中间直流环节、逆变器）和控制电路组成。其中整流电路将交流电变换成直流电，中间直流电路对整流电路的输出进行平滑滤波，逆变电路将直流电再逆成交流电，控制电路完成对主电路的控制。对于如矢量控制变频器这种需要大量运算的变频器来说，有时还需要一个进行转矩计算的 CPU 及一些相应的电路。

1）整流器

整流器将工作频率固定的交流电转换成直流电。整流电路一般都是单独的一块整流模块。应用最多的是三相桥式整流电路。分为不可控整流和可控整流电路。

可控整流由于存在输出电压含有较多的谐波、输入功率因数低、控制部分复杂、中间直流大电容造成的调压惯性大而相应缓慢等缺点，随着 PMW 技术的出现，可控整流在交—直—交变频器中已经被淘汰。不可控整流是目前交—直—交变频器的主流形式，它有两种构成形式，6 只整流二极管或 6 只晶闸管组成三相整流桥。

2）中间直流电路

由于整流后的电压为脉动电压，中间直流环节采用电感和电容吸收脉动电压。它的作用有滤波（使脉动的直流电压变得稳定或平滑）、直流储能和缓冲无功功率。滤波电容 CF 除滤波作用外，还在整流与逆变之间起去耦作用、消除干扰、提高功率因素的作用，由于该大电容还储存能量，在断电的短时间内电容两端存在高压电，因而要在电容充分放电后才可进行操作。另外，装置容量小时，如果电源和主电路构成的器件有余量，可以省去电感采用只有电容的简单的平波回路。

3）逆变器

逆变器是变频器实现变频技术的核心环节部分。同整流器相反，逆变是采用大功率开关晶体管阵列组成电子开关，将固定的直流电压变换成可变电压和频率的交流电，以所确定的时间使 6 个开关器件导通、关断就可以得到三相交流输出。应用最多的是三相桥式逆变电路。

4）控制电路

控制电路是给异步电机供电（电压、频率可调）的主电路提供控制信号的回路，称为主控制电路。控制电路将信号传送给整流器、中间直流电路和逆变器，同时它也接收来自这些部分的信号，以完成对逆变器的开关控制、对整流器的电压控制以及完成各种保护功能等，其控制方法可以采用模拟控制或数字控制。目前许多变频器已经采用微机来进行全数字控制，采用尽可能简单的硬件电路，靠软件来完成各种功能。

控制电路是由频率、电压的"运算电路"，主电路的"电压、电流检测电路"，电动机的"速度检测电路"，将运算电路的控制信号进行放大的"驱动电路"，以及逆变器和电动机的"保护电路"组成。

(1) 运算电路：将外部的速度、转矩等指令同检测电路的电流、电压信号进行比较运算，决定逆变器的输出电压、频率。

(2) 电压、电流检测电路：与主回路电位隔离检测电压、电流等。

(3) 速度检测电路：以装在异步电动机轴机上的速度检测器（tg、plg 等）的信号为速度信号，送入运算回路，根据指令和运算可使电动机按指令速度运转。

(4) 驱动电路：驱动主电路器件的电路。它与控制电路隔离使主电路器件导通、关断。

(5) 保护电路：检测主电路的电压、电流等，当发生过载或过电压等异常时，为了防止逆变器和异步电动机损坏，使逆变器停止工作或抑制电压、电流值。

综上所述，变频器可以用来改变交流电源的频率，还可以起到改变交流电机的正反转、转速、扭矩、调节电机启动和停止时间（软启动器）等作用。由于其具有调速平滑，范围大，效率高，启动电流小，运行平稳，节能效果明显，而且宜于同其他设备接口等一系列优点，因此，交流变频调速已逐渐取代了过去的传统滑差调速、变极调速、直流调速等调速系统，越来越广泛地应用于风电等各种领域。

变频器总的发展趋势是：驱动的交流化，功率变换器的高频化，控制的数字化、智能化和网络化。因此，变频器作为系统的重要功率变换部件，提供可控的高性能变压变频的交流电源而得到迅猛发展。

4. 变频器的维护保养

变频器种类繁多，但功能及使用上却基本类似。总地来讲，其日常维护与使用方法是基本相同的。对于连续运行的变频器，可以从外部目视检查运行状态。定期对变频器进行巡视检查，检查变频器运行时是否有异常现象。通常应作如下检查：①环境温度是否正常，要求在 $-10℃\sim+40℃$ 范围内，以 25℃ 左右为好，可以根据条件安装空调或避免日光直射；②安装环境是否满足要求，应该不能潮湿，有腐蚀性气体及尘埃、振动；③显示面板上显示的字符是否清楚，是否缺少字符；④用测温仪器检测变频器是否过热，是否有异味；⑤变频器风扇运转是否正常，有无异常，散热风道是否通畅；⑥变频器运行中是否有故障报警显示；⑦检查变频器交流输入电压是否超过最大值。极限是 $418V(380V×1.1)$，如果主电路外加输入电压超过极限，即使变频器没有运行，也会对变频器线路板造成损坏；⑧变频器在显示面板上显示的输出电流、电压、频率等各种数据是否正常。

造成变频器故障的原因是多方面的，只有在实践中不断摸索总结，才能及时消除各种各样的故障。

4.11.4 充电控制器

1. 概念

离网型风力发电机需要储能装置,最常用的储能装置是蓄电池。当风力资源丰富致使产生的电能过剩时,蓄电池将多余的电能储存起来;反之,当系统发电量不足或负载用电量大时,蓄电池向负载补充电能,并保持供电电压的稳定。为此,需要为系统设计一种控制装置,该装置根据风能多少以及负载的变化,不断对蓄电池组的工作状态进行切换和调节,使其在充电、放电或浮充电等多种工况下交替运行,防止蓄电池充电时过充电,放电时过放电。从而控制充放电电流,提高充电效率,保护蓄电池,保证风力供电系统工作的连续性和稳定性。具有上述功能的装置称为充电控制器,如图4.58所示。

图4.58 充电控制器外观

2. 类型

1) 按照控制器功能特征分类

(1) 简易型控制器:具有对蓄电池过充电和正常运行进行指示的功能,并能将配套机组发出的电能输送给储能装置和直流用电器。

(2) 自动保护型控制器:具有对蓄电池过充电、过放电和正常运行进行自动保护和指示的功能,并能将配套机组发出的电能输送给储能装置和直流用电器。

(3) 程序控制型控制器:除了具备一般控制器所具有的功能外,还能高速实时采集系统各控制设备的运行参数,同时远程数据传输,并发出指令控制系统的工作状态。

2) 按照控制器电流输入类型分类

(1) 直流输入型控制器:使用直流发电机组或把整流装置安装在发电机上的与离网型风力发电机组相匹配的产品。

(2) 交流输入型控制器:整流装置直接安装在控制器内的产品。

3) 按照控制器对蓄电池充电调节原理的不同分类

(1) 串联控制器:使用固体继电器或工作在开关状态的功率晶体管,起到防止夜间"反向泄漏"的作用。

(2) 并联控制器:当蓄电池充满时,利用电子部件把光伏阵列的输出分流到并联电阻器或功率模块上去,然后以热的形式消耗掉。这种控制方式虽然简单易行,但由于采用旁路方式,旁路接有二极管,二极管的作用如同一个单向阀门,充电期间允许电流流入蓄电池,在夜间或阴天时防止蓄电池电流反流向风力发电机。

(3) 多阶控制器:其核心部件是一个受充电电压控制的"多阶充电信号发生器"。根据充电电压的不同,产生多阶梯充电电压信号,控制开关元件顺序接通,实现对蓄电池组充电电压和电流的调节。

(4) 脉冲控制器:它包括变压、整流、蓄电池电压检测电路。脉冲充电方式首先是用脉冲电流对电池充电,然后让电池停充一段时间后再充,如此循环充电,使蓄电池充满电量;间歇脉冲使蓄电池有较充分的反应时间,减少了析气量,提高了蓄电池对充电电流的接收率。

(5) 脉宽调制(PWM)控制器：它以 PWM 脉冲方式开关发电系统的输入。当蓄电池趋向充满时，脉冲的宽度变窄，充电电流减小，而当蓄电池电压回落时，脉冲宽度变宽，符合蓄电池的充电要求。

3. 充电控制器的基本功能

发电系统中充电控制器具有对系统、蓄电池、负载等实施有效保护、管理和控制等功能，充电控制器的基本功能如下。

(1) 充电功能：能按设计的充电模式把风力发电机发出的电能向蓄电池充电。
(2) 电压显示：模拟或数字显示蓄电池电压，指示蓄电池的荷电状态。
(3) 电流显示：模拟或数字显示可再生能源发电系统的发电电流和输出的负载电流。
(4) 高压(HVD)断开和恢复功能：控制器应具有输入高压断开和恢复连接的功能。
(5) 欠电压(LVG)告警和恢复功能：当蓄电池电压降到欠电压告警点时，控制器应能自动发出声光告警信号(有时这一功能由逆变器完成)。
(6) 低压(LVD)断开和恢复功能：这种功能可防止蓄电池过放电。这一功能也往往通过逆变器来实现。
(7) 保护功能：防止任何负载短路的电路保护；防止充电控制器内部短路的电路保护；防止夜间蓄电池反向放电保护；防止负载或蓄电池极性反接的电路保护；防止感应雷的线路防雷。
(8) 温度补偿功能(仅适用于蓄电池充满电压)：当蓄电池温度低于 25℃时，蓄电池的充满电压应适当提高；相反，高于该温度蓄电池的充满电压的门限应适当降低。
(9) 提供通信接口：需要具有远程监控、功率累计显示、通信专用接口 RS232 等功能。

4.12 避雷系统

随着风电产业的迅猛发展，风力发电机组的单机容量越来越大，为了吸收更多能量，塔架高度和风轮直径相应增大，人们已经意识到雷击对于风力机是一个重大的潜在威胁，雷电释放的巨大能量会造成风电机组叶片损坏、发电机绝缘击穿、控制元器件烧毁等，故需要采取合适的保护措施来应付雷击。

4.12.1 避雷系统3个主要构成要素

雷电对风机的危害方式有直击雷、雷电感应和雷电波侵入3种。外部防雷系统由接闪器、引下导线、接地装置等组成，缺一不可。下面先讨论这3个主要构成要素。

1) 接闪器

直接接受雷击，以及用作接闪的器具、金属构件和金属层面等，称为接闪器。功能是把接引来的雷电流，通过引下导线和接地装置向大地中泄放，保护风力机免受雷害。常用的接闪器主要有避雷针、避雷线、避雷带、避雷网等。雷雨云闪击放电的瞬时功率很大，所以它的破坏力是相当大的。故合理选择接闪器将显著地减少被雷电击中的可能性。接闪器可以有以下几种组合供选择。

(1) 独立避雷针。

(2) 架空避雷线或架空避雷网。

(3) 直接装设在风力机上的避雷针、避雷带或避雷网。

若采用避雷针，必须有足够可靠、并且有接地电阻尽量小的引下导线和接地装置与其配套，否则，它不但起不到避雷的作用，反而会增大雷击的损害程度。近来国内市场经销一种叫主动式避雷针的产品，此产品能够随大气电场变化而吸收能量，当存储的能量达到某一程度时，便会在避雷针尖放电，使尖端周围空气离子化，使避雷针上方形成一条人工的向上的雷电先导，它比自然的向上的雷电通道能更早的与雷雨云向下的雷电先导接触，形成主放电通道。这样可以使雷雨云靠该避雷针放电的概率增加，相当于避雷针的保护范围加大，或者相当于将避雷针加高。

2) 引下导线

连接接闪器与接地装置的金属导体称为引下导线。所有引下线要镀锌或涂漆，在腐蚀性较强场所，还应加大截面积或采取其他防腐措施。

雷击时引下导线上有很大的雷电流流过，会对附近接地的设备、金属管道、电源线等产生反击或旁侧闪击。为了减少和避免这种反击，现代建筑利用建筑物的柱筋作避雷引下线，经过实践证明这种方法不但可行，而且比专门的引下线有更多的优点，因为柱筋与木梁、楼板的钢筋都是连接在一起的，并和接地网络形成一个整体的"法拉第"笼，均处于等电位状态。雷电流会很快被分散掉，可以避免反击和旁侧闪击的现象发生。

3) 接地装置

将电子、电气及电力系统的某些部分与大地相连接称为接地。避雷针、避雷线等避雷器都需要接地，以把雷电流泄入大地，这就是防雷接地。防雷接地装置中，接地体是埋入地中并与大地接触的导体（多是金属体），有的是兼作接地体用的直接与大地接触的各种金属构件、金属管道等；有的是人为的专门为接地而埋入地下的导体。图 4.59 所示为避雷针的接地装置。

接地布置采用基础接地体和环形接地体，用截面积为 $50mm^2$ 的实心铜环导体，在基础 1m 外，深 1m 处，围成半径不小于 6m 的环形接地体，再用两个 [图 4.60(a)] 或多个 [图 4.60(b)] 竖直的截面积为 $50mm^2$ 的实心铜导体接地棒与环形接地体相连。

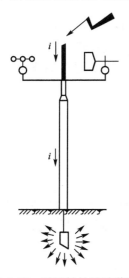

图 4.59 避雷针的接地装置

4.12.2 部件防雷措施

风力发电机组因雷击而损坏的主要部件是叶片、机舱及其内各部件、电控系统等。来自德国的统计数据表明，风力机遭雷击的部件的维修费用（包括人工费、部件费和吊装费等）很高，其中叶片损坏的维修费用最昂贵。

1) 叶片防雷

叶片是风力发电机组中最易受直接雷击的部件，也是风力发电机组最昂贵的部件

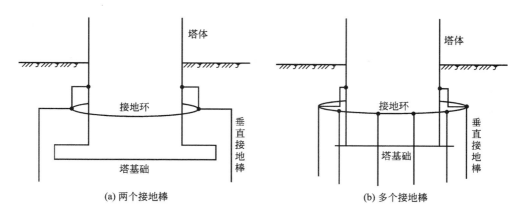

图 4.60 风电机组的典型接地装置

之一。因此,叶片的防雷击措施更显重要。全世界每年有 1‰~2‰ 的运行风力发电机组叶片遭受雷击,大部分雷击事故只损坏叶片的叶尖部分,少量的雷击事故会损坏整个叶片;对于具有叶尖气动刹车机构的叶片来说,可以通过更换叶片叶尖来修复。

试验研究表明:绝大多数的雷击点位于叶片叶尖的上翼面上。雷击对叶片造成的损坏取决于叶片的形式与制造叶片的材料及叶片的内部结构。如果将叶片与轮毂完全绝缘,不但不能降低叶片遭雷击的概率,反而会增加叶片的损坏程度。

传统的叶片防雷装置主要由接闪器和引下导线组成。接闪器和引下导线常用的材料有铜、铝和钢等。通常将接闪器做成圆盘形状(图 4.61)。将其嵌装在叶片的叶尖部,盘面与叶面平齐,接闪器与设置在桨叶本体内部并跨接桨叶全长的引下导体作电气连接,如图 4.62 所示。当桨叶叶尖受到雷击时,雷电流由接闪器导入引下导体,引下导体再将雷电流引入叶根部轮毂、低速轴和塔架等,最终泄入大地。如果叶片带叶尖刹车机构,钢丝绳既具有控制叶尖刹车的功能,也作为引下导线把雷击电流引导到轮毂处,如图 4.62(b) 所示。

图 4.61 叶尖部防雷接闪器结构

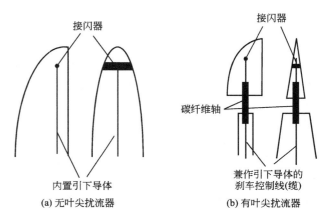

图 4.62 叶片中的防雷引下导体

这种单接闪器的面积与整个桨叶叶面相比是很小的，因此很难保证接闪器是桨叶上的唯一雷击点，可能会有一部分雷电下行先导在桨叶表面上的非接闪器部位发生闪击，即桨叶叶尖以下的部位受到闪击，会引起桨叶材料的损伤。为了克服这一缺点，有些制造厂商在桨叶表面镶嵌一条金属带，这种金属带可以通过在桨叶表面上喷涂金属层或嵌装金属纤维编织网来设置，如图 4.63 所示。有效地增强整个防雷装置对雷电下行先导的拦截效率。不过这种方法很难保证金属网带沿桨叶表面黏合的牢固性。

为此，一种较为实用的做法是在长桨叶上设置多个接闪器，各接闪器均与内置引下导体作电气连接，如图 4.64 所示。这样可以大幅度地改善防雷装置对雷电下行先导的拦截性能，目前该做法在兆瓦级机组的桨叶上已投入实际应用。为了更为可靠地保护桨叶免受雷电伤害，有些制造厂商在长桨叶的前、后缘及两面中央等部位沿全长装设多条金属层，如图 4.65 所示。

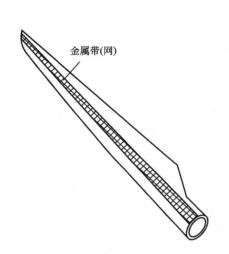

图 4.63　桨叶表面镶嵌一条金属网带

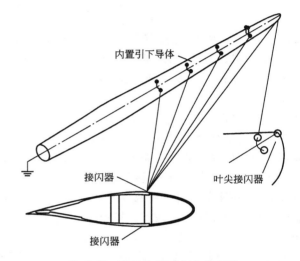

图 4.64　桨叶上设置多个接闪器

图 4.65　桨叶上设置多个金属层

2）轴承防雷

轴承防雷的主要途径是在轴承前端设置一条与其并行的低阻通道，对于沿轴传来的雷电，常用导体滑环、铜质电刷和放电器等进行分流。如果单纯地采用这种电刷进行旁路分流，往往只能旁路分流走一部分雷电流。为此，可采用旁路分流和阻断隔离相结合的方式。在主轴承齿轮箱与机舱底板之间加装绝缘垫层以阻断雷电流从这些路径流过，并在齿轮箱与发电机之间加装绝缘联轴器，以阻断雷电流从高速轴进入发电机，这样就可以在很大程度上迫使雷电流从最前端的滑环旁路分流导入机舱底板和塔架。

3）机舱及其内各部件防雷

在桨叶上采取了防雷措施后，实际上也能对机舱提供一定程度的防雷保护。通常，设置在桨叶上的接闪器和引下导体可以有效地拦截来自机舱前方和上方的雷电下行先导，但对于从机舱尾后方袭来的雷电下行先导则有可能拦截不到，因此，需要在机舱尾部设立避雷针，如图 4.66 所示。机舱尾部避雷针一方面可以有效地保护舱尾的风速风向仪，另一方面可以保护尾部机舱罩免受直接雷击。如果桨叶上没有采取防雷措施，则需要在机舱的前端和尾端同时设立避雷针，必要时在舱罩表面布置金属带和金属网，以增强防雷保护效果。有些机舱罩是用金属材料制成的，这相当于一个法拉第罩，可起到对舱内运行设备的屏蔽保护作用，但舱尾仍要设立避雷针，以保护风速风向仪。

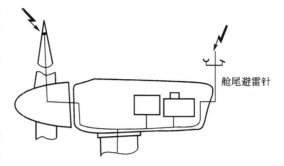

图 4.66　机舱尾部设立避雷针

钢架机舱底盘为机舱内的各部件提供了基本保护，机舱内各部件与机舱底板作电气连接，某些设备需要绝缘隔离，不与机舱底板连接，如齿轮箱和发电机间的连接采用柔性绝缘连接，防止雷电流通过齿轮箱流经发电机和发电机轴承。但这些设备也要和接地电缆相连，接地电缆连接到机舱底盘的等电位体上以实现等电位，防止各设备和各部件之间在雷击时出现过大的暂态电位差而导致反击。

4) 电气控制系统防雷

雷电对风电机组的危害作用是多方面的，它不仅可以产生热效应和机械效应损坏机组部件，还可以产生暂态过电压损坏机组中的电气和电子设备。

风力发电机组电控系统的控制元件分别在机舱电气柜和塔底电控柜中，由于电控系统易受到雷电感应过电压的损害，因此电控系统的防雷击的保护一般采用如下措施。

(1) 电气柜的屏蔽。

电气柜用薄钢板制作，可以有效地防止电磁脉冲干扰，在控制系统的电源输入端，出于暂态过电压防护的目的，采用压敏电阻或暂态抑制二极管等保护元件与系统的屏蔽体系相连接，可以把从电源或信号线侵入的暂态过电压波堵住，不让它进入电控系统。对于其他外露的部件，也尽量用金属封装或包裹。每一个电控柜用两截面积为 $16mm^2$ 的铜芯电缆把电气柜外壳连接到等电位连接母线上。

(2) 供电电源系统的防雷保护

对于 690V/380V 的风力发电机供电线路，为防止沿低压电源侵入的浪涌过电压损坏用电设备，供电回路应采用 TN-S 供电方式，保护线 PE 与电源中性线 N 分离。整个供电系统可采用三级保护原理，第 1 级使用雷击电涌保护器，第 2 级使用电涌保护器，第 3 级使用终端设备保护器。由于各级防雷击电涌保护器的响应时间和放电能力不同，各级保护器之间需相互配合使用。第 1 级与第 2 级雷击电涌保护器之间需要约 10m 长的导线，电涌保护器与终端设备保护器之间需要约 5m 长的导线进行退耦。

复习思考题

1. 简述风力发电机组的组成及分类。
2. 简述风力发电机组的工作原理。
3. 简述叶片的类型。
4. 简述机舱内各部件名称及相互位置、运动关系。
5. 简述几种功率调节方式及各方式的优缺点。
6. 简述几种常用控制器及各自的作用。

第 5 章 风力发电技术

 本章教学要点

知识要点	掌握程度	相关知识
功率调节	了解风力发电技术的发展；掌握功率调节方式、滑差可调异步发电机和双速发电机的功率调节	定桨距失速调节、变桨距失速调节、主动失速调节；滑差可调异步发电机在不同风速下的调节；双速发电机的工作原理；功率与风能利用系数的关系
变转速运行及变转速恒频技术	理解变转速发电机及变转速的特点、风力发电机变转速技术；掌握同步发电机、异步发电机与双馈异步发电机的变转速恒频技术	变转速异步电机的并网过程；保持发电机输出频率恒定的方法；改变电机定子绕组的极对数的方法
发电系统	理解恒速恒频发电机的特点；掌握恒速恒频发电系统、变速恒频发电系统与小型直流发电系统	定桨距风力发电机与变桨距风力发电机的特点与区别；不同发电系统的工作原理
控制技术	掌握双速异步发电机、滑差可调绕线式异步发电机及同步发电机的运行控制特点；理解控制系统、转子电流控制器的结构与特点	发电机转子电流控制技术；双速异步发电机的高功率输出与低功率输出
供电方式	理解离网供电、直接并网与间接并网的特点	准同期并网方式、降压并网方式、软并网技术

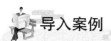导入案例

变桨距控制是为了尽可能地提高风力机风能转换效率和保证风力机输出功率平稳，风力机可进行桨距调整。叶片不是固定在风轮轮毂上，在定桨距基础上加装桨距调节环节，使桨叶可绕自身轴转动，称为变桨距风力机组。比较来看，定桨距失速控制风力机结构简单，部件少，造价低，并具有较高的安全系数，利于市场竞争。但失速型叶片本身结构复杂，成型工艺难度也较大，随着功率增加，叶片加长，所承受的气动推力增大，叶片的失速动态特性不易控制，使制造更大机组受到限制。变桨距型风力机在各种工况下（启动、正常运转、停机）可按最佳参数运行，使输出功率曲线得到优化，可使桨叶和整机的受力状况大为改善，还可以使发动机在额定风速以下的工作区段有较高的发电量，而在额定风速以上的高风速区段不超载，不需要过载能力大的发动机，当然它的缺点是需要有一套比较复杂的变距调节机构。随着风力发电机技术的不断成熟与发展，风力发电机自动化程度提高，变桨距的风力发电机的优越性显得更加突出和必要，从今后的发展趋势来看，在大型风力发电机组中将会普遍采用变桨距技术。

变距控制系统实际上是一个随动系统，其控制过程如图 5.1 所示。变桨距控制器是一个非线性比例控制器，它可以补偿比例阀的死带和极限。变距系统的执行机构是液压系统，节距控制器的输出信号经 D/A 转换后变成电压信号控制比例阀（或电液伺服阀）驱动液压缸活塞，推动变桨距机构，使桨叶节距角变化。活塞的位移反馈信号由位移传感器测量，经转换后输入比较器。

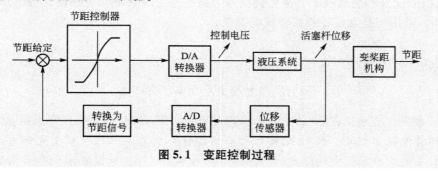

图 5.1 变距控制过程

5.1 功 率 调 节

风力机的功率调节是风力发电机组最关键的技术。在超过额定风速后（一般为 12～16m/s）以后，由于部件机械强度和发电机、电力电子容量等物理性能的限制，必须降低风轮的能量捕获，使功率输出保持在额定值附近，减少叶片承受负荷和整个风力机受到的冲击，保证风力机不受损害。

功率调节方式主要有定桨距失速调节、变桨距调节、主动失速调节 3 种方式。定桨距失速控制最简单，利用高风速时升力系数的降低和阻力系数的增加，限制功率在高风速时保持近似恒定。变桨距调节通过转动桨叶片安装角以减小攻角，高风速时减小升力系数，以限制功率。叶片主动失速调节简单可靠，利用桨距调节，在中低风速区可优化功率输出。

本章研究风力机的功率调节技术和风力发电系统等风力发电技术。

5.1.1 风力发电技术的发展

在功率调节方式上，变速恒频技术和变桨距调节技术将得到更多的应用。在采用的发电机类型上，控制灵活的无刷双馈型感应发电机和设计简单的永磁式发电机在风力发电中应用最广。在励磁电源上，随着电力电子技术的发展，新型变换器不断出现，变换器性能得到不断的改善。在控制技术上，计算机分布式控制技术和新的控制理论将进一步得到应用。在驱动方式上，免齿轮箱的直接驱动技术是发展的方向。

经过不断发展，世界上风力发电机组逐渐形成了水平轴、三叶片、上风向、管式塔的统一形式。进入21世纪后，随着电力电子技术、微机控制技术和材料技术的不断发展，世界上风力发电技术的发展趋向有以下几个。

（1）单机容量不断增大。单机容量为5MW的风力机已经进入商业化运行阶段。

（2）变桨距功率调节方式迅速取代定桨距功率调节方式。采用变桨距调节方式避免了定桨距调节方式中超过额定风速时发电功率下降的缺点。德国设计的风机中，约90%采用的是变桨距调节方式。

（3）变速恒频发电系统迅速取代恒速恒频发电系统。变速恒频方式可通过调节机组转速追踪最大风能，提高了风力机的运行效率。德国设计的风机中，约90%采用的是变速恒频方式。

（4）免齿轮箱系统的直驱方式发电系统，免齿轮箱系统要采用极低转速的发电机，要提高发电机的设计和制造成本，但可提高风力发电系统的效率和可靠性。德国设计的风机中，约40%采用的是无齿轮箱直驱发电方式。

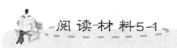

风力发电发展史及功率调节概述

第一台风力发电机在20世纪初已经研制成功。20世纪90年代末，风能重新成为最重要的可持续能源之一。20世纪最后十年里，世界风力发电装机容量大约每三年翻一番。风力发电成本已经大约降至20世纪80年代初的1/6。风能技术的各方面也发展迅速。1989年底，最好的技术水平能制造风轮直径为30m、容量为300kW的风力机。第一个风轮直径为90m、容量为3MW的风力机示范工程已经在20世纪末安装完成。现在容量为3~3.6MW的风力机已经商业化，截止到2008年，5~6MW的风力机已经在示范工程中进行测试。

功率调节是风力发电机最关键的技术。在超过额定风速后（一般为12~16m/s）以后，由于部件机械强度和发电机、电力电子容量等物理性能的限制，必须降低风轮的能量捕获，使功率输出保持在额定值附近，减少叶片承受负荷和整个风力机受到的冲击，保证风力机不受损害。

功率调节方式主要有定桨距失速调节、变桨距调节、主动失速调节3种方式。定桨距失速控制最简单，利用高风速时升力系数的降低和阻力系数的增加，限制功率在高风速时保持近似恒定。变桨距调节通过转动桨叶片安装角以减小攻角，高风速时减小升力系数，以限制功率。叶片主动失速调节简单可靠，利用桨距调节，在中低风速区可优化功率输出。

5.1.2 功率调节方式

1) 3种功率调节方式

功率调节方式主要有定桨距失速调节、变桨距调节、主动失速调节3种方式。调节原理如图5.2所示。

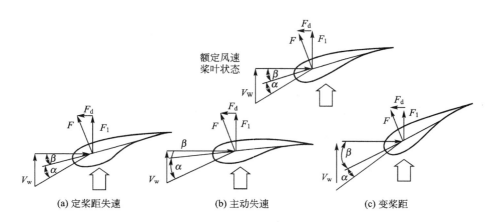

图 5.2 功率调节原理

在图5.2中，V_w是轴向风速，β是节距角，是桨叶回转平面与桨叶截面弦长之间的夹角；α是攻角，是相对气流速度与弦线间的夹角；F是作用在桨叶上的力，该力可以分解为F_d、F_1两部分，F_d与速度V_w垂直，称为驱动力，使桨叶旋转，F_1与速度V_w平行，称为推力，作用在塔架上。

（1）定桨距失速控制。最简单的控制方法是利用高风速时升力系数的降低和阻力系数的增加，限制功率输出的增加，在高风速应保持近似恒定。风力机叶片叶型的升力和阻力特性如图5.3、图5.4所示。

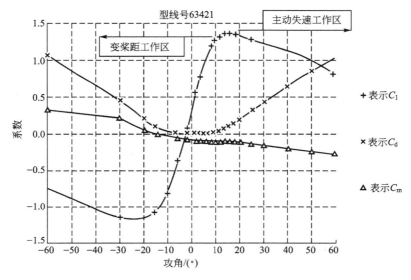

图 5.3 风力机叶片叶型的升力和阻力特性

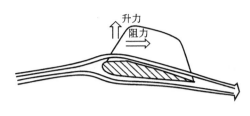

图 5.4 风力机叶片叶型风绕流特性

这种(被动式)失速功率控制的优点是控制简单,宜用于百千瓦级的风力机。缺点是:①功率曲线由叶片的失速特性决定,功率输出不确定;②阻尼较低,振动幅度较大,叶片易疲劳损坏;③高风速时气动载荷较大,叶片及塔架等受载荷较大;④在安装点需要试运行,优化安装角;⑤低风速段风轮转速较低时的功率输出较高。

(2)变桨距调节。高风速时,通过转动整个或部分叶片安装角以减小攻角,而减小升力系数,达到限制功率的目的。

变桨距控制的优点是能获取更多的风能,提供气动刹车,减少作用在机组上的极限载荷。一般桨距角的变桨速率约为5°/s或更高,桨距角的范围为:在运行时为0°~35°,在制动时为0°~90°,叶尖弦线位于转动平面内时为0°。

桨距角变化的风速功率特性如图5.5所示。

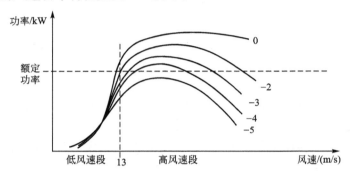

图 5.5 桨距角变化的风速功率特性

(3)主动失速调节。采用叶片主动失速以保证功率调节简单可靠。利用桨距调节,在中低风速区可优化功率输出,在高风速区维持额定功率输出。在临界失速点,通过桨距调节跨越失速不稳定区。与传统失速功率调节相比,主动失速技术的特点有:①可以补偿空气密度、叶片粗糙度、翼型变化对功率输出的影响,优化中低风速的出力;②额定点之后可维持额定功率输出;③叶片可顺桨,制动平稳,冲击小,极限载荷小。

主动失速与被动失速的功率曲线如图5.6所示。

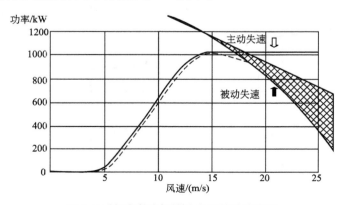

图 5.6 主动失速与被动失速的功率曲线

与变桨距功率调节技术相比,主动失速技术的特点是:①受阵风、湍流影响较小,功率输出平稳,无需特殊的发电机;②桨距仅需微调,磨损少,疲劳载荷小。

2)恒速与变速运行

风力机采用恒速运行,控制简单,但不能最大限度利用风能。主要问题是如用定桨距机组,在低风速运行时效率较低。由于转速恒定,而风速是变化的(如运行风速范围为3~25m/s),如果设计低风速时效率过高,叶片会过早失速。发电机在低负荷时效率也有问题,当$P>30\%$的额定功率时,效率$>90\%$,但$P<25\%$的额定功率时,发电机效率将急剧下降。解决的办法有采用双速运行或变速运行两种。

(1)双速运行。将发电机分别设计成4极和6极。一般6极发电机的额定功率设计成4极发电机的1/4~1/5。如一台600kW的风力机组:6极发电机功率为150kW,4极发电机功率为600kW。1300kW的风力机组:6极发电机功率为250kW,4极发电机功率为1300kW。这种变极对数发电机的特点是,风轮和发电机在低风速段的效率提高,与变桨距机组在额定功率前的功率曲线差别较小。

双速发电机的功率曲线如图5.7所示。

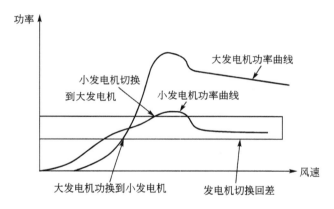

图5.7 双速发电机的功率曲线

双速双极对数发电机的优点是在低风速段可改变风轮转速,保持最佳叶尖速比。风轮低转速运行段可降低叶片噪声,风轮气动扭矩波动小,使传动平稳。通过变频器与电网相连,电能波动降低,电能品质提高。

(2)变速运行。有以下两种变速方式。

① 宽幅变速:风轮转速可在0到额定转速范围内变化,发电机静子通过变频器与电网连接。

② 窄幅变速:风轮转速只在从30%~50%的电机同步转速,到额定转速间变化。发电机定子直接连接电网,转子通过滑环和变频器与电网连接。

变速运行即风力机必须有一套控制系统用来限制功率和转速,使风力机在大风或故障过载荷时得到保护。当风速达到某一值时,风力机达到额定功率。自然风的速度变化常会超过这一风速,在正常运行时,功率会超过额定值。功率超过额定值的问题不是结构载荷,而是发电机超载过热问题。发电机厂家一般会给出发电机过载的能力。控制系统允许发电机短时过载,但不允许长时间或经常过载。

转速控制与功率控制不同,调节功率或功率固定,相应的转速不会变,发电机频率由电网直接控制。无论是同步还是异步发电机，功率与转速都有对应变化的关系，那么就必须控制转速以避免超速，如图5.8所示。

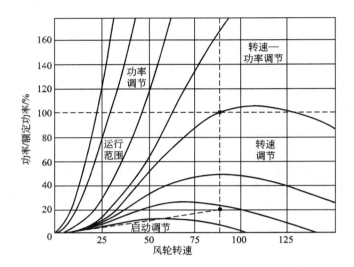

图5.8 风力发电机功率-转速特性曲线

5.1.3 滑差可调异步发电机的功率调节

在采用变桨距风力机的风力发电系统中，由于桨距调节有滞后时间，特别在惯量大的风力机中，滞后现象更为突出，在阵风或风速变化频繁时，会导致桨距大幅度频繁调节，发电机输出功率也将大幅度波动，会对电网造成不良影响；因此单纯靠变桨距来调节风力机的功率输出，并不能实现发电机输出功率的稳定性，利用具有转子电流控制器的滑差可调异步电机与变桨距风力机配合，共同完成发电机输出功率的调节，则能实现发电机电功率的稳定输出。具有转子电流控制器的滑差可调异步发电机与变桨距风力机配合时的控制原理如图5.9所示。按照图5.9所示的控制原理图，变桨距风力机-滑差可调异步发电机的启动并网及并网后的运行状况如下。

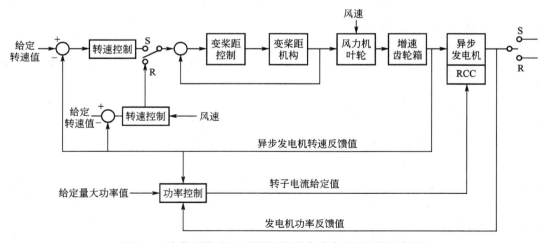

图5.9 变桨距风力机-滑差可调异步发电机控制原理框图

(1) 在图 5.9 中 S 代表机组启动并网前的控制方式,属于转速反馈控制。当风速达到启动风速时,风力机开始启动,随着转速的升高,风力机的叶片节距角连续变化,使发电机的转速上升到给定转速值(同步转速),继之发电机并入电网。

(2) 在图 5.9 中 R 代表发电机并网后的控制方式,即功率控制方式。当发电机并入电网后,发电机的转速由于受到电网频率的牵制,转速的变化表现在电机的滑差率上,风速较低时,发电机的滑差率较小,当风速低于额定风速时,通过转速控制环节、功率控制环节及 RCC 控制环节将发电机的滑差调到最小,滑差率在 1‰ (即发电机的转速大于同步转速 1‰),同时通过变桨距机构将叶片攻角调至零,并保持在零附近,以便最有效地吸收风能。

(3) 当风速达到额定风速时,发电机的输出功率达到额定值。

(4) 当风速超过额定风速时,如果风速持续增加,风力机吸收的风能不断增大。风力机轴上的机械功率输出大于发电机输出的电功率,则发电机的转速上升,反馈到转速控制环节后,转速控制输出将使变桨距机构动作,改变风力机叶片攻角,以保证发电机为额定输出功率不变,维持发电机在额定功率下运行。

(5) 当风速在额定风速以上,风速处于不断的短时上升和下降的情况时,发电机输出功率的控制状况如下:当风速上升时,发电机的输出功率上升,大于额定功率,则功率控制单元改变转子电流给定值,使异步发电机转子电流控制环节动作,调节发电机转子回路电阻,增大异步发电机的滑差(绝对值),发电机的转速上升,由于风力机的变桨距机构有滞后效应,叶片攻角还未来得及变化,而风速已下降,发电机的输出功率也随之下降,则功率控制单元又将改变转子电流给定值,使异步发电机转子电流控制环节动作,调节转子回路电阻值,减小发电机的滑差(绝对值)使异步发电机的转速下降。根据上述的基本工作原理可知,在异步发电机转速上升或下降的过程中,发电机转子的电流将保持不变,发电机的输出功率也将维持不变,可见在短暂的风速变化时,借助转子电流控制环节的作用即可维持异步发电机的输出功率恒定,从而减少了对电网的扰动影响,必须指出,正是由于转子电流控制环节的动作时间远较变桨距机构的动作时间要快(也即前者的响应速度远较后者要快),才能实现仅借助转子电流控制器就能实现发电机功率的恒定输出。

滑差可调异步发电机运行时的风速、发电机的转速及发电机的输出功率随时间的变化情况如图 5.10 所示,该图显示的是丹麦 Vestas 公司制造的内变桨距风力机及具有 RSS 控制环节的异步发电机组成的额定功率为 660kW 的风力发电机组的运行状况曲线。从图上可以看出,在风速波动变化的情况下,由于实现了异步发电机的滑差可调,保证了风力发电机在额定风速以上起伏时维持额定的输出功率不变。

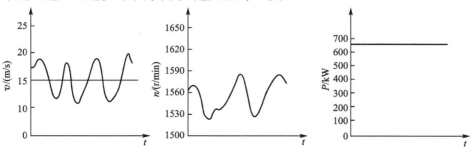

图 5.10 滑差可调异步发电机运行时的风速 v、发电机转速 n 及输出功率 P 随时间 t 的变化曲线

功率可通过测得的电压、电流、功率因数计算得出，用于统计风力发电机组的发电量。风力发电机组的功率与风速有固定的函数关系，如测得功率与风速不符，可以作为风力发电机组故障判断的依据。当风力发电机组功率过高或过低时，可以作为风力发电机组退出电网的依据。

(1) 功率过低：如果发电机功率持续（一般设置为 30~60s）出现逆功率，其值小于预置值 P_s，风力发电机组将退出电网，处于待机状态。脱网动作过程如下：断开发电机接触器，断开旁路接触器，不释放叶尖扰流器，不投入机械刹车。重新切入可考虑将切入预置点自动提高 0.5%，但转速下降到预置点以下后升起再并网时，预置值自动恢复到初始状态值。重新并网动作过程如下：闭合发电机接触器，软启动后晶闸管完全导通。当输出功率超过 P_s 持续 3s 时，投入旁路接触器，转速切入点变为原定值。功率低于 P_s 时由晶闸管通路向电网供电，这时输出电流不大，晶闸管可连续工作。这一过程是在风速较低时进行的。发电机输出功率为负功率时，吸收电网有功功率，风力发电机组几乎不做功。如果不提高切入设置点，启动后仍然可能是电动机运行状态。

(2) 功率过高：一般说来，功率过高的现象由两种情况引起：一是由于电网频率波动引起的。电网频率降低时，同步转速下降，而发电机转速短时间不会降低，转差较大；各项损耗及风力发电机能量转换不突变，因而功率瞬时变得很大。二是由于气候变化，空气密度的增加引起的。功率过高如持续一定时间，控制系统应作出反应。可设置为当发电机输出功率持续 10min 大于额定功率的 15% 后，正常停机；当功率持续 2s 大于额定功率的 50% 时紧急停机。

5.1.4 双速发电机的功率调节

对于桨距角和转速都固定不变的定桨距风力发电机组，功率曲线上只有一点有最大的风能利用系数（图 5.11），这一点对应于某一个叶尖速比。当风速变化时，风能利用系数也随之改变。要在变化的风速下保持最大的风能利用系数，必须保持转速与风速之比不变，也就是说，风力发电机组的转速要能够跟随风速的变化。对同样直径的风轮驱动的风力发电机组来说，其发电机额定转速需要有很大变化，而额定转速较低的发电机在低风速时具有较高的风能利用系数；额定转速较高的发电机在高风速时具有较高的风能利用系数。需

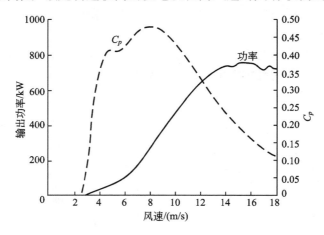

图 5.11 功率曲线和风能利用系数

说明的是额定转速并不是按在额定风速时具有最大的风能利用系数设定的。因为风力发电机组与一般发电机组不一样,它并不经常运行在额定风速点上,并且功率与风速的3次方成正比,只要风速超过额定风速,功率就会显著上升,这对于定桨距风力发电机组来说是根本无法控制的。事实上,定桨距风力发电机组早在风速达到额定值以前就已开始失速了,到额定点的风能利用系数已经相当小,如图 5.11 所示。

如上所述,在整个运行风速范围内($3m/s < v < 25m/s$),由于风速是不断变化的,如果风力发电机的转速不能随风速的变化而调整,这就必然要使风轮在低风速时的效率降低(而设计低风速时效率过高,会使叶片过早进入失速状态)。同时发电机本身也存在低负荷时的效率问题,尽管目前用于风力发电机组的发电机已能设计得非常理想,它们在功率 $P > 30\%$ 额定功率范围内,均有高于 90% 的效率,但当功率 $P < 25\%$ 额定功率时,效率仍然会急剧下降。为了解决上述问题,定桨距风力发电机组普遍采用双速发电机,分别设计成 4 极和 6 极。一般 6 极发电机的额定功率设计成 4 极发电机的 1/4 到 1/5。例如,1MW 风力发电机组设计成 6 极 200kW 和 4 极 1MW。这样,当风力发电机组在低风速段运行时,不仅叶片具有较高的气动效率,发电机的效率也能保持在较高水平,使定桨距风力发电机组与变桨距风力发电机组在进入额定功率前的功率曲线差异减小。采用双速发电机的风力发电机组输出功率曲线如图 5.7 所示。

除了采用双速发电机外,还可以用其他方法实现不连续变速功能。如以下两种发电机。

(1) 双绕组双速感应发电机:这种发电机有两个定子绕组,嵌在相同的定子铁心槽内,在某一时间内仅有一个绕组在工作,转子仍是通常的笼型,发电机有两种转速,分别决定于两个绕组的极数。比起单速发电机来,这种发电机要重一些,效率也稍低一些,因为总有一个绕组未被利用,导致损耗相对增大。它的价格当然也比通常的单速发电机贵。

(2) 双速极幅调制感应发电机:这种感应发电机只有一个定子绕组,转子同前,但可以有两种不同的运行速度,只是绕组的设计不同于普通单速发电机。它的每相绕组由匝数相同的两部分组成,对于一种转速是并联,对于另一种转速是串联,从而使磁场在两种情况下有不同的极数,导致两种不同的运行速度。这种发电机定子绕组有 6 个接线端子,通过开关控制不同的接法,即可得到不同的转速。双速单绕组极幅调制感应发电机可以得到与双绕组双速发电机基本相同的性能,但重量轻、体积小,因而造价也较低,它的效率与单速发电机大致相同。缺点是发电机的旋转磁场不是理想的正弦形,因此产生的电流中有不需要的谐波分量。

5.2 变转速运行

5.2.1 概述

变速风力发电机组于 20 世纪的最后几年加入到大型风力发电机组主流机型的行列中。与恒速风力发电机组相比,变速风力发电机组的优越性在于,低风速时它能够根据风速变化,在运行中保持最佳叶尖速比以获得最大风能,高风速时利用风轮转速的变化,储存或释放部分能量,提高传动系统的柔性,使功率输出更加平稳(其功率曲线如图 5.12 所示)。因而在更大容量上,变速风力发电机组有可能取代恒速风力发电机组而成为风力发电的主力机型。

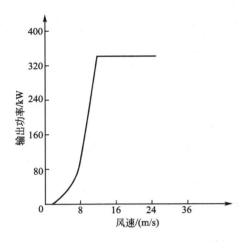

图 5.12 变速风力发电机组的功率曲线

变速风力发电机组的控制主要通过两个阶段来实现。在额定风速以下时,主要是调节发电机反力矩使转速跟随风速变化,以获得最佳叶尖速比因此可作为跟踪问题来处理。在高于额定风速时,主要通过变桨距系统改变桨叶节距来限制风力机获取能量,使风力发电机组保持在额定值下发电,并使系统失速负荷最小化。可以将风力发电机组作为一个连续的随机的非线性多变量系统来考虑。采用带输出反馈的线性二次最佳控制技术,根据已知系统的有效模型,设计出满足变速风力发电机组运行要求的控制器。一台变速风力发电机组通常需要两个控制器,一个通过电力电子装置控制发电机的反力矩,另一个通过伺服系统控制桨叶节距。

由于风力机可获取的能量随风速的三次方增加,因此在输入量大幅度地、快速地变化时,要求控制增益也随之改变,通常用工业标准 PID 型控制系统作为风力发电机组的控制器。在变速风力发电机组的研究中,也有采用适应性控制技术的方案,比较成功的是带非线性卡尔曼滤波器的状态空间模型参考适应性控制器的应用。由于适应性控制算法需要在每一步比简单 PI 控制器多得多的计算工作量,因此用户需要增加额外的设备及开发费用,其实用性仍在进一步探讨中。近年来,由于模糊逻辑控制技术在工业控制领域的巨大成功,基于模糊逻辑控制的智能控制技术也引入到变速风力发电机组控制系统的研究中并取得了成效。

5.2.2 变转速发电机

在与电网并联运行的风力发电系统中大多采用异步发电机,出于风能的随机性,风速的大小经常变化,驱动异步发电机的风力机不可能经常在额定风速下运转。通常风力机在低于额定风速下运行的时间约占风力机全年运行时间的 60%~70%,为了充分利用低风速时的风能,增加全年的发电量,近年来广泛应用双速异步发电机。

双速异步发电机是指具有两种不同的同步转速(低同步转速及高同步转速)的电机,异步电机的同步转速与异步电机定子绕组的极对数以及所并联电网的频率有如下关系,即

$$n_s = \frac{60f}{p} \tag{5-1}$$

式中 n_s——异步电机的同步转速,r/min;

p——异步电机定子绕组的极对数;

f——电网的频率,我国电网的频率为 50Hz。

因此并网运行的异步电机的同步转速是与电机的极对数成反比的,例如,4 极的异步电机的同步转速为 1500r/min,6 极的异步电机的同步转速为 1000r/min,可见只要改变异步电机定子绕组的极对数,就能得到不同的同步转速,如何改变电机定子绕组的极对数

呢？可以有以下 3 种方法。

（1）采用两台定子绕组极对数不同的异步电机，一台为低同步转速的，一台为高同步转速的。

（2）在一台电机的定子上放置两套极对数不同的相互独立的绕组，即是双绕组的双速电机。

（3）在一台电机的定子上仅安置一套绕组，靠改变绕组的连接方式获得不同的极对数，即所谓的单绕组双速电机。

双速异步发电机的转子形式为鼠笼式的，因为鼠笼式转子能自动适应定子绕组极对数的变化，双速异步发电机在低速运转时的效率较单速异步发电机高、滑差损耗小；在低风速时能获得多发电的良好效果，国内外由定桨距失速叶片风力机驱动的双速异步发电机皆采用 4/6 极变极的，即其同步转速为 1500/1000(r/min)，低速时对应于低功率输出，高速时对应于高功率输出。

近代异步发电机并网时多采用晶闸管软并网方法来限制并网瞬间的冲击电流，双速异步发电机与单速异步发电机一样也是通过晶闸管软并网方法来限制启动并网时的冲击电流，同时也在低速（低功率输出）与高速（高功率输出）绕组相互切换过程中起限制瞬间电流的作用，双速异步发电机通过晶闸管软切入并网的主电路，如图 5.13 所示，双速异步发电机启动并网及高低输出功率的切换信号皆由计算机控制。

双速异步发电机的并网过程如下。

（1）当风速传感器测量的风速达到启动风速（一般为 3.0~4.0m/s）以上，并连续维持达 5~10min 时，控制系统计算机发出启动信号，风力机开始启动。此时发电机被切换到小容量低速绕组（如 6 极，1000r/min），根据预定的启动电流值，当转速接近同步转速时，通过晶闸管接入电网，异步发电机进入低功率发电状态。

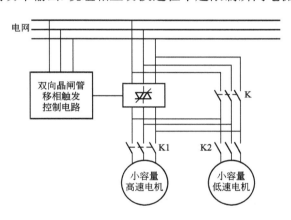

图 5.13 双速异步发电机主电路连接图

（2）若风速传感器测量的 1min 平均风速远超过启动风速，如 7.5m/s，则风力机启动后，发电机被切换到大容量高速绕组（如 4 极，1500r/min）。当发电机转速接近同步转速时，根据预定的启动电流值，通过晶闸管接入电网，异步发电机直接进入高功率发电状态。

5.3 变转速及恒频

并网运行的风力发电机组，要求发电机的输出频率必须与电网频率一致。保持发电机输出频率恒定的方法有两种：①恒转速/恒频系统，采取失速调节或者混合调节的风力发电机，以恒转速运行时，主要采用异步感应发电机；②变转速/恒频系统，用电力电子变频器将发电机发出的频率变化的电能转化成频率恒定的电能。

大型并网风力发电机组的典型配置如图 5.14 所示，箭头为功率的流动方向。图 5.14 中所示的频率变换器包括各种不同类型的电力电子装置，如软并网装置、整流器和逆变器等。

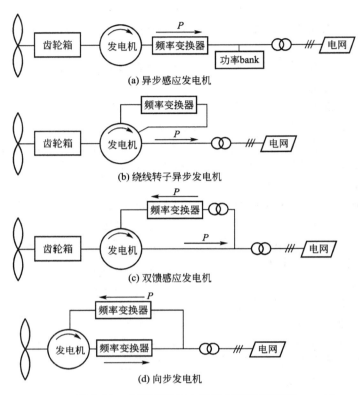

图 5.14　大型并网风力发电机组典型配置

1）异步感应发电机

通过晶闸管控制的软并网装置接入电网。在同步转速附近合闸并网，冲击电流较大，另外需要电容无功补偿装置。这种机型比较普遍，各大风力发电制造商如 Vestas、NEG Micon、Nordex 都有此类产品。

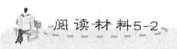
阅读材料5-2

变速恒频风力发电技术的发展

变速恒频（VSCF——Variable Speed Constant Frequency）风力发电技术在 20 世纪 40 年代已经出现，受当时技术水平的限制没有得到广泛的应用。从 20 世纪 70 年代开始，随着电力电子技术和计算机技术的发展，特别是在矢量控制、直接转矩控制等高性能交流电机控制理论出现后，变速恒频发电的实用成为可能。与恒速恒频发电系统相比，尽管变速恒频系统中的电力电子变流装置增加了系统的成本和复杂程度，但变速恒频发电系统不仅可以减小风轮机的机械应力，最大限度地捕获风能，使风轮机在大范围内按照最佳效率运行，而且可以减小因阵风、塔影效应等对输出功率波动的影响，降低对变速系统快速性的要求。

> 变速恒频双馈风力发电系统运行时通常将发电机定子绕组接入工频电网，转子绕组与幅值、频率、相位和相序均可调节的四象限变频器相连。与其他变速恒频风力发电系统相比，双馈风力发电系统所需变频器容量较小，在额定同步转速30%的调速范围运行时，变频器的容量约为电机额定容量的25%，变频器的损耗小，系统的效率高；有功功率和无功功率可实现解耦控制，在转子侧低成本实现系统功率因数的控制。在双馈变速恒频风力发电系统中，双馈发电机的控制与鼠笼型异步电机调速控制相似，经历了标量控制、矢量控制、直接转矩控制及智能控制等阶段。结合风力发电的特殊运用场合，产生了直接功率控制等新的控制策略。

2）绕线转子异步发电机

外接可变转子电阻，使发电机的转差率增大至10%，通过一组电力电子器件来调整转子回路的电阻，从而调节发电机的转差，如 Vestas 公司的 V47 机组。

3）双馈感应发电机

转子通过双向变频器与电网连接，可实现功率的双向流动。根据风速的变化和发电机转速的变化，调整转子电流频率的变化，实现恒频控制。流过转子电路的功率仅为额定功率的10%～25%，只需要较小容量的变频器，并且可实现有功、无功的灵活控制，如 DeWind 公司的 D6 机组。

4）同步发电机

本配置方案的显著特点是取消了增速齿轮箱，采用风力机对同步发电机的直接驱动方式。齿轮传动不仅降低了风电转换效率和产生噪声，也是造成系统机械故障的主要原因，而且为了减少机械磨损还需要润滑清洗等定期维护，如 Enercon 公司的 K266 机组。

5.3.1 异步发电机的变速恒频技术

变速恒频是指发电机的转速随风速变化，发出的电流通过适当的变换，使输出频率与电网频率相同。

笼型异步发电机变速恒频风力发电系统如图 5.15 所示，其定子绕组通过 AC-DC-AC 变流器与电网相连，变速恒频变换在定子电路中实现。当风速变化时，发电机的转子转速和发电机发出电能的频率随着风速的变化而变化，通过定子绕组和电网之间的变流器将频率变化的电能转化为与电网频率相同的电能。这种方案虽然可以实现变速恒频的目的，但因变流器连在定子绕组中，变流器的容量要求与发电机的容量相同，整个系统的成本和体积增大，在大容量发电机组中难以实现。此外，笼型异步发电机需从电网中吸收无功功率来建立磁场，使电网的功率因数下降，需加电容补偿装置，其电压和功率因数的控制也较困难。

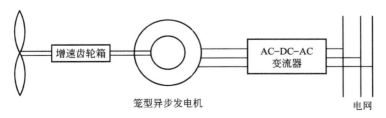

图 5.15 笼型异步发电机变速恒频风力发电系统

5.3.2 同步发电机的变速恒频技术

恒速恒频的风力发电系统中,同步发电机和电网之间为"刚性连接",发电机输出频率完全取决于原动机的转速,并网之前发电机必须经过严格的整步和(准)同步,并网后也必须保持转速恒定,因此对控制器的要求高,控制器结构复杂。

在变速恒频风力发电系统中,同步发电机的定子绕组通过变流器与电网相连接,如图 5.16 所示。当风速变化时,为实现最大风能捕获,风力发电机和发电机的转速随之变化,发电机发出的是变频交流电,通过变流器转化后获得恒频交流电输出,再与电网并联。由于同步发电机与电网之间通过变流器相连接,发电机的频率和电网的频率彼此独立,并网时一般不会发生因频率偏差而产生较大的电流冲击和转矩冲击,并网过程比较平稳。

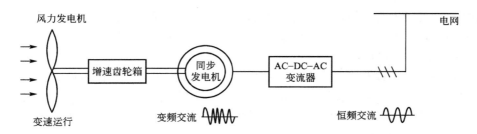

图 5.16 同步发电机的变速恒频发电机系统

与笼型异步发电机相同,同步发电机的变流器也接在定子绕组中,所需容量较大,电力电子装置价格较高、控制较复杂,同时非正弦逆变器在运行时产生的高频谐波电流流入电网,将会影响电网的电能质量。但其控制比笼型异步发电机简单,除利用变流器中的电流控制发电机电磁转矩外,还可通过转子励磁电流的控制来实现转矩、有功功率和无功功率的控制。

5.3.3 双馈异步发电机的变速恒频技术

双馈异步发电机应用在变速恒频风力发电系统中,发电机与电网之间的连接是"柔性连接"。用双馈异步发电机组成的变速恒频风力发电系统如图 5.17 所示。发电机的定子直

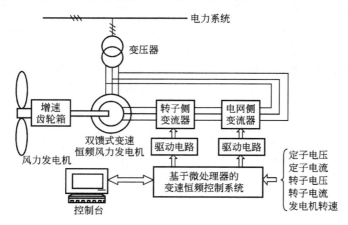

图 5.17 双馈异步发电机变速恒频风力发电系统

接连接在电网上,转子绕组通过集电环经变流器与电网相连,通过控制转子电流的频率、幅值、相位和相序实现变速恒频控制。为实现转子中能量的双向流动,应采用双向变流器。随着电力电子技术的发展,最新应用的是双 PWM 变流器,通过 SPWM 控制技术,可以获得正弦波转子电流,以减小发电机中的谐波转矩,同时实现功率因数的调节,变流器一般用微机控制。

双馈异步发电机的并网过程是:风力发电机启动后带动发电机至接近同步转速时,由转子回路中的变流器通过对转子电流的控制实现电压匹配、同步和相位的控制,以便迅速地并入电网,并网时基本上无电流冲击。

双馈异步发电机可通过励磁电流的频率、幅值和相位的调节,实现变速运行下的恒频及功率调节。当风力发电机的转速随风速及负载的变化而变化时,通过励磁电流频率的调节实现输出电能频率的稳定;改变励磁电流的幅值和相位,可以改变发电机定子电动势和电网电压之间的相位角,即改变了发电机的功率角,从而实现有功功率和无功功率的调节。

由于这种变速恒频方案是在转子电路中实现的,流过转子电路中的功率为转差功率,一般只为发电机额定功率的 1/4~1/3,因此变流器的容量可以较小,大大降低了变流器的成本和控制难度;定子直接连接在电网上,使得系统具有很强的抗干扰性和稳定件。缺点是发电机仍有电刷和集电环,工作可靠性受到影响。

5.3.4　风力机变转速技术

风力发电机组的输出功率主要受 3 个因素的影响:可利用的风能、发电机的功率曲线和发电机对变化风速的响应能力。风力机从风能中捕获的功率为

$$P = \frac{1}{2} C_p(\beta, \lambda) \rho \pi R^2 V_W^3 \tag{5-2}$$

$$\lambda = \frac{\omega R}{V_W} \tag{5-3}$$

式中　P——风轮吸收功率,W;
$C_p(\beta, \lambda)$——风能利用系数;
　　　ρ——空气密度,kg/m³;
　　　R——风轮半径,m;
　　　V_W——风速,m/s;
　　　λ——叶尖速比;
　　　ω——风轮转速,r/s。

风能利用系数的最大值是贝茨极限 59.3%。如果保持 β 不变,可以用一条曲线描述风力机性能,只要使得风轮的叶尖速比在最佳值 $\lambda=\lambda_{opt}$,就可维持机组在最大风能利用系数 C_{pmax} 下运行。

变速控制是使风轮跟随风速的变化改变其旋转速度,保持基本恒定的最佳叶尖速比 λ_{opt},相对于恒速运行,变速运行有以下几个优点。

1)具有较好的效率,可使桨距调节简单

变速运行放宽对桨距控制响应速度的要求,降低桨距控制系统的复杂性,减小峰值功率要求。低风速时,桨距角固定;高风速时,调节桨距角,限制最大输出功率。

2）能吸收阵风能量，把能量存储在风轮机械转动惯量中

减少阵风冲击对风力发电机组带来的疲劳损坏，减少机械应力和转矩脉动，延长机组寿命。当风速下降时，高速运转的风轮动能便释放出来，变为电能，送给电网。

3）系统效率高

变速运行风力机以最佳叶尖速比、最大功率点运行，提高了风力机的运行效率。与恒速/恒频风电系统相比，年发电量一般可提高10%以上。

4）改善电能质量

由于风轮系统的柔性，减少了转矩脉动，从而减少了输出功率的波动。

5）减小运行噪声

低风速时，风轮处于低速运行状态，使噪声降低。

变频恒频发电系统利用变速恒频发电方式，风力机就可以改恒速运行为变速运行。这样就可能使风轮的转速随风速的变化而变化。使叶尖速比保持在一个恒定的最佳叶尖速比，使风力机的风能利用系数在额定风速以下的整个运行范围内都处于最大值，从而可比恒速运行获取更多的能量。这种变速机组还可适应不同的风速区，大大拓宽了风力发电的地域范围。即使风速跃升时，所产生的风能也部分被风轮吸收，以动能的形式储存于高速运转的风轮中，从而避免了主轴及传动机构承受过大的扭矩及应力。在电力电子装置的调控下，将高速风轮所释放的能量转变为电能，送入电网，从而使能量传输机构所受应力比较平稳，风力机组运行更加平稳和安全。

5.4 发 电 系 统

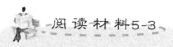

风力发电系统中的辅助控制系统

发电系统辅助控制系统由风力发电系统的主控制器控制，主要包括以下几个方面。

（1）桨叶倾角控制系统：桨叶倾角控制通过液压执行机构来实现，在转速随风速增加升至额定转速后，通过加大倾角来维持转速不变，目前工程上使用线性PID控制器来进行控制。

（2）偏航控制系统：偏航系统有两个主要目的，一是使风轮跟踪变化稳定的风向，二是当风力发电机组由于偏航作用，机舱内引出的电缆发生缠绕时，自动解除缠绕。偏航系统一般通过控制电机实现。

（3）风力机制动系统：风叶的制动系统采用液压的盘式刹车系统，一般安排在高速轴上。具有3种刹车方式：正常停机方式、安全停车方式、紧急停车方式。

（4）其他安全保护系统：其他安全保护系统主要有超速保护、电网失电保护、电气保护(过压，过流)、雷击保护、机舱机械保护、桨叶保护、紧急安全链保护等。

5.4.1 恒频恒速发电系统

恒速恒频发电系统是指在风力发电过程中保持发电机的转速不变，从而得到和电网频

率一致的恒频电能。恒速恒频系统一般比较简单，所采用的发电机主要是同步发电机和鼠笼式感应发电机。同步发电机的转速是由电机极对数和频率所决定的同步转速，鼠笼式感应发电机以稍高于同步转速的转速运行。

目前，单机容量为 600～750kW 的风电机组多采用恒速运行方式。这种机组控制简单，可靠性好，大多采用制造简单、并网容易、励磁功率可直接从电网中获得的鼠笼型异步发电机。

恒速风电机组主要有两种功率调节类型：定桨距失速型和变桨距型风力机。定桨距失速型风力机利用风轮叶片翼型的气动失速特性来限制叶片吸收过大的风能。功率调节由风轮叶片来完成，对发电机的控制要求比较简单。这种风力机的叶片结构复杂，成型工艺难度较大。变桨距型风力机则是通过风轮叶片的变桨距调节机构控制风力机的输出功率。由于采用的是笼型异步发电机，无论是定桨距还是变桨距风力发电机，并网后发电机的磁场旋转速度都被电网频率所固定不变。异步发电机转子的转速变化范围很小，转差率一般为 3%～5%，属于恒速恒频风力发电机。

1. 定桨距失速控制

定桨距风力发电机组的主要特点是：桨叶与轮毂固定连接。当风速变化时，桨叶的迎风角度固定不变。利用桨叶翼型本身的固有失速特性，在高于额定风速下，气流的攻角增大到失速条件时，桨叶表面产生紊流，效率降低，达到限制功率的目的。采用这种方式的风力发电系统控制调节简单可靠。但为了产生失速效应，导致叶片重，结构复杂，机组的整体效率低，当风速高到一定值时还必须停机。

定桨距是指风轮的桨叶与轮毂是刚性连接。当气流流经上下翼面形状不同的叶片时，因凸面的弯曲而使气流加速，压力较低，凹面较平缓，使气流速度减缓，压力较高，因而产生作用于叶面的升力。桨距角不变，随着风速增加，攻角增大，分离区形成大的涡流。与未分离时相比，上下翼面压力差减小，致使阻力增加，升力减少，造成叶片失速，从而限制了功率的增加。

因此，定桨距失速控制没有功率反馈系统和变桨距执行机构，因而整机结构简单，部件少，造价低，并具有较高的安全系数。失速控制方式依赖于叶片独特的翼型结构，叶片本身结构较复杂，成型工艺难度也较大。随着功率增大，叶片加长，所承受的气动推力大，使得叶片的刚度减弱，失速动态特性不易控制，所以很少应用在兆瓦级以上的大型风力发电机组的控制上。

1) 风轮结构

定桨距风力发电机组的主要结构特点是，桨叶与轮毂的连接是固定的，即当风速变化时，桨叶的迎风角度不能随之变化。这一特点给定桨距风力发电机组提出了两个必须解决的问题。一是当风速高于风轮的设计点风速即额定风速时，桨叶必须能够自动地将功率限制在额定值附近，因为风力机上所有材料的物理性能是有限度的。桨叶的这一特性被称为自动失速性能。二是运行中的风力发电机组在突然失去电网（突甩负载）的情况下，桨叶自身必须具备制动能力，使风力发电机组能够在大风情况下安全停机。早期的定桨距风力发电机组的风轮并不具备制动能力，脱网时完全依靠安装在低速轴或高速轴上的机械刹车装置进行制动，这对于数十千瓦级机组来说问题不大，但对于大型风力发电机组，如果只使用机械刹车，就会对整机结构强度产生严重的影响。为了解决上述问题，桨叶制造商首先在 20 世纪 70 年代用玻璃钢复合材料研制成功了失速性能良好的风力机桨叶，解决了定桨距风力发电机组在大风时的功率控制问题；20 世纪 80 年代又将叶尖扰流器成功地应用在风力发电机组上，解决了在突甩负载情况下的安全停机问题，使定桨距（失速型）风力发电机组在近 20 年的风能开发利用中始终占据主导地位，直到最新推出的兆瓦级风力发电机组仍有机型采用该项技术。

2）桨叶的失速调节原理

当气流流经上下翼面形状不同的叶片时，因凸面的弯曲而使气流加速，压力较低，凹面较平缓使气流速度缓慢，压力较高，因而产生升力。桨叶的失速性能是指它在最大升力系数 C_{Lmax} 附近的性能。当桨叶的安装角 β 不变，随着风速增加攻角 i 增大，升力系数 C_L 线性增大，在接近 C_{Lmax} 时，增加变缓；达到 C_{Lmax} 后开始减小。另一方面，阻力系数 C_D 初期不断增大，在升力开始减小时，C_D 继续增大，这是由于气流在叶片上的分离随攻角的增大而增大，分离区形成大的涡流，流动失去翼型效应，与未分离时相比，上下翼面压力差减小，致使阻力激增，升力减少，造成叶片失速，从而限制功率的增加，如图 5.18 所示。

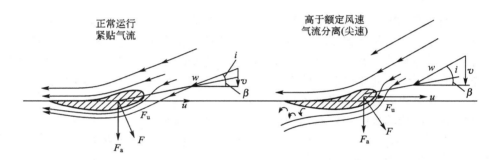

图 5.18 定桨距风力机的气动特性

失速调节叶片的攻角沿轴向由根部向叶尖逐渐减少，因而根部叶面先进入失速，随风速增大，失速部分向叶尖处扩展，原先已失速的部分，失速程度加深，未失速的部分逐渐进入失速区。失速部分使功率减少，未失速部分仍有功率增加。从而使输入功率保持在额定功率附近。

3）叶尖扰流器

由于风力机风轮巨大的转动惯量，如果风轮自身不具备有效的制动能力，在高风速下要求脱网停机是不可想象的。早年的风力发电机组正是因为不能解决这一问题，使灾难性的飞车事故不断发生。目前所有的定桨距风力发电机组均采用了叶尖扰流器的设计。叶尖扰流器的结构如图 5.19 所示。当风力机正常运行时，在液压系统的作用下。叶尖扰流器与桨叶主体部分精密地合为一体，组成完整的桨叶。当风力机需要脱网停机时，液压系统按控制指令将扰流器释放并使之旋转 80°～90°形成阻尼板，由于叶尖部分处于距离轴的最远点，整个叶片作为一个长的杠杆，使扰流器产生的气动阻力相当高，足以使风力机在几乎没有任何磨损的情况下迅速减

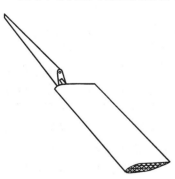

图 5.19 叶尖扰流器的结构

速,这一过程即为桨叶空气动力刹车。叶尖扰流器是风力发电机组的主要制动器,每次制动时都是它起主要作用。

在风轮旋转时作用在扰流器上的离心力和弹簧力会使叶尖扰流器力图脱离桨叶主体转动到制动位置,而液压力的释放,不论是由控制系统的正常指令,还是液压系统的故障引起的,都将导致扰流器展开而使风轮停止运行。因此,空气动力刹车是一种失效保护装置,它使整个风力发电机组的制动系统具有很高的可靠性。

4) 功率输出

根据风能转换的原理,风力发电机组的功率输出主要取决于风速。但除此以外,气压、气温和气流扰动等因素也显著地影响其功率输出。因为定桨距叶片的功率曲线是在空气的标准状态下测出的,这时空气密度 $\rho=1.225 \text{kg/m}^3$,当气压与气温变化时,ρ 会跟着变化,一般当温度变化 ± 10℃时相应的空气密度变化 $\pm 4\%$。而桨叶的失速性能只与风速有关,只要达到了叶片气动外形所决定的失速调节风速,不论是否满足输出功率,桨叶的失速性能都要起作用,影响功率输出。因此,当气温升高,空气密度就会降低,相应的功率输出就会减少,反之,功率输出就会增大(图5.20)。对于一台 750kW 容量的定桨距风力发电机组,最大的功率输出可能会出现 30~50kW 的偏差。因此在冬季与夏季,应对桨叶的安装角各作一次调整。

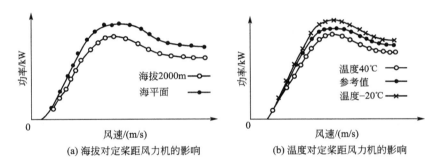

图 5.20 空气密度变化对功率输出的影响

为了解决这一问题,近年来定桨距风力发电机组制造商又研制了主动失速型定桨距风力发电机组。采取主动失速的风力机开机时,将桨叶节距推进到可获得最大功率位置,当风力发电机组超过额定功率后,桨叶节距主动向失速方向调节,将功率调整在额定值上。由于功率曲线在失速范围的变化率比失速前要低得多,控制相对容易,输出功率也更加平稳。

定桨距风力发电机组的桨叶节距角和转速都是固定不变的,这一限制使得风力发电机组的功率曲线上只有一点具有最大的功率系数,这一点对应于某一个叶尖速比。当风速变化时,功率系数也随之改变。而要在变化的风速下保持最大的功率系数,必须保持转速与风速之比不变,也就是说,风力发电机组的转速要能够跟随风速的变化。对同样直径的风轮驱动的风力发电机组来说,其发电机额定转速可以有很大变化,而额定转速较低的发电机在低风速时具有较高的功率系数,额定转速较高的发电机在高风速时具有较高的功率系数,这就是采用双速发电机的根据。需说明的是额定转速并不是按在额定风速时具有最大的功率系数设定的。因为风力发电机组与一般发电机组不一样,它并不经常运行在额定风速点上,并且功率与风速的 3 次方成正比,只要风速超过额定风速,功率就会显著上升,这对于定桨距风力发电机组来说是根本无法控制的。事实上，定桨距风力发电机组早在风速达到额定值以前就已开始失速了，到额定点时的功率系数已相当小，如图5.21所示。

另一方面，改变桨叶节距角的设定，也显著影响额定功率的输出。根据定桨距风力机的特点，应当尽量提高低风速时的功率系数和考虑高风速时的失速性能。为此需要了解桨叶节距角的改变究竟如何影响风力机的功率输出，图5.22所示的是一组200kW风力发电机组的功率曲线。

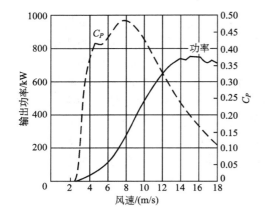

图5.21 定桨距风力发电机组的功率曲线与功率系数

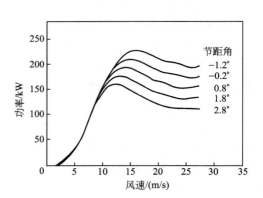

图5.22 桨叶节距角对输出功率的影响

无论从实际测量还是理论计算所得的功率曲线都可以说明，定桨距风力发电机组在额定风速以下运行时，在低风速区，不同的节距角所对应的功率曲线几乎是重合的。但在高风速区，节距角的变化对其最大输出功率（额定功率点）的影响是十分明显的。事实上，调整桨叶的节距角只是改了桨叶对气流的失速点。根据实验结果，节距角越小，气流对桨叶的失速点越高，其最大输出功率也越高。这就是定桨距风力机可以在不同的空气密度下调整桨叶安装角的根据。

2. 变桨距调节方式

目前应用较多的是恒速恒频风力发电系统，当风速处于正常范围时，可以通过电气控制保证恒速恒频功率控制。而在风速过大时，输出功率继续增大，可能导致电气系统和机械系统不能承受，因此需要限制输出功率，并保持输出功率恒定。这时就要通过调节叶片的桨距角改变气流对叶片的攻角，从而改变风力发电机组获得的空气动力转矩和限制功率。

由于变桨距调节型风力机在低风速时可使桨叶保持良好的攻角，比失速调节型风力机有更好的能量输出，因此比较适合于在平均风速较低的地区安装。变桨距调节的另外一个优点是，在风速超速时可以逐步调节桨距角，屏蔽部分风能，避免被迫停机，增加风力机年发电量。采用变桨距调节方式，必须对阵风的反应有好的灵敏性。

变桨距型风力发电机能使风轮叶片的安装角随风速而变化。高于额定功率时，桨距角向迎风面积减小的方向转动一个角度，相当于增大迎角，减小攻角。变桨距机组启动时，可对转速进行控制，并网后可对功率进行控制，使风力机的启动性能和功率输出特性都有显著改善。变桨距调节型风力发电机在阵风时,塔架、叶片、基础受到的冲击,较之失速调节型风力发电机组要小得多,可减少材料使用率,降低整机重量。它的缺点是需要有一套比较复杂的变桨距调节机构,要求风力机的变桨距系统对阵风的响应速度足够快,才能减轻由于风的波动引起的功率脉动。

1) 变桨距发电机组的特点

从空气动力学角度考虑,当风速过高时,只有通过调整桨叶节距,改变气流对叶片的攻角,从而改变风力发电机组获得的空气动力转矩,才能使功率输出保持稳定。同时,风力机在启动过程中也需要通过变距来获得足够的启动转矩。因此,最初研制的风力发电机组都被设计成可以全桨叶变距的。但由于一开始设计人员对风力发电机组的运行工况认识不足,所设计的变桨距系统其可靠性远不能满足风力发电机组正常运行的要求,灾难性的飞车事故不断发生,变桨距风力发电机组迟迟未能进入商业化运行。所以当失速型桨叶的启动性能得到了改进时,人们便纷纷放弃变桨距机构而采用了定桨距风轮,以至于后来商品化的风力发电机组大都是定桨距失速控制的。

经过十多年的实践,设计人员对风力发电机组的运行工况和各种受力状态已有了深入的了解,不再满足于仅仅提高风力发电机组运行的可靠性,而开始追求不断优化的输出功率曲线,同时采用变桨距机构的风力发电机组可使桨叶和整机的受力状况大为改善,这对大型风力发电机组的总体设计十分有利。因此,进入20世纪90年代以后,变桨距控制系统又重新受到了设计人员的重视。目前已有多种型号的变桨距600kW级风力发电机组进入市场。其中较为成功的有丹麦VESTAS的V30/V42/V44-600kW机组和美国Zand的Z-40-600kW机组。从今后的发展趋势看,在大型风力发电机组中将会普遍采用变桨距技术。

2) 输出功率特性

变桨距风力发电机组与定桨距风力发电机组相比,具有在额定功率点以上输出功率平稳的特点。如图5.23、图5.24所示,变桨距风力发电机组的功率调节不完全依靠叶片的气动性能。当功率在额定功率以下时,控制器将叶片节距角置于0°附近,不作变化,可认为等同于定桨距风力发电机组,发电机的功率根据叶片的气动性能随风速的变化而变化。当功率超过额定功率时,变桨距机构开始工作,调整叶片节距角,将发电机的输出功率限

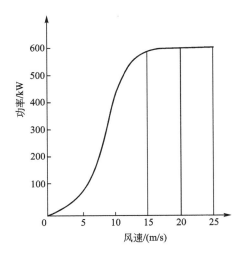

图 5.23 变桨距风力发电机组功率曲线

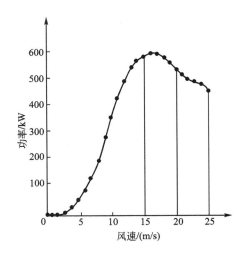

图 5.24 定桨距风力发电机组功率曲线

制在额定值附近。但是，随着并网型风力发电机组容量的增大，大型风力发电机组的单个叶片已重达数吨，要操纵如此巨大的惯性体，并且响应速度要能跟得上风速的变化是相当困难的。事实上，如果没有其他措施的话，变桨距风力发电机组的功率调节对高频风速变化仍然是无能为力的。因此，近年来设计的变桨距风力发电机组除了对桨叶进行节距控制以外，还通过控制发电机转子电流来控制发电机转差率，使得发电机转速在一定范围内能够快速响应风速的变化，以吸收瞬变的风能，使输出的功率曲线更加平稳。

3) 额定点具有较高的风能利用系数

变桨距风力发电机组与定桨距风力发电机组相比，在相同的额定功率点时，额定风速比定桨距风力发电机组要低。对于定桨距风力发电机组，一般在低风速段的风能利用系数较高。当风速接近额定点时，风能利用系数开始大幅下降，因为这时随着风速的升高，功率上升已趋缓，而过了额定点后，桨叶已开始失速，风速升高，功率反而有所下降。对于变桨距风力发电机组，由于桨叶节距可以控制，无需担心风速超过额定点后的功率控制问题，可以使得额定功率点仍然具有较高的功率系数。

4) 确保高风速段的额定功率

由于变桨距风力发电机组的桨叶节距角是根据发电机输出功率的反馈信号来控制的，它不受气流密度变化的影响。无论是由于温度还是海拔引起空气密度的变化，变桨距系统都能通过调整叶片角度，使之获得额定功率输出。这对于功率输出完全依靠桨叶气动性能的定桨距风力发电机组来说，具有明显的优越性。

5) 启动性能与制动性能

变桨距风力发电机组在低风速时，桨叶节距可以转动到合适的角度，使风轮具有最大的启动力矩，从而使变桨距风力发电机组比定桨距风力发电机组更容易启动。在变桨距风力发电机组上，一般不再设计电动机启动的程序。当风力发电机组需要脱离电网时，变桨距系统可以先转动叶片使之减小功率，在发电机与电网断开之前，功率减小至0，这意味着当发电机与电网脱开时，没有转矩作用于风力发电机组，避免了在定桨距风力发电机组上每次脱网时所要经历的突甩负载的过程。

6) 变桨距风力发电机组的运行状态

变桨距风力发电机组根据变桨距系统所起的作用可分为3种运行状态，即风力发电机组的启动状态(转速控制)、欠功率状态(不控制)和额定功率状态(功率控制)。

(1) 启动状态。

变距风轮的桨叶在静止时，节距角在为90°时气流对桨叶不产生转矩，整个桨叶实际上是一块阻尼板。当风速达到启动风速时，桨叶向0°方向转动，直到气流对桨叶产生一定的攻角，风轮开始启动。在发电机并入电网以前，变桨距系统的节距给定值由发电机转速信号控制。转速控制器按一定的速度上升斜率给出速度参考值，变桨距系统根据给定的速度参考值，调整节距角，进行所谓的速度控制。确保并网平稳，对电网产生尽可能小的冲击，变桨距系统可以在一定时间内，使发电机的转速在同步转速附近，寻找最佳时机并网。虽然在主电路中也采用了软并网技术，但由于并网过程的时间短(仅持续几个周波)，冲击小，可以选用容量较小的晶闸管。

为了使控制过程比较简单，早期的变桨距风力发电机组在转速达到发电机同步转速前对桨叶节距并不加以控制。在这种情况下，桨叶节距只是按所设定的变距速度将节距角向0°方向打开。直到发电机转速上升到同步转速附近，变桨距系统才开始投入工作。转速控制的给定值是恒定的,即同步转速。转速反馈信号与给定值进行比较,当转速超过同步转速时,桨叶节距就向迎风面积减小的方向转动一个角度,反之则向迎风面积增大的方向转动一个角度。当转速在同步转速附近保持一定时间后发电机即并入电网。

(2) 欠功率状态。

欠功率状态是指发电机并入电网后,由于风速低于额定风速,发电机在额定功率以下的低功率状态运行。与转速控制相同的道理,在早期的变桨距风力发电机组中,对欠功率状态不加控制。这时的变桨距风力发电机组与定桨距风力发电机组相同,其功率输出完全取决于桨叶的气动性能。

近年来,以 Vestas 为代表的新型变桨距风力发电机组,为了改善低风速时桨叶的气动性能,采用了所谓 Optitip 技术,即根据风速的大小,调整发电机转差率,使其尽量运行在最佳叶尖速比上,以优化功率输出。当然,能够作为控制信号的只是风速变化稳定的低频分量,对于高频分量并不响应。这种优化只是弥补了变桨距风力发电机组在低风速时的不足之处,与定桨距风力发电机组相比,并没有明显的优势。

(3) 额定功率状态。

当风速达到或超过额定风速后,风力发电机组进入额定功率状态。在传统的变桨距控制方式中,这时将转速控制切换到功率控制,变桨距系统开始根据发电机的功率信号进行控制。控制信号的给定值是恒定的,即额定功率。功率反馈信号与给定值进行比较,当功率超过额定功率时,桨叶节距就向迎风面积减小的方向转动一个角度,反之则向迎风面积增大的方向转动一个角度。其控制系统框图如图 5.25 所示。

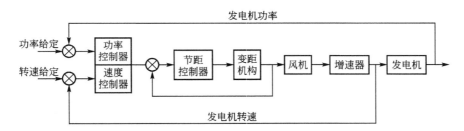

图 5.25 变桨距风力发电机组的控制框图

由于变桨距系统的响应速度受到限制,对快速变化的风速,通过改变节距来控制输出功率的效果并不理想。因此,为了优化功率曲线,最新设计的变桨距风力发电机组在进行功率控制的过程中,其功率反馈信号不再作为直接控制桨叶节距的变量。变桨距系统由风速的低频分量和发电机转速控制,风速的高频分量产生的机械能波动,通过迅速改变发电机的转速来进行平衡,即通过转子电流控制器对发电机转差率进行控制,当风速高于额定风速时,允许发电机转速升高,将瞬变的风能以风轮动能的形式储存起来,速转降低时,再将动能释放出来,使功率曲线达到理想的状态。

5.4.2 变速恒频发电系统

风力发电机变速恒频控制方案一般有 4 种:鼠笼式异步发电机变速恒频风力发电系统;交流励磁双馈发电机变速恒频风力发电系统;直驱型变速恒频风力发电系统;混合式变速恒频风力发电系统。

1) 鼠笼式异步发电机变速恒频风力发电系统

采用的发电机为鼠笼式转子,其变速恒频控制策略是在定子电路实现的。由于风速是不断变化的,导致风力机以及发电机的转速也是变化的,所以实际上鼠笼式风力发电机发出的电的频率是变化的,即为变频的。通过定子绕组与电网之间的变频器,把变频的电能转化为与电网频率相同的恒频电能。尽管实现了变速恒频控制,具有变速恒频的一系列优点,但由于变频器在定子侧,变频器的容量需要与发电机的容量相同。使得整个系统的成本、体积和重量显著增加,尤其对于大容量的风力发电系统,增加幅度就更大。

2) 交流励磁双馈式变速恒频风力发电系统

双馈式变速恒频风力发电系统常采用的发电机为转子交流励磁双馈发电机,结构与绕线式异步电机类似。由于这种变速恒频控制方案是在转子电路实现的,流过转子电路的功率是由交流励磁发电机的转速运行范围所决定的转差功率。该转差功率仅为定子额定功率的一小部分,故所需的双向变频器的容量仅为发电机容量的一小部分,这样该变频器的成本以及控制难度大大降低。

这种采用交流励磁双馈发电机的控制方案除了可实现变速恒频控制、减少变频器的容量外,还可实现对有功、无功功率的灵活控制,对电网可起到无功补偿的作用。缺点是交流励磁发电机仍然要用滑环和电刷。

目前已经商用的有齿轮箱的变速恒频系统大部分采用绕线式异步电机作为发电机。由于绕线式异步发电机有滑环和电刷,这种摩擦接触式的结构在风力发电恶劣的运行环境中较易出现故障。而无刷双馈电机定子有两套级数不同的绕组。转子为笼型结构,无须滑环和电刷,可靠性高。这些优点都使得无刷双馈电机成为当前研究的热点。目前,这种电机在设计和制造上仍然存在着一些难题。

3) 直驱型变速恒频风力发电系统

近几年来,直接驱动技术在风电领域得到了重视。这种风力发电系统采用多极发电机,与风轮直接连接进行驱动,从而免去了齿轮箱这一传统部件。由于有很多技术方面的优点,特别是采用永磁发电机技术,可靠性和效率更高,在今后风电机组发展中将有很大的发展空间,德国安装的风力机中就有40.9%采用无齿轮箱直驱型系统。直驱型变速恒频风力发电系统的发电机多采用永磁同步发电机,转子为永磁式结构,无须外部提供励磁电源,提高了效率。变速恒频控制是在定子电路实现的,把永磁发电机发出的变频交流电通过变频器转变为与电网同频的交流电,因此变频器的容量与系统的额定容量相同。

采用永磁发电机系统的风力机与发电机直接耦合,省去了齿轮箱结构,可大大减少系统运行噪声,提高机组可靠性。由于是直接耦合,永磁发电机的转速与风力机转速相同,发电机转速很低,发电机体积就很大,发电机成本较高。由于省去了价格更高的齿轮箱,所以整个风力发电系统的成本还是降低了。

另外,电励磁式径向磁场发电机也可视为一种直驱风力发电机的选择方案。在大功率发电机组中,它直径大、轴向长度小。为了能放置励磁绕组和极靴,极距必须足够大。它输出的交流电频率通常低于50Hz,必须配备整流逆变器。

直驱式永磁风力发电机的效率高、极距小,永磁材料的性价比正在不断提升,应用前景十分广阔。

4) 混合式变速恒频风力发电系统

直驱式风力发电系统不仅需要低速、大转矩发电机,而且需要全功率变频器。为了降低电机设计难度，带有低变速比齿轮箱的混合型变速恒频风力发电系统得到实际应用。这种系统可以看成是全直驱传动系统和传统系统方案的一个折中方案，发电机是多极的，和直驱设计本质上一样，但更加紧凑，有相对较高的转速和更小的转矩。

一般开关磁阻发电机和无刷爪极自励发电机也可以用在风力发电系统中。开关磁阻发电机为双凸极电机，定子、转子均为凸极齿槽结构。定子上设有集中绕组，转子上既无绕组也无永磁体，故机械结构简单、坚固，可靠性高。

无刷爪极自励发电机与一般同步电机的区别仅在于它的励磁系统部分，定子铁心及电枢绕组与一般同步电机基本相同。爪极发电机的磁路系统是一种并联磁路结构，所有各对极的磁势均来自一套共同的励磁绕组，因此与一般同步发电机相比，励磁绕组所用的材料较省，所需的励磁功率也较小。

变速运行的风力发电机有不连续变速和连续变速两大类。

1) 不连续变速系统

不连续变速发电机系统比连续变速运行的发电机系统要差些，但比恒速运行的风力发电机系统有较高的年发电量，能在一定的风速范围内运行于最佳叶尖速比附近，也不能利用转子的惯性来吸收峰值转矩，所以这种方法不能改善风力机的疲劳寿命。

不连续变速运行方式常用的几种方法如下。

(1) 采用多台不同转速的发电机。通常是采用两台转速、功率不同的感应发电机。在某一时间内，只有一台被连接到电网，传动机构的设计使发电机在两种风轮转速下运行在稍高于各自的同步转速的情况下。

(2) 双绕组双速感应发电机。这种电机有两个定子绕组，嵌在相同的定子铁心槽内。在某一时间内仅有一个绕组在工作，转子仍是通常的鼠笼型。电机有两种转速，分别决定于两个绕组的极数。比起单速发电机来，这种发电机要重一些，效率也稍低一些。因为总有一个绕组未被利用，导致损耗相对增大。它的价格当然也比通常的单速发电机贵。

(3) 双速单绕组极幅调制感应发电机。这种感应发电机只有一个定子绕组，转子发同前，但可以有两种不同的运行速度，只是绕组的设计不同于普通单速发电机。它的每相绕组由匝数相同的两部分组成，对于一种转速是并联，对于另一种转速是串联，从而使磁场在两种情况下有不同的极数，导致两种不同的运行速度。

这种电机定子绕组有 6 个接线端子，通过开关控制不同的接法即可得到不同的转速。双速单绕组极幅调制感应发电机可以得到与双绕组双速感应发电机基本相同的性能，但重量轻、体积小，因而造价也较低，它的效率与单速发电机大致相同。缺点是电机的旋转磁场不是理想的正弦形，因此产生的电流中有不需要的谐波分量。

2) 连续变速系统

连续变速系统可以通过多种方法来得到，包括机械方法、电/机械方法、电气方法及电力电子学方法等。机械方法如采用可变速比的液压传动，或可变传动比的机械传动。电/机械方法如采用定子可旋转的感应发电机。电气式变速系统如采用高滑差感应发电机或双定子感应发电机等。这些方法虽然可以得到连续的变速运行，但都存在一定缺点和问题，在实际应用中难以推广。

目前看来，最有前景的当属电力电子学方法。这种变速发电系统主要由两部分组成，即发电机部分和电力电子变换装置部分。发电机可以是市场上已有的通常电机，如同步发电机、鼠笼型感应发电机、绕线型感应发电机等，也有近来研制的新型发电机，如磁场调制发电机、无刷双馈发电机等。电力电子变换装置有交流/直流/交流变换器和交流/交流变换器等。

下面介绍 3 种连续变速的电力电子变换装置发电系统。

(1) 同步发电机交流/直流/交流系统。

同步发电机可随风轮变速运转产生频率变化的电功率,电压可通过调节电机的励磁电流来控制。发电机发出的频率变化的交流电先通过三相桥式整流器整流成直流电,再通过线路换向的逆变器变换为频率恒定的交流电输入电网。

变换器中所用的电力电子器可以是二极管、晶闸管(SCR)、可关断晶闸管(GTO)、功率晶体管(GTR)和绝缘栅双极型晶体管(IGBT)等。除二极管只能用于整流电路外,其他器件都能用于双向变换。由交流变换成直流时,它们起整流器作用;再由直流变换成交流时,它们起逆变器作用。在设计变换器时,最重要的是换向问题。换向是一组功率半导体器件从导通状态关断,而另一组器件从关断状态导通。

在变速系统中可以有两种换向,即自然换向和强迫换向。当变换器与交流电网相连时,在换向时刻,利用电网电压反向加在导通的半导体器件两端,使其关断,这种换向称为自然换向。强迫换向需要附加换向器件(如电容器等),利用电容器上的充电电荷按极性反向加在半导体器件上,强迫其关断。这种强迫换向逆变器常用于独立运行系统,而线路换向逆变器则用于与电网或其他发电设备并联运行的系统。一般说,采用自然换向的逆变器比较简单、便宜。

开关这些变换器中的半导体器件通常有两种方式:矩形波方式和脉宽调制(PWM)方式。在矩形波变换器中,开关器件的导通时间为所需频率的半个周期或不到半个周期,由此产生的交流电压波形呈阶梯形,而不是正弦波形,含有较多的谐波分量,必须滤掉。脉宽调制法是利用高频三角波和基准正弦波的交点来控制半导体器件的开关时刻,如图 5.26 所示。这种开关方法的优点是得到的输出波形中谐波含量小且处于较高的频率段,比较容易滤掉,能使谐波的影响降到很小,已成为越来越常见的半导体器件开关控制方法。这种同步发电机和交流/直流/交流变换器组成的变速/恒频发电系统的缺点是,电力电子变换器处于系统的主回路,因此容量较大,价格较贵。

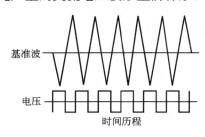

图 5.26 脉宽调制原理

(2) 磁场调制发电机系统。

这种变速恒频发电系统由一台专门设计的高频交流发电机和一套电力电子变换电路组成。图 5.27 所示是磁场调制发电机单相输出系统的原理方框图及各部分的输出电压波形。

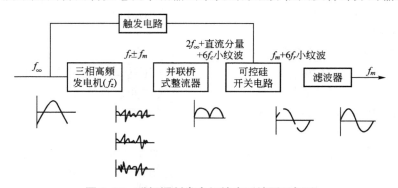

图 5.27 磁场调制发电机输出系统原理框图

发电机本身具有较高的旋转频率 f_r，与普通同步电机不同的是，它不用直流电励磁，而是用频率为 f_m 的低频交流电励磁（f_m 即为所要求的输出频率，一般为 50Hz。当频率 f_m 远低于频率 f_r 时，发电机三相绕组的输出电压波形将是由频率为（f_r+f_m）和（f_r-f_m）的两个分量组成的调幅波，这个调幅波的包络线的频率是 f_m，包络线所包含的高频波的频率是 f_r。

将三相绕组接到一组并联桥式整流器上，得到基本频率为 f_m（带有频率为 $6f_r$ 的若干纹波）的全波整流正弦脉动波。再通过晶闸管开关电路使这个正弦脉动波的一半反向。最后经滤波器滤去纹波，即可得到与发电机转速无关、频率为 f_m 的恒频正弦波输出。

与前面的交流/直流/交流系统相比，磁场调制发电机系统的优点是：①由于经桥式整流器后得到的是正弦脉动波，输入晶闸管开关电路后，基本上是在波形过零点时开关换向，因而换向简单容易，换向损耗小，系统效率较高；②晶闸管开关电路输出的波形中谐波分量很小且谐波频率很高，很易滤去，可以得到品质好的正弦输出波形；③磁场调制发电机系统的输出频率在原理上与励磁电流频率相同，因而这种变速恒频风力发电机组与电网或柴油发电机组并联运行十分简单可靠。这种发电机系统的主要缺点与交流/直流/交流系统类似，即电力电子变换装置处在主电路中，因而容量较大，比较适合用于容量从数十千瓦到数百千瓦的中小型风电系统。

（3）双馈发电机系统。

双馈发电机的结构类似于绕线型感应发电机。其定子绕组直接接入电网，转子绕组由一台频率、电压可调的低频电源（一般采用交流/交流循环变流器）供给三相低频励磁电流。图 5.28 给出了这种系统的原理方框图。

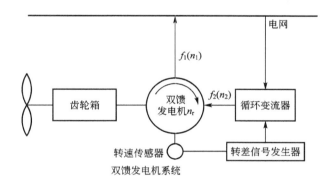

图 5.28 双馈发电机系统原理方框图

当转子绕组通过三相低频电流时，在转子中形成一个低速旋转磁场，这个磁场的旋转速度（n_2）与转子的机械转速（n_r）相叠加，使其等于定子的同步转速 n_1，即

$$n_r \pm n_2 = n_1 \tag{5-3}$$

从而在发电机定子绕组中，感应出相应于同步转速的工频电压。风速变化时，机械转速 n_r 随之变化。在 n_r 变化的同时，相应改变转子电流的频率和旋转磁场的速度，以补偿电机转速的变化，保持输出频率恒定不变。

系统中所采用的循环变流器是将一种频率变换成另一种较低频率的电力变换装置。半导体开关器件采用线路换向，为了获得较好的输出电压和电流波形，输出频率一般不超过输入频率的 1/3。由于电力变换装置处在发电机的转子回路（励磁回路）中，其容量一般不超过发电机额定功率的 30%。这种系统中的发电机可以超同步运行（转子旋转磁场方向与机械旋转方向相反，n_2 为负），也可以次同步运行（转子旋转磁场方向与机械旋转方向相同，n_2 为正）。在前一种情况下，除定子向电网馈送电力外，转子也向电网馈送一部分电力。在后一种情况下，则在定子向电网馈送电力的同时，需要向转子馈入部分电力。

上述系统的发电机与传统的绕线式感应发电机类似，一般具有电刷和滑环，需要一定的维护和检修。目前正在研究一种新型的无刷双馈发电机，它采用双极定子和嵌套耦合的笼型转子；这种电机转子类似鼠笼型转子，定子类似单绕组双速感应电机的定子，有6个出线端，其中3个直接与三相电网相连，其余3个则通过电力变换装置与电网相连。前3个端子输出的电力，其频率与电网频率一样，后3个端子输入或输出的电力，其频率相当于转差频率，必须通过电力变换装置（交流/交流循环变流器）变换成与电网相同的频率和电压后再联入电网。这种发电机系统除具有普通双馈发电机系统的优点外，另一个很大的优点是电机结构简单可靠。由于没有电刷和滑环，基本上不需要维护。双馈发电机系统由于电力电子变换装置容量较小，很适合用于大型变速恒频风电系统。

本节讨论应用变速恒频技术风力发电机组的控制问题。此类变速风力发电机组也有定桨距和变桨距之分。近年来应用较多的是图5.29所示的变桨距变速恒频风力发电机组。这一类变速风力发电机组有较大的变速范围，与恒速风力发电机组相比，其优越性在于：低风速时它能够根据风速变化，在运行中保持最佳叶尖速比以获得最大风能；高风速时利用风轮转速的变化，储存或释放部分能量，提高传动系统的柔性，使功率输出更加平稳。

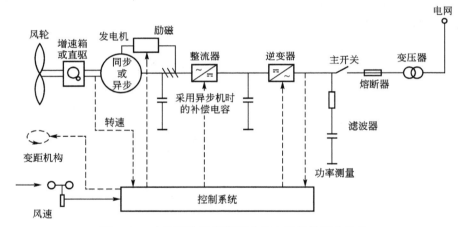

图5.29 变桨距变速恒频风力发电机组的基本结构

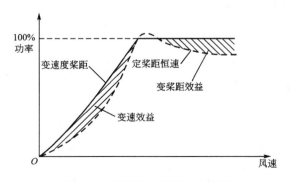

图5.30 风力发电机的功率曲线

变桨距变速恒频风力发电机组与定桨距恒速风力发电机组的功率曲线比较如图5.30所示。

由于风力发电机可获取的能量随风速的3次方增加，因此在输入量大幅度、快速地变化时，要求控制增益也随之改变，通常用工业标准PID型控制系统作为风力发电机组的控制器。

1) 风速与风力机的特性

风力发电机的特性通常由一簇风能利

用系数 C_p 的无因次性能曲线来表示，风能利用系数是风力发电机叶尖速比 λ 的函数，如图 5.31 所示。

$C_p(\lambda)$ 曲线是桨距角的函数，从图上可以看到 $C_p(\lambda)$ 曲线对桨距角的变化规律；当桨距角逐渐增大时 $C_p(\lambda)$ 将显著地缩小。

如果保持桨距角不变，用一条曲线就能描述出它作为 λ 函数的性能和表示从风能中获取的最大功率，图 5.32 所示是一条典型的 $C_p(\lambda)$ 曲线。

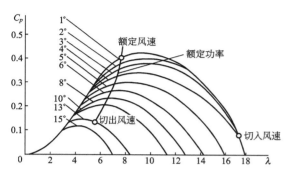

图 5.31 风力发电机性能曲线　　　　图 5.32 桨距角不变时风力发电机性能曲线

叶尖速比可以表示为

$$\lambda = \frac{R\Omega}{v} = \frac{v_1}{v} \tag{5-4}$$

式中　Ω——风力发电机风轮角速度，rad/s；

　　　R——风轮半径，m；

　　　v——主导风速，m/s；

　　　v_1——叶尖线速度，m/s。

对于优化转差窄风力发电机组，发电机转速的变化只比同步转速高百分之几，但风速的变化范围可以很宽。按式（5-4），叶尖速比可以在很宽的范围内变化，因此它只有很小的机会运行在 $C_{p\max}$ 点。风力发电机从风中捕获的机械功率为

$$P_1 = \frac{1}{2}\rho A C_p v^3 \tag{5-5}$$

由上式可见，在风速给定的情况下，风轮获得的功率将取决于风能利用系数。如果在任何风速下，风力发电机都能在 $C_{p\max}$ 点运行，便可增加其输出功率。根据图 5.32，在任何风速下，只要使得风轮的叶尖速比 $\lambda = \lambda_{opt}$，就可维持风力机在 $C_{p\max}$ 下运行。因此，风速变化时，只要调节风轮转速，使其叶尖速度与风速之比保持不变，就可获得最佳的风能利用系数。这就是变速风力发电机组进行转速控制的基本目标。

对于图 5.32 所示的情况，获得最佳的风能利用系数的条件是

$$\lambda = \lambda_{opt} = 9 \tag{5-6}$$

这时 $C_p = C_{p\max} = 0.43$，而从风能中获取的机械功率为

$$P_1 = k C_{p\max} v^3 \tag{5-7}$$

式中　k——常数，$k = \rho A / 2$。

设 v_{ts} 为同步转速下的叶尖线速度，即

$$v_{ts} = 2\pi R n_s \qquad (5-8)$$

式中 n_s——在发电机同步转速下的风轮转速。

对于任何其他转速 n_r,有

$$\frac{v_t}{v_{ts}} = \frac{n_r}{n_s} = 1-s \qquad (5-9)$$

根据式(5-4)、式(5-6)和式(5-9),可以建立给定风速 v 与最佳转差率 s(最佳转差率是指在该转差率下,发电机转速使得风力机具有最佳的风能利用系数 $C_{p\max}$)的关系式

$$v = \frac{1-s}{\lambda_{opt}} = \frac{1-s}{9} v_{ts} \qquad (5-10)$$

这样,对于给定风速的相应转差率可由式(5-10)来计算。

但是由于风速测量的不可靠性,很难建立转速与风速之间直接的对应关系。实际上并不是根据风速变化来调整转速的。

为了不用风速控制风力机,可以修改功率表达式,以消除对风速的依赖关系,按已知的 $C_{p\max}$ 和 λ_{opt} 计算 P_{opt}。如用转速代替风速,则可以导出功率是转速的函数,3次方关系仍然成立,即最佳功率 P_{opt} 与转速的3次方成正比

$$P_{opt} = \frac{1}{2}\rho A C_{p\max} [(R/\lambda_{opt})\Omega]^3 \qquad (5-11)$$

由于机械强度和其他物理性能的限制,输出功率也是有限度的,超过这个限度,风力发电机组的某些部分便不能正常工作。因此风力发电机组受到两个基本限制:①功率限制,所有电路及电力电子器件受功率限制;②转速限制,所有旋转部件的机械强度受转速限制。

2)风力发电机的转矩-速度特性

图 5.33 所示是风力机在不同风速下的转矩-速度特性。由转矩、转速和功率的限制线划出的区域为风力发电机安全运行区域,即图中由 $OAdcC$ 所围成的区域,在这个区域中有若干种可能的控制方式。恒速运行的风力发电机的特性曲线为直线 XY。从图上可以看到,恒速风力发电机只有一个工作点运行在 $C_{p\max}$ 上。变速运行的风力发电机的工作点由若干条曲线组成,其中在额定风速以下的 ab 段运行在 $C_{p\max}$ 曲线上。a 点与 b 点的转速即变速运行的转速范围,由于 b 点已达到转速极限,此后直到最大功率点,转速将保持不变,即 bc 段为转速恒定区。在 c 点,功率已达到限制点,当风速继续增加时,风力机将沿着 cd 线运行以保持最大功率,但必须通过某种控制来降低 C_p 值、限制气动力转矩。如果不采用变桨距方法,那就只有降低风力机的转速。从图 5.33 上可以看出,在额定风速以下运行时,变速风力发电机组并没有始终运行在最大 C_p 线上,而是由两个运行段组成。除了风力发电机组的旋转部件受到机械强度的限制原因以外,还由于在保持最大 C_p 值时,风轮功率的增加与风速的3次方成正比,需要对风轮转速或桨距作大幅度调整才能稳定功率输出,

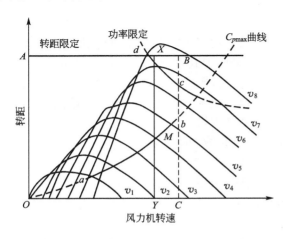

图 5.33 不同风速下的转矩-速度特性

这将给控制系统的设计带来困难。

3) 运行状态

变速风力发电机组的运行根据不同的风况可分为3个不同状态。

第一种状态是启动状态，发电机转速从静止上升到切入速度。对于目前大多数风力发电机组来说，风力发电机组的启动，只要当作用在风轮上的风速达到启动风速便可实现（发电机被用作电动机来启动风轮并加速到切入速度的情况例外）。在切入速度以下，发电机并没有工作，机组在风力作用下作机械转动，因而并不涉及发电机变速的控制。

第二种状态是风力发电机组切入电网后运行在额定风速以下的区域，风力发电机组开始获得能量并转换成电能。这一阶段决定了变速风力发电机组的运行方式。从理论上说，根据风速的变化，风轮可在限定的任何转速下运行，以便最大限度地获取能量，但由于受到运行转速的限制，不得不将该阶段分成两个运行区域，即变速运行区域（C_p恒定区）和恒速运行区域。为了使风轮能在C_p恒定区运行，必须应用变速恒频发电技术，使风力发电机组的转速能够被控制以跟踪风速的变化。

在更高的风速下，风力发电机组的机械和电气极限要求转子速度和输出功率维持在限定值以下，这个限制就确定了变速风力发电机组的第三种运行状态，该状态的运行区域称为功率恒定区。对于恒速风力发电机组，风速增大，能量转换效率反而降低，而从风力中可获得的能量与风速的3次方成正比，这样对变速风力发电机组来说，有很大余地可以提高能量的获取。例如，利用第三种运行状态下大风速波动的特点，将风力发电机的转速充分地控制在高速状态，并适时地将动能转换成电能。图5.34是输出功率为转速和风速的函数的风力发电机组的等值线图，图上表示出了变速风力发电机组的控制途径。在低风速段，按恒定C_p（或恒定叶尖速比）的方式控制风力发电机组，直到转速达到极限，然后按恒定转速控制机组，直到功率达到最大，最后按恒定功率控制机组。

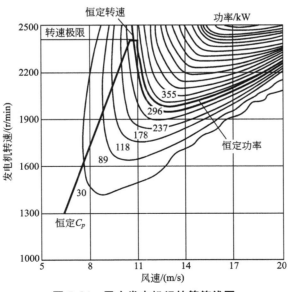

图 5.34　风力发电机组的等值线图

图5.34还表示出了风轮转速随风速的变化情况。在C_p恒定区，转速随风速呈线性变化，斜率与λ_{opt}成正比。转速达到极限后便保持不变。当转速随风速增大而减少时，功率

恒定区开始。为使功率保持恒定，C_p必须设置为与$(1/v^3)$成正比的函数。

4) 总体控制方式

根据变速风力发电机组在不同区域的运行，将基本控制方式确定为：低于额定风速时跟踪C_{pmax}曲线，以获得最大能量；高于额定风速时跟踪p_{max}曲线，并保持输出稳定。

为了便于理解，首先假定变速风力发电机组的桨距角是恒定的。当风速达到启动风速后，风轮转速由零增大到发电机可以切入的转速，C_p值不断上升（图5.31），风力发电机组开始作发电运行。通过对发电机转速进行的控制，风力发电机组逐渐进入C_p恒定区（$C_p=C_{pmax}$），这时机组在最佳状态下运行。随着风速增大，转速也增大，最终达到一个允许的最大值，这时，只要功率低于允许的最大功率，转速便保持恒定。在转速恒定区内，随着风速增大，C_p值减少，但功率仍然增大。达到功率极限后，机组进入功率恒定区，这时随风速的增大，转速必须降低，使叶尖速比减少的速度比在转速恒定区更快，从而使风力发电机组在更小的C_p值下作恒功率运行。图5.35表示了变速风力发电机组在3个工作区运行时，C_p值的变化情况。

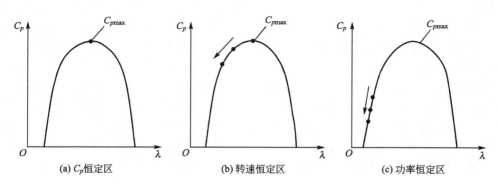

图5.35 3个区域的C_p值变化情况

(1) C_p恒定区。

在C_p恒定区，风力发电机组受到给定的功率—转速特性曲线控制。P_{opt}的给定参考值随转速变化，由转速反馈计算出。P_{opt}以计算值为依据，连续控制发电机输出功率，使其跟踪P_{opt}曲线的变化。用目标功率与发电机实测功率之偏差驱动系统达到平衡。

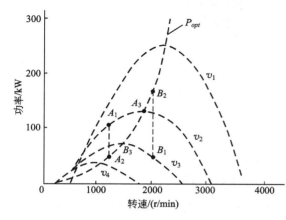

图5.36 最佳功率和风轮转速

功率—转速特性曲线的形状由C_{pmax}和λ_{opt}决定。图5.36给出了转速变化时不同风速下风力发电机组功率与目标功率的关系。

如图5.36所示，假定风速是v_2，点A_2是转速为1200r/min时发电机的工作点，点A_1是风力发电机的工作点，它们都不是最佳点。由于风力发电机的机械功率（A_1点）大于电功率（A_2点），过剩功率使转速增大（产生加速功率），后者等于A_1和A_2两点功率之差。随着转速增大，发电机功率沿P_{opt}曲线持续增大。

同样，风力发电机的工作点也沿 v_2 曲线变化。工作点 A_1 和 A_2 最终将在 A_3 点交汇，风力发电机和发电机在 A_3 点功率达成平衡。

当风速是 v_3 时，发电机转速大约是 2000r/min。发电机的工作点是 B_2，风力发电机的工作点是 B_1。由于发电机负荷大于风力发电机产生的机械功率，故风轮转速减小。随着风轮转速的减小，发电机功率不断修正，沿 P_{opt} 曲线变化。风力发电机的输出功率也沿 v_3 曲线变化。随着风轮转速降低，风轮功率与发电机功率之差减小，最终二者将在 B_3 点交汇。

（2）转速恒定区。

如果保持 C_{pmax}（或 λ_{opt}）恒定，即使没有达到额定功率，发电机最终将达到其转速极限。此后风力机进入转速恒定区。在这个区域内，随着风速增大，发电机转速保持恒定，功率在达到极值之前一直增大，控制系统按转速控制方式工作，风力机在较小的 λ 区（C_{pmax} 的左面）工作。图 5.37 所示为发电机在转速恒定区的控制方案。其中 n 为转速当前值，Δn 为设定的转速增量，n_r 为转速限制值。

（3）功率恒定区。

随着功率增大，发电机和变流器将最终达到其功率极限。在功率恒定区，必须靠降低发电机的转速使功率低于其极限。随着风速增大，发电机转速降低，使 C_p 值迅速降低，从而保持功率不变。

增大发电机负荷可以降低转速。只是风力机惯性较大，要降低发电机转速，会将动能转换为电能。图 5.38 所示为发电机在功率恒定区的控制方案。其中 n 为转速当前值，Δn 为设定的转速增量。

如图 5.38 所示，以恒定速度降低转速，从而限制动能变成电能的能量转换。这样，为降低转速，发电机不仅可以有功率抵消风的气动能量，而且可以抵消惯性释放的能量。因此，要考虑发电机和交流器两者的功率极限，避免在转速降低过程中释放过多功率。例如，把风轮转速降低率限制到 1(r/min)/s，按风力机的惯性，这大约相当于额定功率的 10%。

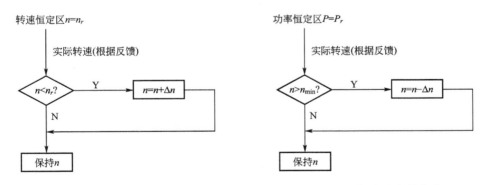

图 5.37 转速恒定区的实现　　　　　图 5.38 恒定功率的实现

由于系统惯性较大，必须增大发电机的功率极限，使之大于风力机的功率极限，以便有足够的空间承接风轮转速降低所释放的能量。这样，一旦发电机的输出功率高于设定点，那就直接控制风轮，以降低其转速。因此，当转速慢慢降低，功率重新低于功率极限以前，功率会有一个变化范围。

高于额定风速时,变速风力发电机组的变速能力主要用来提高传动系统的柔性。为了获得良好的动态特性和稳定性,在高于额定风速的条件下采用变桨距控制得到了更为理想的效果。在变速风力机的开发过程中,对采用单一的转速控制和加入变桨距控制这两种方法均作了大量的实验研究。结果表明:在高于额定风速的条件下,加入变桨距调节的风力发电机组,显著提高了传动系统的柔性及输出的稳定性。因为在高于额定风速时,追求的是稳定的功率输出。采用变桨距调节可以限制转速变化的幅度。根据图 5.30,当桨距角向增大的方向变化时,C_p 值得到了迅速有效的调整,从而控制了由转速引起的发电机反力矩及输出电压的变化。采用转速与桨距双重调节,虽然增加了额外的变桨距机构和相应的控制系统的复杂性,但由于改善了控制系统的动态特性,仍然被普遍认为是变速风力发电机组理想的控制方案。

在低于额定风速的条件下,变速风力发电机组的基本控制目标是跟随 C_{pmax} 曲线的变化。根据图 5.31,改变桨距角会迅速降低风能利用系数 C_p 的值,这与控制目标是相违背的,因此在低于额定风速的条件下加入变桨距调节是不合适。

5.4.3 恒速恒频发电系统

恒速恒频发电系统比较简单,所采用的发电机主要有两种,即同步发电机和鼠笼型感应发电机。前者运行于由电机极数和频率所决定的同步转速,后者则以稍高于同步转速的转速运行。

1)同步发电机

风力发电中所用的同步发电机绝大部分是三相同步发电机(图 5.39),连接到邻近的三相电网或输配电线。三相发电机比起相同额定功率的单相发电机体积小、效率高而且便宜。所以只有在功率很小和仅有单相电网的少数情况下,才考虑采用单相发电机。

图 5.39 三相同步发电机结构原理图

普通三相同步发电机的原理结构如图 5.39 所示。在定子铁心上有若干槽,槽内嵌有均匀分布的,在空间彼此相隔 120°角的三相电枢绕组。转子上装有磁极和励磁绕组,当励磁绕组通以直流电流 IT 后,电机内产生磁场。转子被风力机带动旋转,则磁场与定子三相绕组之间有相对运动,从而在定子三相绕组中感应出 3 个幅值相同、彼此相隔 120°的交流电势。这 3 个交流电动势的频率决定于电机的极对数 p 和转子转速 n,即

$$f=\frac{pn}{60}$$

每组绕组的电动势有效值为

$$E_0=k_1\bar{\omega}\varphi$$

式中 $\bar{\omega}=2\pi\varphi$;

φ——励磁电流产生的每极磁通;

k_1——一个与电机极数和每相绕组匝数有关的常数。

同步发电机的主要优点是:可以向电网或负载提供无功功率。一台额定容量为

125kW、功率因数为0.8的同步发电机,可以在提供100kW额定有功功率的同时,向电网提供+75kW和-75kW之间的任何无功功率值。它不仅可以并网运行,也可以单独运行,满足各种不同负载的需要。同步发电机的缺点是:它的结构以及控制系统较复杂,成本相对于感应发电机也较高。

2)感应发电机

也称为异步发电机,有鼠笼型和绕线型两种。在恒速恒频系统中,一般采用鼠笼型异步电机。它的定子铁心和定子绕组的结构与同步发电机相同。转子采用笼型结构,转子铁心由硅钢片叠成,呈圆筒形。槽中嵌入金属(铝或钢)导条,在铁心两端用铝或铜端环将导条短接。转子不需要外加励磁,没有滑环和电刷,因而其结构简单、坚固,基本上无需维护。

感应电机既可作为电动机运行,也可作为发电机运行。当作为电动机运行时,其转速总是低于同步转速 $n_s(n<n_s)$,这时电机中产生的电磁转矩的方向与旋转方向相同。若感应电机由某原动机(如风力机)驱动至高于同步转速的转速$(n>n_s)$时,则电磁转矩的方向与旋转方向相反,电机作为发电机运行,其作用把机械功率转化为电功率。把 $S=\dfrac{n_s-n}{n_s}$ 称为转差率,则电动机运行时 $S>0$,而发电机运行时 $S<0$。感应发电机的输出功率特性曲线如图5.40所示。

可以看出,感应发电机的输出功率与转速有关,通常在高于同步转速3%～5%的转速时达到最大值。超过这个转速,感应发电机将进入不稳定运行区。

感应发电机也可以有两种运行方式,即并网运行和单独运行。在并网运行时,感应发电机一方面向电网输出有功功率,另一方面又必须从电网吸收落后的无功功率。在单独运行时,感应发电机电压的建立需要有一个自励磁过程。自励磁的条件一个是电机本身存在一定的剩磁;另一个是在发电机的定子输出端与负载并联一组适当容量的电容器,使发电机的磁化曲线与电容特性曲线交于正常的运行点,产生所需的额定电压,如图5.41所示。

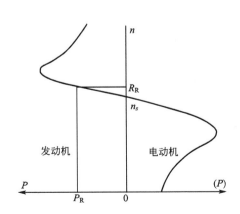

图5.40 感应发电机的输出功率特性

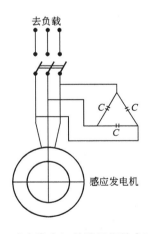

图5.41 感应发电机单独运行的自励磁电路

与磁化曲线不饱和段相切的直线是临界电容线,它与横坐标的夹角 β_k 为

$$\tan\beta_k=\frac{U_1}{I_0}=\frac{1}{\omega C_k} \tag{5-12}$$

式中 C_k——空载时的临界电容。

在空载时,要建立正常的电压,必使 $\beta<\beta_k$,或使 $C>C_k$。即外接电容必须大于某一临界值。增加电容量可使 β 角减小,使建立的端电压增高。

在负载运行时,一方面由于转差值|S|增大,要使发电机维持频率不变,必须相应提高转子的速度。另一方面,还需要补偿负载所需的感性电流(一般的负载大多是电感性的)以及补偿定子和转子产生漏磁通所需的感性电流。因此,由外接电容器所产生的电容性电流必须比空载时大大增加,即需要相应地增加其电容值。上述两个要求如果不能满足,则电压、频率将难以稳定,严重时会导致电压的消失。所以必须有自动调节装置,否则负载变化时很难避免端电压及频率的变化。

感应发电机与同步发电机的比较见表 5-1。

表 5-1 感应发电机与同步发电机的比较

项目	感应发电机	同步发电机
感应发电机的优点		
结构	定子与同步发电机相同,转子为鼠笼型,结构简单,牢固	转子上有励磁绕组和阻尼绕组,结构较复杂
励磁	由电网取得励磁电流,不需要励磁装置及励磁调节装置	需要励磁装置及励磁调节装置
尺寸及重量	无励磁装置,尺寸较小,重量较轻	有励磁装置,尺寸较大,重量较重
并网	强制并网,不需要同步装置	需要同步装置
稳定性	无失步现象,运动时只需适当限制负荷	负载急剧变化时有可能失步
维护检修	定子的维护与同步发电机相同,转子基本不需要维护	除定子外,励磁绕组及励磁装置都需要维护
感应发电机的缺点		
功率因素	功率因素由输出功率决定,不能调节,由于需要电网供给励磁的无功功率,导致功率因数下降	功率因数可以很容易地通过励磁调节装置予以调整,既可以在之后的功率因数下运行,也可以在超前的功率因数下运行
冲击电流	强制并网,冲击电流大,有时需要限流措施	由于同步装置,并网冲击电流很小
单独运行及电压调节	单独运行时电压、频率调节比较复杂	单独运行时可以很方便地调节电压

5.4.4 小型直流发电系统

1. 离网型风力发电系统

通常离网型风力发电机组容量较小,发电容量从几百瓦至几十千瓦的均属于小型风力发电机组。离网型小型风力发电机的推广应用,为远离电网的农牧民解决了基本的生活用电问题，改善了农牧民的生活质量。

小型风力发电机按照发电类型的不同，可分为直流发电机型、交流发电机型。较早时期的小容量风力发电机组一般采用小型直流发电机，在结构上有永磁式及电励磁式两种类型。永磁式直流发电机利用永磁铁提供发电机所需的励磁磁通，电励磁式直流发电机则是借助在励磁线圈内流过的电流产生磁通来提供发电机所需要的励磁磁通。根据励磁绕组与电枢绕组连接方式的不同，又可分为他励磁式与并励磁式两种形式。

随着小型风力发电机组的发展，发电机类型逐渐由直流发电机转变为交流发电机。主要包括永磁发电机、硅整流自励交流发电机及电容自励异步发电机。其中，永磁发电机在结构上转子无励磁绕组，不存在励磁绕组损耗，效率高于同容量的励磁式发电机。转子没有滑环，运转时更安全可靠，电机重量轻、体积小、工艺简便，因此在离网型风力发电机中被广泛应用，缺点是电压调节性能差。

硅整流自励交流发电机是通过与滑环接触的电刷和硅整流器的直流输出端相连，从而获得直流励磁电流。由于风力的随机波动，会导致发电机转速的变化，从而引起发电机出口电压的波动。这将导致硅整流器输出的直流电压及发电机励磁电流的变化，并造成励磁磁场的变化。这样又会造成发电机出口电压的波动。因此，为抑制这种联锁的电压波动，稳定输出，保护用电设备及蓄电池，该类型的发电机需要配备相应的励磁调节器。

电容自励异步发电机是根据异步发电机在并网运行时电网供给异步发电机励磁电流，异步感应发电机的感应电动势能产生容性电流的特性设计的。当风力驱动的异步发电机独立运行时，未得到此容性电流，需在发电机输出端并接电容，从而产生磁场，建立电压。为维持发电机端电压，必须根据负载及风速的变化，调整并接电容的大小。

小型风力发电机与太阳能的风光互补发电系统在解决边远地区无电问题上很适用，其系统功率比同类太阳能光伏发电系统大。能为更多的民用负载和小型生产性负载提供电力。采用小风电或风光互补系统来解决农村无电问题，投资将比相同功率的太阳能系统少得多。

2. 小型直流发电系统

直流发电系统大都用于 10kW 以下的微、小型风力发电装置，与蓄电池储能配合使用。虽然直流发电机可直接产生直流电，但直流电机结构复杂，价格贵，而且带有整流子和电刷，需要的维护多，不适于风力发电机的运行环境。所以，在这种直流发电系统中所用的电机主要是交流永磁发电机和无刷爪极自励发电机，经整流器整流后输出直流电。

1) 交流永磁发电机

交流永磁发电机的定子结构与一般同步发电机相同，转子采用永磁结构。由于没有励磁绕组，不消耗励磁功率，因而有较高的效率。永磁发电机转子的结构形式很多，按磁路结构的磁化方向，基本上可分为径向式、切向式和轴向式 3 种类型。

采用永磁发电机的微、小型风力发电机组常省去增速齿轮箱，发电机直接与风力机相连。在这种低速永磁发电机中，定子铁耗和机械损耗相对较小，而定子绕组铜耗所占比例较大。为了提高发电机效率，主要应降低定子铜耗，因此采用较大的定子槽面积和较大的绕组导体截面，额定电流密度取得较低。

启动阻力矩是微、小型风电装置的低速永磁发电机的重要指标之一，它直接影响风力机的启动性能和低速运行性能。为了降低切向式永磁发电机的启动阻力矩，必须选择合适的齿数、极数配合。采用每极分数槽设计，分数槽的分母值越大，气隙磁导随转子位置的变化越趋均匀，启动阻力矩也就越小。

永磁发电机的运行性能是不能通过其本身来调节的，为了调节其输出功率，必须另加输出控制电路，增加了永磁发电机系统的复杂性和成本。

永磁式交流同步发电机的定子与普通交流发电机相同，由定子铁心和定子绕组组成，在定子铁心槽内安放有三相绕组。转子采用永磁材料励磁。当风轮带动发电机转子时，旋转的磁场切割定子绕组，在定子绕组中产生感应电动势，由此产生交流电流输出。定子绕组中的交流电流建立的旋转磁场的转速与转子的转速同步。

永磁发电机的横截面如图5.42所示。

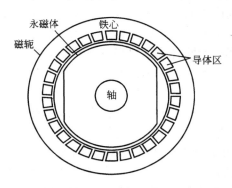

图 5.42 永磁发电机的横截面

永磁发电机的转子上没有励磁绕组，因此无励磁绕组的铜耗损，发电机的效率高；转子上无集电环，运行更为可靠；永磁材料一般有铁氧体和钕铁硼两类，其中采用钕铁硼制造的发电机体积较小，重量较轻，因此应用广泛。

永磁发电机的转子极对数可以做得很多。其同步转速较低，径向尺寸较小，轴向尺寸较大，可以直接与风力发电机相连接，省去了齿轮箱，减小了机械噪声和机组的体积，从而提高系统的整体效率和运行可靠性。但其功率变换器的容量较大，成本较高。

永磁发电机在运行中必须保持转子温度在磁体最大工作温度之下，因此风力发电机中永磁发电机常做成外转子型，以利于磁体散热。外转子永磁发电机的定子固定在发电机的中心，而外转子绕着定子旋转。永磁体沿圆周径向均匀安放在转子内侧，外转子直接暴露在空气之中，因此相对于内转子具有更好的通风散热条件。

由低速永磁发电机组成的风力发电系统如图5.43所示。定子通过全功率变流器与交流电网连接，发电机变速运行，通过变流器保持输出电流的频率与电网频率一致。

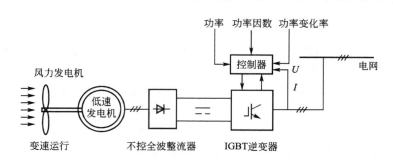

图 5.43 低速永磁发电机组成的风力发电系统

低速发电机组除应用永磁发电机外，也可采用绕组式同步发电机，同样可以实现直接驱动的整体结构。

除了上述几种用于并网发电的发电机机型外，还有多种发电机机型可以用于并网发电的发电机，如无刷双馈异步发电机、开关磁阻发电机、高压同步发电机等。这些机型均有各自的特色和应用前景，但目前应用还不广泛。

2）无刷爪极自励发电机

无刷爪极自励发电机与一般同步发电机的区别仅在于它的励磁系统部分，其定子铁心及电枢绕组与一般同步发电机基本相同。

爪极发电机的磁路系统是一种并联磁路结构，所有各对极的磁势均来自一套共同的励磁绕组。与一般同步发电机相比，励磁绕组所用的材料较省，所需的励磁功率也较小。对于一台 8 极爪极发电机，在每极磁通及磁路磁密相同的条件下，爪极发电机励磁绕组所需的铜线及其所消耗的励磁功率将不到一般同步发电机的一半，故具有较高的效率。另外，无刷爪极发电机与永磁发电机一样，均系无刷结构，基本上不需要维护。

与永磁发电机相比，无刷爪极发电机除了机械摩擦力矩外，基本上没有其他启动阻力矩。另一个优点是具有很好的调节性能。通过调节励磁可以很方便地控制它的输出特性，并有可能使风力机实现在最佳叶尖速比下运行，得到最好的运行效率。

5.5 控 制 技 术

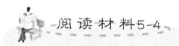

风力发电机组的控制目标

风力发电控制系统的基本目标分为 4 个层次：保证可靠运行，获取最大能量，提供良好电力质量，延长机组寿命。控制系统要实现以下具体功能。

(1) 运行风速范围内，确保系统稳定运行。
(2) 低风速时，跟踪最优叶尖速比，实现最大风能捕获。
(3) 高风速时，限制风能捕获，保持风力发电机组的额定输出功率。
(4) 减少阵风引起的转矩峰值变化，减小风轮的机械应力和输出功率波动。
(5) 减小功率传动链的暂态响应。
(6) 控制代价小。不同输入信号的幅值应有限制，比如桨距角的调节范围和变桨距速率有一定限制。
(7) 抑制可能引起机械共振的频率。
(8) 调节机组功率，控制电网电压、频率稳定。

5.5.1 双速异步发电机的运行控制

图 5.44 所示的双馈异步发电机由绕线转子感应发电机和在转子电路上带有整流器和直流侧连接的逆变器组成。发电机向电网输出的功率由两部分组成，即直接从定子输出的功率和通过逆变器从转子输出的功率，风力机的机械速度是允许随着风速而变化的。通过对发电机的控制使风力机运行在最佳叶尖速比下，从而使在整个运行速度的范围内均有最佳功率系数。

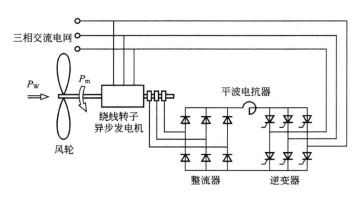

图 5.44 双馈异步发电机

假定发电机由定桨距风力机所驱动,且发电机与频率和电压都恒定的电网连接。发电机在风速 V_1 时切入电网。当风速的增加,通过控制发电机电磁转矩使其运行到最佳的旋转速度(发电机在该风速下能取得最大功率的转速)这一过程是通过改变逆变器的导通角来实现的。改变逆变器导通角的作用相当于在发电机转子回路中引入可控的附加电动势,从而控制发电机的电磁转矩以改变转速。从功率流程上看,是通过控制异步发电机转子中的转差功率来实现对转速的调节。

功率关系式为
$$P_m = P_1 - sP_1 \tag{5-13}$$

式中 P_m——发电机输入功率;
P_1——定子转差功率;
sP_1——输出功率。

因为 s 为负值,所以 $P_m = (1-|s|)P_1$

绕线转子异步发电机的特性:带有直流耦合变流器的感应发电机的等效电路如图 5.45 所示。

$$E_s = -\frac{aU_1\cos\alpha}{s} \tag{5-14}$$

式中 α——逆变器触发角;
a——转子串联有效匝数与定子串联有效匝数之比。

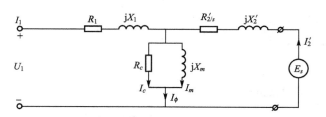

图 5.45 带有直流耦合变流器的发电机等效电路

因为转子的终端连接在一个不可控的三相桥式整流器上,转子电压和转子电流的基波分量同相。因此图 5.45 中的电压源可被一个等效负值电阻 R'_x 所代替(图 5.46),它能提供跟电压源相同的电压降,即

$$\frac{I_2'R_x'}{s} = -\frac{aU\cos\alpha}{s} \tag{5-15}$$

因此等效负值电阻表示为

$$R_x' = -\frac{aU_1\cos\alpha}{I_2'} \tag{5-16}$$

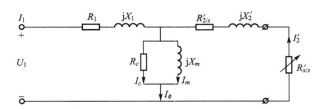

图 5.46 带有直流耦合变流器和等效外阻的发电机等效电路

式(5-16)建立了逆变角和影响发电机转差率的等效负值电阻之间的关系。在稳定状态下发电机所需输入功率为 $P_m = P_2^2$

$$P_m = I_2'^2 \cdot \frac{1-s}{s}[R_2' + R_x'] + P_{w+f} \tag{5-17}$$

式中，P_{w+f} 为风力偏差损耗和电机的摩擦损耗，由图 5.47 给出。转子电流由图 5.46 的等效电路来确定。如果转子电流保持额定，在切出风速 v_0 时应有

$$\frac{R_2}{s_r} = \frac{R_2 + R_{x0}}{s_0} \tag{5-18}$$

式中 s_r——额定转差率；

s_r——在切出风速时的发电机转差率。

从上面的关系式可以计算出在切出风速时的外电阻 R_{x0}。而在发电机切出转速时的机械功率是已知的，因此，根据式(5-17)常数 K 也能够计算出来

$$K = \frac{1}{C_{p\max}v_0^3}\left[I_{2r}'^2\frac{1-s_0}{s_0}(R_2' + R_2') + P_{w+f}\right] \tag{5-19}$$

$$v_0 = \frac{1-s_0}{9} \tag{5-20}$$

式中 I_{2r}——转子额定电流。

根据数学计算，获得最佳功率系数的条件是

$$\lambda = \lambda_{\text{opt}} = 9 \tag{5-21}$$

这时，$C_p = C_{p\max} = 0.43$，而从风能中获取的机械效率为

$$P_m = kC_{p\max}v^3 \tag{5-22}$$

式中 k——常系数，$k = 1/2\rho s$。

风速 v 与最佳转差率 s（最佳转差率是指在该转差率下，发电机转速使得风力机运行在最佳功率系数 $C_{p\max}$）的关系

$$v = \frac{1-s}{\lambda_{\text{opt}}} = \frac{1-s}{9} \tag{5-23}$$

这样，对于给定风速的相应转差率可由式(5-23)来计算。

在上述过程中,假定切出转速为切入转速的两倍,相应的转差率为(-1),它所产生的电压与发电机启动时出现的电压相等,常规的发电机绝缘应该能够承受这一电压。

在给定风速 v 时,从风力中获得最大功率的发电机转速由式(5-23)给出的转差率 s 确定,这一转差率是通过改变逆变器的触发角从而改变转子的等效电路来实现的,其作用等效于改变转子外接电阻 R_x 的值。

在稳定的状态下,风轮产生的机械功率被发电机产生的电功率所平衡。对于给定的风速 v,风轮产生的机械功率从式(5-22)中计算出来,综合式(5-22)和式(5-17)的结果,求出 R_x 值,进而求出对于给定风速最终实现最佳转差率的触发角 α。通过图 5.46 的等效电路图知道了 R_x,计算其余的量 I_2、P_1、P_2 及对应于给定风速的 P_0 就非常简单了。结果如图 5.48、图 5.49、图 5.50 所示。图 5.48 表示触发角作为风速的函数。图 5.49 表示定子的功率输出 P_1、转子的功率输出 P_2 和总的功率输出 P_0 作为风速的函数。图 5.50 表示定子的电流 I_1 和转子的电流 I_2 作为风速的函数。

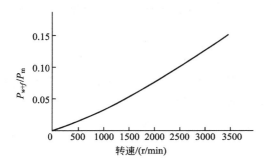

图 5.47 风力偏差和发电机的
摩擦损耗与转速的关系

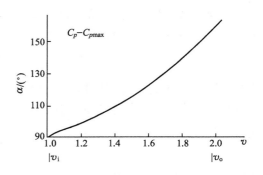

图 5.48 触发角作为风速的函数

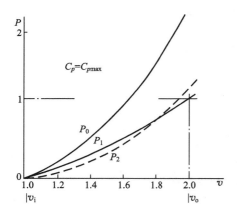

图 5.49 定子的功率输出、转子的功率
输出和总的功率输出作为风速的函数

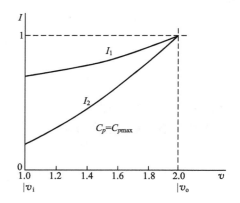

图 5.50 定子的电流和转子
的电流作为风速的函数

应当说明的是,只要发电机的绝缘等级能确保其承受两倍或更高的启动电压,发电机运行的转速范围可以扩大到切出转差率 $s_0 = -2$ 或更小。

从上述分析和曲线可看到,发电机在追踪最佳功率系数 $C_{p\max}$ 的过程中,从风中获取了最大的功率，既没有增加定子的额定电流，也没有增加转子的额定电流，只要选择正确的逆变器触发角就可以了。在切出转差率 $s_0=-1$ 的转速范围内，系统使得发电机从定子和转子两侧向电网供电。

双速异步发电机的远行状态，即高功率输出或低功率输出（在采用两台容量不同的发电机的情况下，即是大电机运行或小电机运行），是通过功率控制来实现的。

1) 小容量电机向大容量电机的切换

当小容量发电机的输出在一定时间内（如 5min）的平均值达到某一设定位（如小容量电机额定功率的 75% 左右），通过计算机控制将自动切换到大容量电机。为完成此过程，发电机暂时从电网中脱离出来，风力机转速升高，根据预先设定的启动电流值，当转速接近同步转速时通过晶闸管并入电网，所设定的电流值应根据风电场内变电所所允许投入的最大电流来确定。由于小容量电机向大容量电机的切换是从低速向高速的切换，故这一过程是在电动机状态下进行的。

2) 大容量电机向小容量电机的切换

当双速异步发电机在高输出功率（即大容量电机）运行时，若输出功率在一定时间内（例如 5min）的平均值下降到大容量电机额定功率的 50% 以下时，通过计算机控制系统，双速异步发电机将自动由大容量电机切换到小容量电机（即低输出功率）运行，必须注意的是当大容量电机切出，小容量电机切入时，虽然由于风速的降低，风力机的转速已经逐渐减慢。但因小容量电机的同步转速较大容量电机的同步转速低，故异步发电机将处于超同步转速状态下，小容量电机在切入（并网）时所限定的电流值应小于小容量电机在最大转矩下相对应的电流值，否则异步发电机会发生超速，导致超速保护动作而不能切入。

5.5.2 风力机驱动滑差可调的绕线式异步发电机的运行控制

现代风电场中应用最多的并网运行的风力发电机是异步发电机。异步发电机在输出额定功率时的滑差率数值是恒定的，在 2%～5% 之间。众所周知，风力机自流动的空气中吸收的风能随风速的起伏而不停地变化，风力发电机组的设计是在风力发电机输出额定功率时使风力机的风能利用系数（C_p 值）处于最高数值区内。当来流风速超过额定风速时，为了维持发电机的输出功率不超过额定值，必须通过风轮叶片失速效应（即定桨距风轮叶片的失速控制）或是调节风力机叶片的桨距（即变桨距风轮叶片的桨距调节）来限制风力机自流动空气中吸收的风能，以达到限制风力机的功率，这样风力发电机组将在不同的风速下维持不变的同一转速。按照风力机的特性可知，风力机的风能利用系数（C_p 值）与风力机运行时的叶尖速比（TSR）有关，因此，当风速变化而风力机转速不变化时，风力机的 C_p 值将偏离最佳运行点，从而导致风电机组的效率降低，为了提高风电机组的效率，国外的风力发电机制造厂家研制出了滑差可调的绕线式异步发电机。这种发电机可以在一定的风速范围内，以变化的转速运转，而同时发电机则输出额定功率，不必借助调节风力机叶片桨距来维持其额定功率输出，这样就避免风速频繁变化时的功率起伏，改善了输出电能的质量；同时也减少了变桨距控制系统的频繁动作，提高了风电机组运行的可靠性，延长使用寿命。

由异步发电机的原理可知，如不考虑定子绕组电阻损耗及附加损耗时，异步发电机的输出电功率 P 基本上等于其电磁功率，即

$$P \approx P_{em} = M\Omega_1 \tag{5-24}$$

式中 P_{em}——电磁功率;

M——发电机的电磁转矩;

Ω_1——旋转磁场的同步旋转角速度。

$$M=\frac{m_1 p U_1^2 \dfrac{r_2'}{s}}{2f_1\left[\left(r_1+c_1\dfrac{r_2'}{s}\right)^2+(x_1+c_1 x_2')^2\right]} \quad (5-25)$$

式中 p——异步发电机定子及转子的极对数;

m_1——电机的相数;

U_1——定子绕组的相电压;

r_1 及 x_1——定子绕组的电阻及漏抗;

r_2' 及 x_2'——转子绕组折合后的电阻及漏抗;

f_1——电网的频率。

$$\Omega_1=\frac{2\pi f_1}{p} \quad (5-26)$$

$$S=\frac{n_s-n}{n_s}\times 100\% \quad (5-27)$$

式中 n_s——发电机的同步转速;

n——发电机的转速。

在电网电压及频率恒定不变的情况下,异步发电机并入电网后,在输出额定电功率时,其滑差率应为负值,即异步发电机的转速应高于同步转速($n>n_1$),而电磁转矩 M 为制动性质的。现设异步发电机在转速为 n_a、滑差率为 S_a、电磁转矩为 M_a 时发出额定功率,如图 5.51 中的 a 点所示,当风速变化时,例如风速增大,风力机及发电机的转速也随之增大,则异步发电机的滑差率 S 的绝对值 $|S|$ 将增大,此时只要增加绕线转子内串入的电阻 r_2,并维持原始数值不变,则由式(5-25)可知,异步发电机的电磁转矩 M 就保持不变,发电机输出的电功率 P 也维持不变,此时异步发电机的转速已由图 5.51 所示的 M-S 特性曲线 1 上的 a 点移到特性曲线 2 上的 b 点(特性曲线 2 为增大绕线转子电阻 r_2 后的 M-S 特性曲线),异步发电机的转速由 $n_a=(1+|S_a|)n_s$ 变为 $n_b=(1+|S_b|)n_s$,而滑差率则由 S_a 变为 S_b。

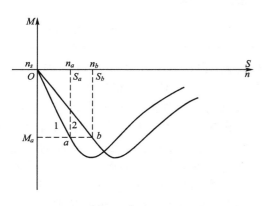

图 5.51 绕线式异步电机改变转子串联电阻时的 M-S 特性曲线

从异步发电机的基本理论可知,异步发电机的电磁转矩 M 也可表示为

$$M=C_M \Phi_M I_{2a} \quad (5-28)$$

$$C_M=\frac{1}{\sqrt{2}}m_2 p w_2 k w_2$$

$$I_{2a}=I_2 \cos\varphi_2$$

式中 C_M——绕线转子异步电机的转矩系数,对已制成的电机为一个常数;

Φ_M——电机气隙中基波磁场每极磁通量,在定子绕组相电压不变的情况下,Φ_M 为常数;

I_{2a}——转子电流的有功分量。

从式(5-28)可知,只要能保持 I_{2a} 不变,则电磁转矩 M 不变,联系前述式(5-25),可见当风速变化,异步发电机的转速变化 r_2/s 时,改变异步发电机绕线转子所串连电阻 r_2,使转子电流的有功分量 I_{2a} 不变,则即能实现维持为常数,从而达到发电机输出功率不变的目的。在这种允许滑差率有较大变化的异步发电机中,是通过由电力电子器件组成的控制系统,以调整绕线转子回路小的串接电阻值来维持转子电流不变,所以这种滑差可调的异步发电机又称转子电流控制(Rotor Current Control),简称为 RCC 异步发电机。

滑差可调异步发电机从结构上讲与串电阻调速的绕线式异步电动机相似,其整个结构包括绕线式转子的异步电机、绕线转子外接电阻、由电力电子器件组成的转子电流控制器及转速和功率控制单元,图 5.52 表示滑差可调异步发电机的结构布置原理。

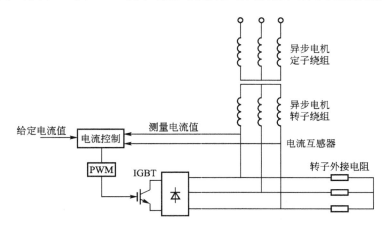

图 5.52 滑差可调异步发电机的结构布置

图 5.52 表示由电流互感器测出的转子电流值与由外部控制单元给定的电流基准值比较后计算得出转子回路的电阻值,并通过电力电子器件 IGBT(绝缘栅极双极型晶体管)的导通和关断来进行调整;而 IGBT 的导通与关断则由 PWM(脉冲宽度调制器)来控制。因为由这些电力电子器件组成的控制单元的作用是控制转子电流的大小,则称为转子电流控制器。此转子电流控制器可调节转子回路的电阻值使其在最小值(只有转子绕组自身电阻)与最大值(转子绕组自身电阻与外接电阻之和)之间变化。使发电机的滑差率能在 0.6%~10% 之间连续变化。维持转子电流为额定值,从而达到维持发电机输出的电功率为额定值。

5.5.3 同步发电机的变频控制

用同步发电机发电是今天最普遍的发电方式。然而,同步发电机的转速和电网频率之间是刚性耦合的。如果原动力是风,那么变化的风速将给发电机输入变化的能量,这不仅给风力机带来高负荷和冲击力,而且不能以优化方式运行。

如果在发电机和电网之间使用频率转换器的话,转速和电网频率之间的耦合问题将得以解决。变频器的使用使风力发电机组可以在不同的速度下运行,并且使发电机内部的转矩得以控制,从而减轻传动系统应力。通过对变频器电流的控制,就可以控制发电机转矩，而控制电磁转矩就可以控制风力机的转速，使之达到最佳运行状态。

带变频器的同步发电机结构如图 5.53 所示。所使用的是凸极转子和笼型阻尼绕组同步发电机。变频器由一个三相二极管整流器，一个平波电抗器和一个三相晶闸管逆变器组成。

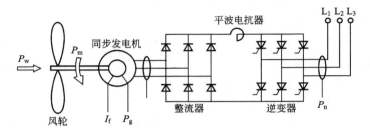

图 5.53 带变频器的同步发电机

同步发电机和变频器在风力发电机组中的应用已有实验样机的测试结果，系统在不同转速下运行情况良好。实验表明，通过控制电磁转矩和实现同步发电机的变速运行，并减缓在传动系统上的冲击是可以实现的。如果考虑变频器连接在定子上，同步发电机或许比感应发电机更适用些。感应发电机会产生滞后的功率因数且需要进行补偿，而同步发电机可以控制励磁来调节它的功率因数，使功率因数达到 1。

所以在相同的条件下，同步发电机的调速范围比异步发电机更宽。异步发电机要靠加大转差率才能提高转矩，而同步发电机只要加大攻角就能增大转矩。因此，同步发电机比异步发电机对转矩的扰动具有更强的承受能力，能作出更快的响应。

5.5.4 功率控制系统

为了有效地控制高速变化的风速引起的功率波动，新型的变桨距风力发电机组采用了RCC(Rotor Current Control)技术，即发电机转子电流控制技术。通过对发电机转子电流的控制来迅速改变发电机转差率，从而改变风轮转速，吸收由于瞬变风速引起的功率波动。

功率控制系统如图 5.54 所示，它由两个控制环组成。外环通过测量转速产生功率参考曲线。发电机的功率参考曲线如图 5.55 所示，参考功率以额定功率的百分比的形式给出，在点画线限制的范围内，功率参考曲线是可变的。内环是一个功率伺服环，它通过转子电流控制器(RCC)对发电机转差率进行控制，使发电机功率跟踪功率给定值。如果功率低于额定功率值，这一控制环将通过改变转差率，进而改变桨叶节距角，使风轮获得最大功率。如果功率参考值是恒定的，电流参考值也是恒定的。

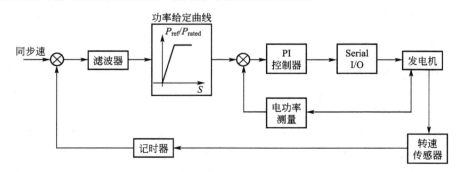

图 5.54 功率控制系统

5.5.5 转子电流控制器的原理

图 5.54 所示的功率控制环实际上是一个发电机转子电流控制环,如图 5.56 所示,转子电流控制器由快速数字式 PI 控制器和一个等效变阻器构成。它根据给定的电流,通过改变转子电路的电阻来改变发电机的转差率。在额定功率时,发电机的转差率能够从 1%～10%（1511～1650r/min）变化,相应的转子平均电阻从

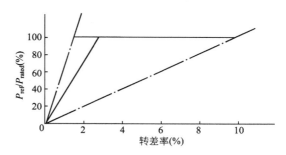

图 5.55 发电机的功率参考曲线

0%～100%变化。当功率变化即转子电流变化时,PI 控制器迅速调整转子电阻,使转子电流跟踪给定值,如果从主控制器传出的电流给定值是恒定的,它将保持转子电流恒定,从而使功率输出保持不变。与此同时,发电机转差率却在作相应的调整以平衡输入功率的变化。

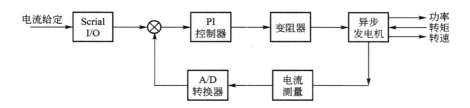

图 5.56 转子电流控制器

为了进一步说明转子电流控制器的原理,可以从电磁转矩的关系式来说明转子电阻与发电机转差率的关系。从电机学可知,发电机的电磁转矩为

$$T_e = \frac{m_1 p U_1^2 \frac{R_2'}{s}}{\omega_1 \left[\left(R_1 + \frac{R_2'}{s}\right)^2 + (X_1 + X_2')^2 \right]} \tag{5-29}$$

式中　p——电机极对数；
　　　m_1——电机定子相数；
　　　ω_1——定子角频率,即电网角频率；
　　　U_1——定子额定相电压；
　　　s——转差率；
　　　R_1——定子绕组的电阻；
　　　X_1——定子绕组的漏抗；
　　　R_2'——折算到定子侧的转子每相电阻；
　　　X_2'——折算到定子侧的转子每相漏抗。

由上式可知,只要 R_2'/s 不变,电磁转矩 T_e 就可保持不变,从而发电机功率就可保持不变。因此,当风速变大,风轮及发电机的转速上升,即发电机转差率 s 增大时,只要改

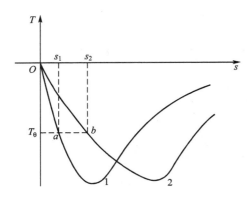

图 5.57　发电机运行特性曲线的变化

变发电机的转子电阻 R_2'，使 R_2'/s 保持不变，就能保持发电机输出功率不变。如图 5.57 所示，当发电机的转子电阻改变时，其特性曲线由 1 变为 2；运行点也由 a 点变到 b 点，而电磁转矩 T_θ 保持不变，发电机转差率则从 s_1 上升到 s_2。

5.5.6　转子电流控制器的结构

转子电流控制器必须使用在绕线转子异步发电机上，用于控制发电机的转子电流，使异步发电机成为可变转差率发电机。采用转子电流控制器的异步发电机结构如图 5.58 所示。

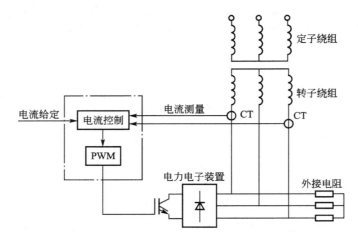

图 5.58　可变转差率的发电机结构示意图

转子电流控制器安装在发电机的轴上，与转子上的三相绕组连接，构成一个电气回路。将普通三相异步发电机的转子引出，外接转子电阻，使发电机的转差率增大至 10%，通过一组电力电子元器件来调整转子回路的电阻，从而调节发电机的转差率。转子电流控制器的电气原理如图 5.59 所示。

RCC 依靠外部控制器给出的电流基准值和两个电流互感器的测量值，计算出转子回路的电阻值，通过 IGBT（绝缘栅极双极型晶体管）的导通和关断来进行调整。IGBT 的导通与关断受一个宽度可调的脉冲信号（PWM）控制。IGBT 是双极型晶体管和 MOSFET 场效应晶体管的复合体，所需驱动功率小，饱和压降低，在关断时不需要负栅极电压来减少关断时间，开关速度较高；饱和压降低减少了功率损耗，提高了发电机的效率；采用脉宽调制（PWM）电路，提高了整个电路的功率因数，同时只用一级可控的功率单元，减少了元件数，电路结构简单，由于通过对输出脉冲宽度的控制就可控制 IGBT 的开关，系统的响应速度加快。

转子电流控制器可在维持额定转子电流（即发电机额定功率）的情况下，在 0 至最大值之间调节转子电阻，使发电机的转差率大约在 0.6%（转子自身电阻）至 10%（IGBT 关断，转子电阻为自身电阻与外接电阻之和）之间连续变化。

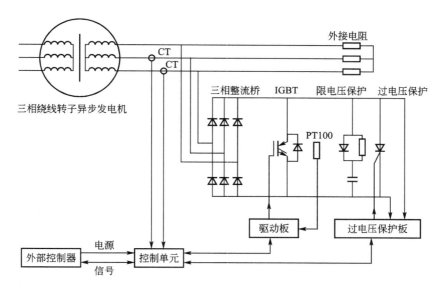

图 5.59 转子电流控制器原理图

为了保护 RCC 单元中的主元件 IGBT，设有阻容回路和过压保护，阻容回路用来限制 IGBT 每次关断时产生的过电压峰值，过电压保护采用晶闸管，当电网发生短路或短时中断时，晶闸管全导通，使 IGBT 处于两端短路状态，转子总电阻接近于转子自身的电阻。

5.5.7 采用转子电流控制器的功率调节

由于发电机内安装了 RCC 控制器，发电机转差率可在一定范围内调整，发电机转速可变。因此，当风速低于额定风速时，转速控制环节根据转速给定值（高出同步转速 3%～4%）和风速，给出一个节距角，此时发电机输出功率小于最大功率给定值，功率控制环节根据功率反馈值，给出转子电流最大值，转子电流控制环节将发电机转差率调至最小，发电机转速高出同转速 1%，与转速给定值存在一定的差值，调整桨叶节距参考值，变桨距机构将桨叶节距角保持在零度附近，优化叶尖速比；当风速高于额定风速时，发电机输出功率上升到额定功率，风轮吸收的风能高于发电机输出功率，发电机转速上升，速度控制环节的输出值变化，反馈信号与参考值比较后又给出新的节距参考值，使得叶片攻角发生改变，减少风轮能量吸入，将发电机输出功率保持在额定值上，功率控制环节根据功率反馈值和速度反馈值，改变转子电流给定值，转子电流控制器根据该值，调节发电机转差率，使发电机转速发生变化，以保证发电机输出功率的稳定。

如果风速仅为瞬时上升，由于变桨距机构的动作滞后，发电机转速上升后，叶片攻角尚未变化，风速下降，发电机输出功率下降，功率控制单元将使 RCC 控制器减小发电机转差率，使得发电机转速下降，在发电机转速上升或下降的过程中，转子的电流保持不变，发电机输出的功率也保持不变；如果风速持续增加，发电机转速持续上升，转速控制器将使变桨距机构动作，改变叶片攻角，使得发电机在额定功率状态下运行，风速下降时的原理与风速上升时相同，但动作方向相反。由于转子电流控制器的动作时间在毫秒级以下，变桨距机构的动作时间以秒计，因此在短暂的风速变化时，仅仅依靠转子电流控制器的控制作用 就可保持发电机功率的稳定输出，减少对电网的不良影响；同时也可降低变桨距机构的动作频率，延长变桨距机构的使用寿命。

5.5.8 转子电流控制器在实际应用中的效果

由于自然界的风速处于不断的变化中，较短时间如 3～4s 内的风速上升或下降的现象总是不断地发生，因此变桨距机构也在不断的动作，在转子电流控制器的作用下，其桨距实际变化情况如图 5.60 所示。

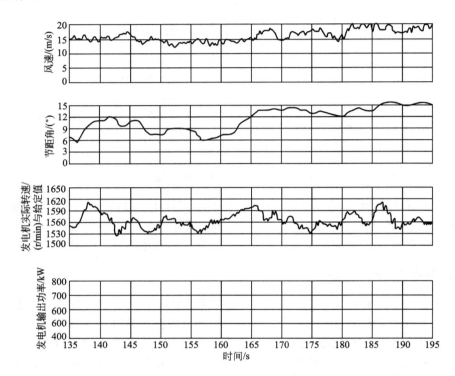

图 5.60 变桨距风力发电机组在额定风速以上运行时的节距角、转速与功率曲线

从图上可以看出，RCC 控制器有效地减少了变桨距机构的动作频率及动作幅度，使得发电机的输出功率保持平衡，实现了变桨距风力发电机组在额定风速以上的额定功率输出，有效地减少了风力发电机因风速的变化而对电网造成的不良影响。

5.6 供电方式

5.6.1 离网供电

1. 独立风力发电系统组成

普通的独立式小型风力发电系统由风力发电机、变桨距控制系统、整流电路、逆变电路、蓄电池充放电控制电路、蓄电池及其用电设备组成(图 5.61)，其中整流电路和逆变电路也可以合称为电能变换单元电路，它实现了将风能转换为电能和变换为能够使用的电能的整个过程。利用风力带动发电机发电，将发出的电能存储在蓄电池中，在需要使用的时候再把存储的电能释放出来。

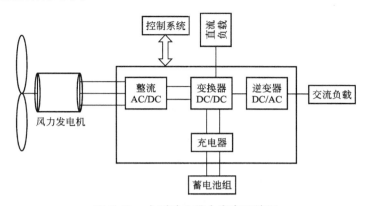

图 5.61　小型独立风力发电系统图

小型独立风力发电系统适合孤岛、游牧地区等电网无法达到的地区，并且这些地区的风力资源较丰富。

前面章节已经讨论过风力机、变桨距控制的特性，本节主要研究小型独立风力发电机组的电力控制部分，即整流器、变换器、逆变器及蓄电池的一些特点及性能。

2. 整流器

在发电系统中，整流模块是非常重要的一个环节。发电机发出的交流电能必须通过整流模块，整形成直流电能，才能向蓄电池充电，或给后接负载供电。根据发电系统的容量不同，整流器可分为可控整流器和不可控整流器两种，可控型整流器主要用在大功率的发电系统中，可以克服由于电感过大引起的体积大、功耗大等缺点；不可控型整流器主要用在功率较小的发电系统中，其特点是体积小、成本较低。

1）可控型整流器

可控型整流器如图 5.62 所示，可关断晶闸管 GTO、功率 MOSFET 其使用的是全控或半控型的功率开关管，如门或门极绝缘双极型晶体管 GTR 等。

2）不可控型整流器

目前在我国离网型风力发电系统中大量使用的是桥式不可控整流方式，如图 5.63 所示。因为它一般由大功率二极管组成，具有功耗低、电路简单等特点，普遍应用在中、小功率发电系统中。

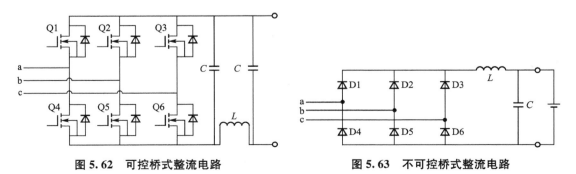

图 5.62　可控桥式整流电路　　　　　　图 5.63　不可控桥式整流电路

三相整流器除了把输入的三相交流电能整流为可对蓄电池充电的直流电能之外,另外一个重要的功能是在外界风速过小或者基本没风时,风力发电机的输出功率也较小,由于三相整流桥的二极管导通方向只能是由风力发电机的输出端到蓄电池,所以防止了蓄电池对风力发电机的反向供电。

3. 变换器

DC/DC 是指将一个固定的直流电压变换为可变的直流电压,这种技术被广泛应用于无轨电车、地铁列车、电动车的无级变速和控制,同时使上述控制获得加速平稳、快速响应的性能,并同时收到节约电能的效果。

DC/DC 工作原理:DC/DC 变换是将原直流电通过调整其 PWM(占空比)来控制输出的有效电压的大小。DC/DC 变换器是使用半导体开关器件,通过控制器件的导通和关断时间,再配合电感、电容或高频变压器等连续改变和控制输出直流电压的变换电路。一般情况下,直—直变换器分为直接变换和间接变换两种,直接变换没有变压器的介入,直接进行直流电压的变化,这种电路也称为非隔离型的 DC/DC 变换器(斩波电路);间接变换则是先将直流电压变换为交流电压,经变压器转换后再变换为直流电压,此种直—交—直电路也称为隔离型 DC/DC 变换器。本节涉及的非隔离型 DC/DC 变换器以 Buck 变换器为例,如图 5.64 所示,通过在功率开关管的控制端施加周期一定,占空比可调的驱动信号,使其工作在开关状态。当开关管 Q 导通时,二极管 D 截止,发电机输出电压整流后通过能量传递电感向负载供电,同时使电感 L 能量增加;当开关管截止时,电感释放能量使续流二极管 D 导通,在此阶段,电感 L 把前一段的能量向负载释放,使输出电压极性不变且比较平直。滤波电容 C 使输出电压的纹波进一步减小。显然,功率管在一个周期内的导通时间越长,传递的能量越多,输出的电压越高。

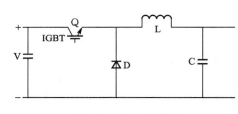

图 5.64 Buck 变换器

DC/DC 变换器的输入阻抗的大小可以通过控制开关电源的占空比来改变。这种控制性能正好被用在小型风力发电系统中,通过控制发电机的输出电流,改变风力发电机的负载特性,即调节了发电机的转矩—转速特性,从而控制风力机的转速以用来改变叶尖速比,这样就控制了风能转换效率和风力发电机的输出功率。

4. 逆变器

1) 概述

风力发电系统中,风力发电机虽然产生的是三相交流电,但因为风能资源非常不稳定,输出的电能也非常不稳定,电压和电流经常变化。在独立运行系统中采取的措施就是把风力发电机输出的交流电整流成直流电,通过直流电对蓄电池充电,或提供给直流负载,或通过逆变器向交流负载供电。

逆变器按直流侧电源性质可分为电压型逆变器和电流型逆变器。电压型逆变器直流侧主要采用大电容滤波,直流电压波形比较平直,近似为电压源。电流型逆变器直流侧有较大的滤波电感,直流电流波形平直,近似为电流源。

在风力发电系统选用逆变器时,一般要考虑以下主要技术性能。

(1) 额定输出容量:它表征了逆变器向负载的供电能力,逆变器额定输出容量越高,其带负载能力就越强。

(2) 输出电压的稳定度：它表征了逆变器输出电压的稳定能力。多数逆变器产品给出的是输入直流电压在允许波动范围内该逆变器输出电压的偏差百分比，通常称为电压调整率。

(3) 整机效率：表征逆变器自身功率损耗的大小，通常以百分比(%)表示。容量较大的逆变器还应给出满负荷效率值和低负荷效率值。kW级以下逆变器的效率应为80%～85%，10kW级逆变器的效率应为85%～90%。逆变器效率的高低对风力发电系统提高有效发电量和降低发电成本有重要影响。

(4) 保护功能：过电压、过电流及短路保护是保证逆变器安全运行的最基本措施。功能优越的正弦波逆变器还具有欠电压保护、缺相保护及温度超限报警等功能。

(5) 启动性能：逆变器应保证能在额定负载下可靠启动。高性能的逆变器可做到连续多次满负荷启动而不损坏功率器件。小型逆变器为了自身安全，有时采用软启动或限流启动。

现代电气设备大多都是交流负载，逆变器无疑成为系统中不可缺少的重要组成部分。

逆变器按输入方式分为以下两种。

(1) 交流输入型：逆变器输入端与风力发电机组的发电机交流输出端连接的产品，即控制、逆变一体化的产品。

(2) 直流输入型：逆变器输入端直接与电瓶连接的产品。

2) 单相逆变器模型

典型的单相逆变器电路图如图5.65所示，图中C_s是吸收电容，L_f是逆变器输出滤波器的电感。D_b为阻断二极管(BD)，并网时可阻止能量回流。图中的T_1到T_4为IGBT逆变桥，各有两种状态：断开和导通。用Y表示导通，用N表示断开。支路上面导通$L_i(i=1,2)$为1，下面导通$L_i(i=1,2)$为0。

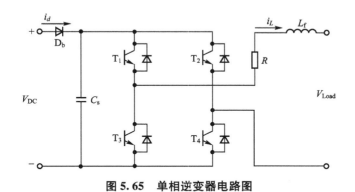

图5.65 单相逆变器电路图

由于IGBT开关损耗和通态损耗可以忽略，因此单相逆变器电路可由式(5-30)至式(5-31)表示，参数和变量由图5.65和表5-2定义。

表5-2 支路导通状况

第一条支路(L_1)			第二条支路(L_2)		
T_1	T_3	L_1	T_2	T_4	L_2
Y	N	1	N	Y	0
N	Y	0	Y	N	1

$$(L_1-L_2)\times V_{cs}-V_{Load}=R\times i_L+L_f\frac{di_L}{dt} \quad (5-30)$$

$$C_s\times\frac{dV_{cs}}{dt}=i_d-(L_1-L_2)\times i_L \quad (5-31)$$

3）三相逆变器模型

与单相逆变器模型一样，三相逆变电路如图 5.66 所示，V_1、V_2 和 V_3 为三相电压，图中的 T_1 到 T_6 为三相 IGBT 逆变桥，同样也有两种状态：断开和导通。用 Y 表示导通，用 N 表示断开，支路上面导通 $L_i(i=1,2,3)$ 为 1，下面导通 $L_i(i=1,2,3)$ 为 0。具体表示见表 5-3。

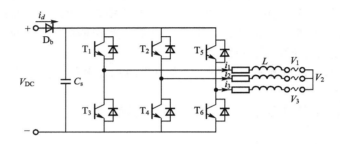

图 5.66 三相逆变器电路图

表 5-3 支路通断状态

第一条支路(L_1)			第二条支路(L_2)			第三条支路(L_3)		
T_1	T_3	L_1	T_2	T_4	L_2	T_5	T_6	L_3
1	0	1	0	1	0	1	0	1
0	1	0	1	0	1	0	1	0

三相逆变器电路可由方程（5-32）至（5-35）表示。

$$(L_1-L_2)\times V_{cs}=R\times i_L+L\frac{di_1}{dt}+V_1-V_2-R\times i_2-L\frac{di_2}{dt} \quad (5-32)$$

$$(L_2-L_3)\times V_{cs}=R\times i_2+L\frac{di_2}{dt}+V_2-V_3-R\times i_3-L\frac{di_3}{dt} \quad (5-33)$$

$$V_1+V_2+V_3=0 \quad (5-34)$$

$$i_1+i_2+i_3=0 \quad (5-35)$$

5. 蓄电池

1）蓄电池概述

小型风力发电系统的储能装置就是蓄电池。与发电系统配用的蓄电池通常在浮充状态下长期工作。浮充特性：蓄电池组是电力直流系统的备用电源。在正常的运行状态下，是与直流母线相连的充电装置，除对常规负载供电外，还向蓄电池组提供浮充电流。这种运行方式称为全浮充工作方式,简称浮充运行。电池放电给系统提供能源,风力机给蓄电池充电,属于循环、浮充混合工作方式,它的电能容量需要满足连续各种情况下几天的负载供电量,多数处于浅放电状态。

常用的蓄电池主要有 3 种:铅酸蓄电池、碱性锡镍蓄电池和铁镍蓄电池。总的来说,发电系统中蓄电池的工作环境有以下几个特点。

(1)放电时间长、电流小、频率高,电池常处于长期放电状态,有时甚至过放电,电池内易出现硫酸盐化及结晶现象。

(2)一次充电时间短,偶尔长时间充电,电池往往会在一些时间段里处于带电状态。

(3)高原地区大气压力较低,湿度较小,电池内压下的电解液与周围大气之间的相互作用增加,导致失水速率增加。大型发电系统电压等级较高,蓄电池串联只数多,浮充均衡性问题和电池旁路的问题较为突出。

传统控制器的充放电控制模式对蓄电池的影响:蓄电池的寿命受充放电控制的影响较大,优化合理的蓄电池管理策略会极大地延长蓄电池的使用寿命,从而起到降低成本的作用。传统的小型风力发电控制器大多数采用继电器、接触器以及模拟元件构成。通过电压比较器的控制方式,可以很容易实现蓄电池的高低压保护。此种控制方式结构简单,不易损坏,成本较低。但是其缺点也是显而易见的。

第一、由于采用电压比较器的控制方式,整个系统的保护都是基于电压数值的,系统在工作过程中没有考虑到低 SOC 的蓄电池充电初始时可能出现的大电流,虽然系统采用了熔断器作为保护,但是这种保护方式并不及时,长期的初始大电流充电会使蓄电池的寿命大打折扣。

第二、功率控制方式落后,卸荷不及时,此种方式的控制器不能跟踪系统的功率变化,另外卸载也是基于电压,由于系统的能量是传给电池及负载的,当电压真正高于一定值的时候,此时电池可能已经接受了过多的能量。另外,卸荷负载为固定负载,风力机卸载时系统的能量并不一定就绝对过剩,造成蓄电池充电不足与系统能量相对过剩的矛盾。

2)蓄电池的充电控制方法

蓄电池的一般充电方法很多,包括恒流充电、恒压充电、恒压限流充电、分段式充电、快速充电、智能充电等。每种充电方式的特点不同,其在风力发电系统中的实现及对电池的影响也不同。恒流充电是保持充电电流恒定不变的充电控制方法,控制方法简单,但是充电后期会有对极板冲击大、能耗高、充电效率低的缺点,其自身特点并不适合风力发电。除恒流充电外,基本上所有的充电方法都可以在风力发电中得以应用。其中恒压充电是保持充电电压不变的充电控制方法,因为其控制方法简单,这种方式在传统的小型风力发电控制中得以大量应用,但是由于初期的充电电流不好控制,电池的寿命往往会受到影响。恒压限流充电法是在恒压充电中加入了限流环节,其控制方式也很容易实现,并能够大大延长电池寿命,现在优化的控制器中一般采用这种方式。

分段式充电法是为了克服恒流和恒压的缺点而提出的一种结合的充电策略,具有恒压和恒流的共同的优点。快速充电是根据美国科学家马斯提出的快速充电的定律实现的,一般采用电流脉冲方式输给蓄电池,并随着充电的进行,使蓄电池有一个瞬时的大电流放电,使其电极去极化。这种充电方式可以在较短的时候内将电池充满电量,但是其会使电池升温，另外还会浪费电能。智能充电以蓄电池可接受的充电电流曲线为控制基础，充电装置根据蓄电池的状态确定充电参数，使充电电流自始至终处在蓄电池可接受的充电电流的曲线附近，这可以说是一种最优的充电控制方法，既节约用电又对电池无损伤，并可以大大地缩短充电时间。但是考虑到风力发电的电源并不是无限的电源，在实际应用中，风力发电系统并不一定可以实时地提供充电所需要的能量，因此这种控制方法在实现上非常困难。

3) 蓄电池的放电控制方法

蓄电池的放电控制方法有放电电压控制法、放电电流控制法、放电深度控制法等。放电电压控制法是维持直流侧电压的稳定，这样可以保证在负载变化的情况下及时提供足够的能量。当电压接近电池组的过放电电压时，启动报警机制，当电压低于过放电电压时，系统启动保护机制，关闭逆变器的输出，以保护蓄电池。此种控制方法实现简单，在小型风力发电中可以很好地应用。

放电电流控制法是指在蓄电池的放电电流小于其额定电流时，系统对放电电流不进行控制，当大于其额定电流时，控制放电电流的值为额定电流，以保护蓄电池。

5.6.2 直接并网

1. 异步发电机的并网

1) 并网条件

风力异步发电机组直接并网的条件有两条：一是发电机转子的转向与旋转磁场的方向一致，即发电机的相序与电网的相序相同；二是发电机的转速尽可能地接近于同步转速。其中第一条必须严格遵守，否则并网后，发电机将处于电磁制动状态，在接线时应调整好相序。第二条的要求不是很严格，但并网时发电机的转速与同步转速之间的误差越小，并网时产生的冲击电流越小，衰减的时间越短。

风力异步发电机组与电网的直接并联如图 5.67 所示。当风力发电机在风的驱动下启动后，通过增速齿轮箱将异步发电机的转子带到同步转速附近（一般为 98%~100%）时，测速装置给出自动并网信号，通过断路器完成合闸并网过程。由于并网前发电机本身无电压，并网过程中会产生 5~6 倍额定电流的冲击电流，引起电网电压下降。因此这种并网方式只能用于异步发电机容量在百千瓦级以下，且电网的容量较大的场合。

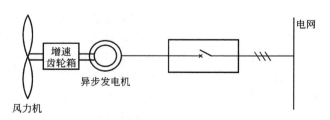

图 5.67 风力异步发电机直接并网

异步发电机投入运行时，由于靠转差率来调整负荷，因此对机组的调速精度要求不高，不需要同步设备和整步操作，只要转速接近同步转速时就可并网。显然，风力发电机组配用异步发电机不仅控制装置简单，而且并网后也不会产生振荡和失步，运行非常稳定。然而，异步发电机并网也存在一些特殊问题，如直接并网时产生过大的冲击电流造成电压大幅度下降，会对系统安全运行构成威胁，本身不发无功功率，需要无功补偿，当输出功率超过其最大转矩所对应的功率会引起网上飞车，过高的系统电压会使其磁路饱和，无功励磁电流大量增加，定子电流过载，功率因数大大下降。不稳定系统的频率过于上升，会因同步转速上升而引起异步发电机从发电状态变成电动状态；不稳定系统的频率过于下降，又会使异步发电机电流剧增而过载等。所以运行时必须严格监视并采取相应的有效措施才能保障风力发电机组的安全运行。

2) 并网运行时的功率输出

异步发电机的转矩——转速特性曲线如图 5.68 所示。并网后，发电机运行在曲线上的直线段，即发电机的稳定运行区域内。发电机输出的电流大小及功率因数决定于转差率 s 和发电机的参数，对于已制成的发电机，其参数不变，而转差率大小由发电机的负载决定。当风力发电机传给发电机的机械功率和机械转矩增大时，发电机的输出功率及转矩也随之增大，由图 5.68 可见，发电机的转速将增大，发电机从原来的平衡点 A_1 过渡到新的平衡点 A_2 继续稳定运行。但当发电机输出功率超过其最大转矩对应的功率时，随着输入功率的增大，发电机的制动转矩不但不增大反而减小，发电机转速迅速上升而出现飞车现象，十分危险。因此，必须配备可靠的失速叶片或限速保护装置，以确保在风速超过额定风速及阵风时，从风力发电机输入的机械功率被限制在一个最大值范围内，从而保证发电机输出的功率不超过其最大转矩所对应的功率。

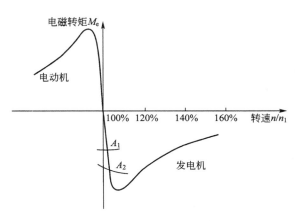

图 5.68 并网异步发电机的转矩—转速特性曲线

当电网电压变化时，将会对并网运行的风力异步发电机有一定的影响。因为发电机的电磁制动转矩与电压的 2 次方成正比，当电网电压下降过大时，发电机也会出现飞车；而当电网电压过高时，发电机的励磁电流将增大，功率因数下降，严重时将导致发电机过载运行。因此对于小容量的电网，或选用过载能力大的发电机，或配备可靠的过电压和欠电压保护装置。

3) 并网运行时无功功率补偿

风力异步发电机在向电网输出有功功率的同时，还必须从电网中吸收滞后的无功功率来建立磁场和满足漏磁的需要。一般大中型异步发电机的励磁电流约为其额定电流的 20%～30%，如此大的无功电流的吸收将加重电网无功功率的负担，使电网的功率因数下降，同时引起电网电压下降和线路损耗增大，影响电网的稳定性。因此，并网运行的风力异步发电机必须进行无功功率的补偿，以提高功率因数及设备利用率，改善电网电能的质量和输电效率。目前，调节无功的装置主要有同步调相机、有源静止无功补偿器、并联补偿电容器等。其中以并联电容器应用得最多，因为前两种装置的价格较高，结构、控制比较复杂，而并联电容器的结构简单、经济、控制和维护方便、运行可靠。并网运行的异步发电机并联电容器后，它所需要的无功电流由电容器提供，从而减轻电网的负担。

2. 同步发电机的并网

1) 并网条件

风力同步发电机组与电网并联运行的电路如图 5.69 所示，同步发电机的定子绕组通过断路器与电网相连，转子励磁绕组由励磁调节器控制。

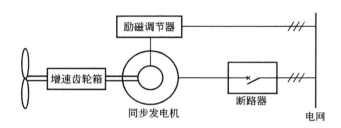

图 5.69　风力同步发电机组与电网并联运行的电路

风力同步发电机组并联到电网时，为了防止过大的电流冲击和转矩冲击，风力发电机输出的各相端电压的瞬时值要与电网端对应相电压的瞬时值完全一致，具体有 5 个条件：①波形相同；②幅值相同；③频率相同；④相序相同；⑤相位相同。

在并网时，因风力发电机旋转方向不变，只要使发电机的各相绕组输出端与电网各相互相对应，条件④就可以满足；而条件①可由发电机设计、制造和安装保证；因此并网时，主要是其他 3 条的检测和控制，这其中条件③频率相同是必须满足的。

2) 并网方式

(1) 自动准同步并网。

满足上述理想并联条件的并网方式称为准同步并网，在这种并网方式下，并网瞬间不会产生冲击电流，电网电压不会下降，也不会对定子绕组和其他机械部件造成冲击。

风力同步发电机组的启动与并网过程如下：当发电机在风力发电机的带动下转速接近同步转速时，励磁调节器给发电机输入励磁电流，通过励磁电流的调节使发电机输出端的电压与电网电压相近。在风力发电机的转速几乎达到同步转速、发电机的端电压与电网电压的幅值大致相同，并且断路器两端的电位差为零或很小时，控制断路器合闸并网。风力同步发电机并网后通过自整步作用牵入同步，使发电机电压频率与电网频率一致的检测与控制过程一般通过计算机实现。

(2) 自同步并网。

自动准同步并网的优点是合闸时没有明显的电流冲击，缺点是控制与操作复杂、费时。当电网出现故障而要求迅速将备用发电机投入时，由于电网电压和频率出现不稳定，自动准同步法很难操作，往往采用自同步法实现并联运行。自同步并网的方法是：同步发电机的转子励磁绕组先通过限流电阻短接，发电机中无励磁磁场，用原动机将发电机转子拖到同步转速附近（差值小于 5%）时，将发电机并入电网，再立刻给发电机励磁，在定、转子之间的电磁力作用下，发电机自动牵入同步。由于发电机并网时，转子绕组中无励磁电流，因而发电机定子绕组中没有感应电动势，不需要对发电机的电压和相角进行调节和校准，控制简单，并且从根本上排除不同步合闸的可能性。这种并网方法的缺点是合闸后有电流冲击和电网电压的短时下降现象。

（3）转矩—转速特性。

当同步发电机并网后正常运行时，其转矩—转速特性如图5.70所示，图中n_1为同步转速，从图5.70可见发电机的电磁转矩对风力发电机来说是制动转矩，并且不论电磁转矩如何变化，发电机的转速应保持同步转速不变，这种风力发电系统的运行方式称为恒速恒频方式。

3. 功率调节和补偿

1）无功功率的补偿

电网所带的负载大部分为感性的异步电动机和变压器，这些负载需要从电网吸收有功功率和无功功率，如果整个电网提供的无功功率不够，电网的电压将会下降；同时同步发电机带感性负载时，由于定子电流建立的磁场对电机中的励磁磁场有去磁作用，发电机的输出电压也会下降，因此为了维持发电机的端电压稳定和补偿电网的无功功率，需增大同步发电机的转子励磁电流。同步发电机的无功功率补偿可用其定子电流I和励磁电流I_f之间的关系曲线来解释。在输出功率P_3一定的条件下，同步发电机的定子电流I和励磁电流I_f之间的关系曲线也称为V形曲线，如图5.71所示。

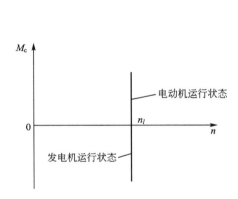

图5.70 并网同步发电机的转矩—转速特性　　图5.71 同步发电机V形曲线

从图5.71中可以看出：当发电机工作在功率因数为1时，发电机励磁电流为额定值，此时定子电流为最小；当发电机励磁大于额定励磁电流（过励）时，发电机的功率因数为滞后的，发电机向电网输出滞后的无功功率，改善电网的功率因数；而当发电机励磁小于额定励磁电流（欠励）时，发电机的功率因数为超前的，发电机从电网吸引滞后的无功功率，使电网的功率因数更低。另外，这时的发电机还存在一个不稳定区（对应功率角大于90°），因此，同步发电机一般工作在过励状态下，以补偿电网的无功功率和确保机组稳定运行。

2）有功功率的调节

风力同步发电机中，风力发电机输入的机械能首先克服机械阻力，通过发电机内部的电磁作用转化为电磁功率，电磁功率扣除发电机绕组的铜损耗和铁损耗后即为输出的电功率，若不计铜损耗和铁损耗，可认为输出功率近似等于电磁功率。同步发电机内部的电磁作用可以看成是转子励磁磁场和定子电流产生的同步旋转磁场之间的相互作用。转子励磁磁场轴线与定、转子合成磁场轴线之间的夹角称为同步发电机的功率用 δ，电磁功率 P_{em} 与功率角 δ 之间的关系称为同步发电机的功角特性，如图 5.72 所示。

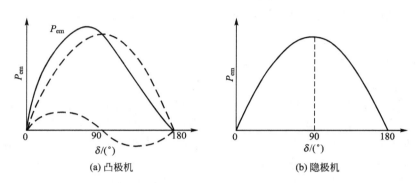

图 5.72 同步发电机的功角特性

当由风力驱动的同步发电机并联在无穷大电网中时，要增大发电机输出的电能，必须增大风力发电机输入的机械能。当发电机输出功率增大即电磁功率增大时，若励磁不作调节，从图 5.72 可见，发电机的功率角也增大，对于隐极机而言，功率角为 90°（凸极机功率角小于 90°）时，输出功率达最大，这个最大的功率称为失步功率，又称极限功率。因为达到最大功率后，如果风力发电机输入的机械功率继续增大，功率角超过 90°，发电机输出的电功率反而下降，发电机转速持续上升而失去同步，机组无法建立新的平衡。例如一台运行在额定功率附近的风力发电机，突然一阵剧风可能导致发电机的功率超过极限功率而使发电机失步，这时可以增大励磁电流，以增大功率极限，提高静态稳定度，这就是有功功率的调节。

并网运行的风力同步发电机当功率角变为负值时，发电机将运行在电动机状态，此时风力发电机相当于一台大风扇，发电机从电网吸收电能。为避免发电机电动运行，当风速降到临界值以下时，应及时将发电机与电网脱开。

5.6.3 间接并网

1. 准同期并网方式

与同步发电机准同步并网方式相同，在转速接近同步转速时，先用电容励磁，建立额定电压，然后对已励磁建立的发电机电压和频率进行调节和校正，使其与系统同步。当发电机的电压、频率、相位与系统一致时，将发电机投入电网运行。采用这种方式，若按传统的步骤经整步到同步并网，则仍须要高精度的调速器和整步、同期设备，不仅要增加机组的造价，而且从整步达到准同步并网所花费的时间很长，这是人们所不希望的。该并网方式合闸瞬间尽管冲击电流很小，但必须控制在最大允许的转矩范围内运行，以免造成网上飞车。由于它对系统电压影响极小，所以适合于电网容量比风力发电机组大不了几倍的地方使用。

2. 降压并网方式

这种并网方式就是在发电机与系统之间串接电抗器,以减少合闸瞬间冲击电流的幅值与电网电压下降的幅度。如比利时 220kW 风力发电机组并网时各相串接有大功率电阻。由于电抗器、电阻等串联组件要消耗功率,并网后进入稳定运行时,应将其电抗器、电阻退出运行。

显然,这种并网方式要用到增大功率的电阻或电抗器组件,其投资随着机组容量的增大而增大,经济性较差,它适用于小容量风力发电机组(采用异步发电机)的并网。

3. 捕捉式准同步快速并网技术

捕捉式准同步快速并网技术的工作原理是将常规的整步并网方式改为在频率变化中捕捉同步点的方法进行准同步快速并网。据说该技术可不丢失同期机,准同步并网工作准确、快速可靠,既能实现几乎无冲击准同步并网,对机组的调速精度要求不高,又能很好地解决并网过程与降低造价的矛盾,非常适合于风力发电机组的准同步并网操作。

4. 软并网(SOFT CUT-IN)技术

采用双向晶闸管的软切入法,使异步发电机并网。它有两种连接方式。

1) 发电机与系统之间通过双向晶闸管直接连接

这种连接方式的工作过程为:当风轮带动的异步发电机转速接近同步转速时,与电网直接相连的每一相的双向晶闸管的控制角在180°与0°之间逐渐同步打开,作为每相为无触点开关的双向晶闸管的导通角也同时在0°与180°之间逐渐同步增大。在双向晶闸管导通阶段开始(即异步发电机转速小于同步转速阶段),异步发电机作为电动机运行,随着转速的升高,其转差率逐渐趋于零。当转差率为零时,双向晶闸管已全部导通,并网过程到此结束。由于并网电流受晶闸管导通角的限制,并网较平稳,不会出现冲击电流。但软切入装置必须采用能承受高反压大电流的双向晶闸管,价格较贵,其功率又不能做得太大,因此适用于中型风力发电机组。

2) 发电机与系统之间软并网过渡,零转差自动并网开关切换连接

这种连接方式工作如下:当风轮带动的异步发电机启动或转速接近同步转速时,与电网相连的每一相双向晶闸管(晶闸管的两端与自动并网常开触点相并联)的控制角在180°与0°之间逐渐同步打开,作为每相为无触点开关的双向晶闸管的导通角也同时在0°与180°之间逐渐同步增大。此时自动并网开关尚未动作,发电机通过双向晶闸管平稳地进入电网。在双向晶闸管导通阶段开始(即异步发电机转速小于同步转速阶段),异步发电机作为电动机运行,随着转速的升高,其转差率逐渐趋于零。当转差率为零时,双向晶闸管已全部导通,这时自动并网开关动作,常开触点闭合,于是短接了已全部开通的双向晶闸管。发电机输出功率后,双向晶闸管的触发脉冲自动关闭,发电机的输出电流不再经双向晶闸管而是通过已闭合的自动开关触点流向电网。

这两种方法是目前风力发电机组普遍采用的并网方法,其共同特点是:可以得到一个平稳的并网过渡过程而不会出现冲击电流。不过第一种方式所选用的高反压双向晶闸管的电流允许值比第二种方式的要大得多。这是因为前者的工作电流要考虑能通过发电机的额定值,而后者只要通过略高于发电机空载时的电流就可满足要求。但需采用自动并网开

关，控制回路也略为复杂。

5. 风力发电机组并网与脱网

当平均风速高于 3m/s 时，风轮开始逐渐启动，风速继续升高，当 $v>4$m/s 时，机组可自启动直到某一设定转速，此时发电机将按控制程序自动地连入电网。一般总是小发电机先并网，当风速继续升高到 7~8m/s 时，将切换到大发电机运行。如果平均风速处于 8~20m/s，则直接使大发电机并网。发电机的并网过程是通过三相主电路上的 3 组晶闸管完成的。当发电机过渡到稳定的发电状态后，与晶闸管电路平行的旁路接触器合上，机组完成并网过程，进入稳定运行状态。为了避免产生火花，旁路接触器的开与关，都是在晶闸管关断前进行的。

1）大小发电机的软并网程序

（1）发电机转速已达到预置的切入点，该点的设定应低于发电机同步转速。

（2）连接在发电机与电网之间的开关器件晶闸管被触发导通（这时旁路接触器处于断开状态），导通角随发电机转速与同步转速的接近而增大，随着导通角的增大，发电机旋转的加速度减小。

（3）当发电机达到同步转速时，晶闸管导通角完全打开，转速超过同步转速进入发电状态。进入发电状态后，晶闸管导通角继续完全导通，但这时绝大部分的电流是通过旁路接触器输送给电网的，因为它比晶闸管电路的电阻小得多。

并网过程中，电流一般被限制在大发电机额定电流以下，如超出额定电流的时间持续 3.0s 可以断定晶闸管故障，需要安全停机。由于并网过程是在转速达到同步转速附近进行的，这时转差不大，冲击电流较小，主要是励磁涌流的存在，持续 30~40ms。因此无需根据电流反馈调整导通角。晶闸管按照 0°、15°、30°、45°、60°、75°、90°、180°导通角依次变化，可保证启动电流在额定电流以下。晶闸管导通角由 0°增大到 180°完全导通，时间一般不超过 6s，否则被认为是故障。

晶闸管完全导通 1s 后，旁路接触器得电吸合，发出吸合命令 1s 内应收到旁路反馈信号，否则旁路投入失败，正常停机。在此期间，晶闸管仍然完全导通，收到旁路反馈信号后，停止触发，风力发电机组进入正常运行。

2）从小发电机向大发电机的切换

小发电机为 6 极绕组，同步转速为 1000r/min；大发电机为 4 极绕组，同步转速 1500r/min。小发电机向大发电机切换的控制，一般以平均功率或瞬时功率参数为预置切换点。例如以 10min 平均功率达到某一预置值 P_a 或以 4min 平均功率达到预置值 P_a 作为切换依据。采用瞬时功率参数时，一般以 5min 内测量的功率值全部大于某一预置值 P_a 或 1min 内的功率全部大于预置值 P_a 作为切换的依据。

执行小发电机向大发电机切换时，首先断开小发电机接触器，再断开旁路接触器。此时发电机脱网，风力将带动发电机转速迅速上升，在到达同步转速 1500r/min 附近时，再次执行大小发电机的软并网程序。

3）大发电机向小发电机的切换

当发电机功率持续 10min 内低于预置值 P_c 时，或 10min 内平均功率低于预置值 P_d 时，将执行大发电机向小发电机的切换。

首先断开大发电机接触器，再断开旁路接触器。由于发电机在此之前仍处于出力状态，转速在1500r/min以上，脱网后转速将进一步上升。由于存在过速保护和计算机超速检测，因此，应迅速投入小发电机接触器，执行软并网，由电网负荷将发电机转速拖到小发电机额定转速附近。只要转速不超过超速保护的设定值，就允许执行小发电机软并网。

由于风力发电机是一个巨大的惯性体，当它转速降低时要释放出巨大的能量，这些能量在过渡过程中将全部加在小发电机轴上而转换成电能，这就必然使过渡过程延长。为了使切换过程得以安全、顺利地进行，可以考虑在大发电机切出电网的同时释放叶尖扰流器，使转速下降到小发电机并网预置点以下，再由液压系统收回叶尖扰流器。稍后，发电机转速上升，重新切入电网。

电动机启动是指风力发电机组在静止状态时，把发电机用作电动机而将机组启动到额定转速并并入电网。电动机启动目前在大型风力发电机组的设计中不再进入自动控制程序。因为气动性能良好的叶片在风速 $v>4m/s$ 的条件下即可使机组顺利地自启动到额定转速。

电动机启动一般只在调试期间无风时或某些特殊的情况下使用，比如气温特别低，又未安装齿轮油加热器时使用。电动机启动可使用安装在机舱内的上位控制器按钮或是通过主控制器键盘的启动按钮操作，总是作用于小发电机。发电机的运行状态分为发电机运行状态和电动机运行状态。发电机启动瞬间，存在较大的冲击电流（甚至超过额定电流的10倍），将持续一段时间（由静止至同步转速之前），因而发电机启动时需采用软启动技术，根据电流反馈值，控制启动电流，以减小对电网的冲击和机组的机械振动。电动机启动时间不应超出60s，启动电流小于小发电机额定电流的3倍。

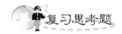
复习思考题

一、填空题

1. 风力发电机可获取的能量随_____的3次方增加。
2. 风力发电机功率调节方式主要有_____、_____和_____ 3种方式。
3. 变桨距风力发电机组根据变桨距系统所起的作用可分为3种运行状态，即_____、_____和_____。
4. 风力发电机变速恒频控制方案一般有4种：_____；_____；_____和_____。
5. 风力发电机的供电方式分为_____，_____，_____。
6. 普通的独立式小型风力发电系统由_____、_____、_____、_____及其用电设备组成。
7. 风力异步发电机组直接并网的条件有两条：一是_____；二是_____。
8. 风力同步发电机组并联到电网时，为了防止过大的电流冲击和转矩冲击，风力发电机输出的各相端电压的瞬时值要与电网端对应相电压的瞬时值完全一致，具体有5个条件：①_____；②_____；③_____；④_____；⑤_____。

二、思考题

1. 简述风力发电机功率调节中变桨距功率调节的工作原理，并简述其优缺点。
2. 简述风力机变速运行的优点。
3. 调节节距角与额定转速对功率输出有哪些影响？
4. 风力发电机组的控制系统的目标是什么？通过控制系统主要实现哪些功能？
5. 为了有效地控制高速变化的风速引起的功率波动，新型的变桨距风力发电机组采用了 RCC(Rotor Current Control)技术，RCC 控制系统的简单工作原理是什么？
6. 风力发电机直接并网后是如何进行有功功率调节和无功功率补偿的？

第 6 章
风力发电机组安全运行与维护

本章教学要点

知识要点	掌握程度	相关知识
风力发电机组的安全运行要求	理解风力发电机组的安全运行；要求理解安全运行的思想	风电机组功率控制技术的发展；安全控制思想
风电场安全运行与维护	理解风电场安全运行包括的内容；理解风电场安全运行的特点	风电场运行维护方式；运行维护注意事项
风力发电机组的安全运行	掌握风电机组运行过程；掌握风电机组功率调节、对风和解缆	风力机结构组成及其功能
风力发电机组的日常故障检查处理	理解故障类型；掌握常见风电机组故障	事故处理注意事项；年度例行维护内容
风力机的噪声	熟悉风力机噪声的组成及特点	噪声的基本术语与评价

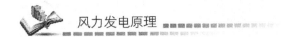

> **导入案例**
>
> 风力发电机组安全运行已成为风力发电系统能否发挥作用、风电场能否长期安全可靠运行的首要问题。在实际运行过程中,有的风力发电机组控制系统功能很强,但由于执行机构工作不可靠,经常出故障,而出现故障后对一般用户维修困难。于是,这样一套控制系统可能发挥不了它应有的作用,造成不应有的损失。因此,对于一个风力发电机组能否安全可靠运行的关键是有一套可靠的控制执行系统。风力发电系统的安全可靠性必须引起足够的重视。风力发电机组安装调试完并运行一个月后,需要进行全面维护,包括所有螺栓连接的紧固、各个润滑点的润滑等。之后风电机组的正常维护分为间隔半年维护和间隔一年维护,具体维护项目按维护表执行。

6.1 风电机组的安全运行要求

6.1.1 安全运行的思想

我国风电场运行的机组已经从定桨距失速型的机组转变为变桨距变速型机组为主导,所谓变桨距变速型风力发电机组就是采用变桨距方式改变风轮能量的捕获,从而使风力发电机组的输出功率发生变化,最终达到功率输出最优的目的。变桨距变速型风力发电机组控制系统的控制思想和控制原则以安全运行控制技术要求为主。风力发电机组的正常运行及安全性取决于先进的控制策略和优越的保护功能。控制系统应以主动或被动的方式控制机组的运行,使系统运行在安全允许的规定范围内,各项参数保持在正常工作范围内。

保护环节以失效保护为原则进行设计,当控制失败,内部或外部故障影响,导致出现危险情况引起机组不能正常运行时,系统安全保护装置动作,保护风力发电机组处于安全状态。保护环节为多级安全链互锁,在控制过程中具有逻辑"与"的功能,而在达到控制目标方面可实现逻辑"或"的结果。此外,系统还设计了防雷装置,对主电路和控制电路分别进行防雷保护。

6.1.2 安全运行的自动运行控制

1)开机并网控制

当风速10min平均值在系统工作区域内,机械闸松开,叶尖顺桨,风力作用于风轮旋转平面上,风力发电机组慢慢启动,当转速升到接近发电机同步转速时,变频器开始对转子注入电流进行励磁,使发电机出口的电压与频率和电网的电压与频率一致,主并网断路器动作,机组并入电网运行。

2)小风脱网

小风停机是将风力发电机组停在待风状态,当10min平均风速小于小风脱网风速或发电机输出功率负到一定值后,风力发电机组不允许长期在电网中运行,必须脱网,处于自由状态,风力发电机组先进行变桨,使转速降下来后变频器控制并网断路器无冲击断开,进入待风状态。当风速再次上升,风力发电机组开始变桨使风力机自动旋转起来,达到并网转速,风力发电机组又投入并网运行。

3) 普通故障脱网停机

机组运行时发生参数越限、状态异常等普通故障后,风力发电机组进入普通停机程序,机组进行变桨,先进行气动刹车,通过变频器控制脱网,待高速轴转速低于一定值后,高速刹车进行刹车,如果是由于内部因素产生的可恢复故障,运行人员通过远程复位,无需到现场,即可恢复正常开机。

4) 紧急故障脱网停机

当系统发生紧急故障如风力发电机组发生飞车、超速、振动及负载丢失等故障时,风力发电机组进入紧急停机程序,将触发安全链动作,为安全起见所采取的硬性停机,使叶片通过液压储能罐或变桨蓄电池直接推动叶片进行紧急变桨、变频器控制脱网同时动作,风力发电机组在几秒内停下来。转速达到一定限制后,高速轴转速小于一定转速后,机械闸动作。

5) 大风脱网控制

当风速10min平均值大于25m/s时,为了机组的安全,这时风力发电机组必须进行大风脱网停机。风力发电机组先投入叶片进行气动刹车,同时偏航90°,等功率下降后脱网,20s后或者高速轴转速小于一定值时,机械闸动作,风力发电机组完全停止。当风速回到工作风速区后,风力发电机组开始恢复自动对风,待转速上升后,风力发电机组又重新开始自动并网运行。

6) 对风控制

风电机组在工作风速区时,应根据机舱的控制灵敏度,确定每次偏航的调整角度。用两种方法判定机舱与风向的偏离角度,根据偏离的程度和风向传感器的灵敏度,时刻调整机舱偏左和偏右的角度。

6.1.3 安全运行的保护要求

(1) 主电路保护。低压配电断路器:在变压器低压侧三相四线进线处设置低压配电断路器,以实现机组电气元件的维护操作安全和短路过载保护。

(2) 过压过流保护。主电路计算机电源进线端、控制变压器进线端和有关伺服电动机进线端,均设置过压过流保护措施。如整流电源、液压控制电源、稳压电源、控制电源原边、调向系统、液压系统、机械闸系统和补偿控制电容都有相应的过压过流保护控制装置。

(3) 防雷设施及保险丝。主避雷器与保险丝、合理可靠的接地线为系统主避雷保护,同时控制系统有专门设计的防雷保护装置。在计算机电源及直流电源变压器原端,所有信号的输入端均设有相应的瞬时超压和过流保护装置。

(4) 热继电保护。运行的所有输出运转机构如发电机、电动机和各传动机构的过热、过载保护控制装置。

(5) 接地保护。由于设备因绝缘破坏或其他原因可能引起出现危险电压的金属部分,均应实现保护接地。所有风电机组的零部件、传动装置、执行电动机、发电机、变压器、传感器、照明器具及其他电器的金属底座和外壳;电气设备的传动机构;塔架机舱配电装置的金属框架及金属门;配电、控制和保护用的盘(台、箱)的框架;交、直流电力电缆的接线盒和终端盒的金属外壳及电缆的金属保护层和穿线的钢管；电流互感器和电压互感器的二次线圈；避雷器、保护间隙和电容器的底座、非金属护套信号线的1~2根屏蔽芯线；上述都要求保护接地。

6.1.4 控制安全系统安全运行的技术要求

控制与安全系统是风电机组安全运行的大脑指挥中心，控制系统的安全运行就保证了机组安全运行，通常风力发电机组运行所涉及的内容相当广泛。就运行工况而言，包括启动、停机、功率调解、变速控制和事故处理等方面的内容。

风电机组在启动和停机过程中，机组各部件将受到剧烈的机械应力的变化，而对安全运行起决定因素是风速变化引起的转速的变化。所以转速的控制是机组安全运行的关键。风电机组的运行是一项复杂的操作，涉及的问题很多，如风速的变化、转速的变化、温度的变化、振动等都直接威胁风力发电机组的安全运行。

1) 控制系统安全运行的必备条件

(1) 风电机组发电机出口侧相序必须与并网电网相序一致，电压标称值相等，三相电压平衡。

(2) 风电机组安全链系统硬件运行正常。

(3) 调向系统处于正常状态，风速仪和风向标处于正常运行的状态。

(4) 制动和控制系统液压装置的油压、油温及油位和蓄电池装置的电压都在规定范围内。

(5) 齿轮箱油位和油温在正常范围内。

(6) 各项保护装置均在正常位置，且保护值均与批准设定的值相符。

(7) 各控制电源处于接通位置。

(8) 监控系统显示正常运行状态。

(9) 在寒冷和潮湿地区，停止运行一个月以上的风力发电机组再投入运行前应检查绝缘，合格后才允许启动。

(10) 经维修的风力发电机组控制系统在投入启动前，应办理工作票终结手续。

2) 风电机组工作参数的安全运行范围

(1) 风速。在自然界中，风是随机的湍流运动，当风速在3~25m/s的规定工作范围内时，只对风电机组的发电有影响，当风速变化率较大且风速超过25m/s以上时，则对机组的安全性产生威胁。

(2) 转速。风力发电机组的风轮转速通常不能过高于额定转速，发电机的最高转速不超过额定转速的30%，不同型号的机组数值不同。当风力发电机组超速时，对机组的安全性将产生严重威胁。

(3) 功率。在额定风速以下时，不作功率调节控制，只有在额定风速以上应进行限制最大功率的控制，通常运行安全最大功率不允许超过设计值的额定值。

(4) 温度。运行中风力发电机组的各部件运转将会引起温升，通常控制器环境温度应为0~30℃，齿轮箱油温小于120℃，发电机温度小于150℃，传动等环节温度小于70℃。

(5) 电压。发电机电压允许的范围在设计值的10%，当瞬间值超过额定值的30%时，视为系统故障。

(6) 频率。机组的发电频率应限制在50Hz±1Hz，否则视为系统故障。

(7) 压力或电压。机组的许多执行机构由液压或蓄电池执行机构完成，所以各液压站系统的压力或蓄电池电压必须监控。

3) 系统的接地保护安全要求

(1) 配电设备接地。变压器、开关设备和互感器外壳、配电柜、控制保护盘，金属构架、防雷设施及电缆头等设备必须接地。

(2) 塔筒与地基接地装置，接地体应水平敷设。塔内和地基的角钢基础及支架要用截面 25mm×4mm 的扁钢相连作接地干线，塔筒、地基各做一组，两者焊接相连形成接地网。

4) 控制与安全系统运行的检查

(1) 保持柜内电气元件的干燥、清洁。

(2) 经常注意柜内各电气元件的动作顺序是否正确、可靠。

(3) 运行中特别注意柜中的开断元件及母线等是否有温升过高或过热、冒烟、异常的音响及不应有的放电等不正常现象，如发现异常，应及时停电检查，并排除故障，并避免事故的扩大。

(4) 对断开、闭合次数较多的短路器，应定期检查主触点表面的烧损情况，并进行维修。断路器每经过一次断路电流，应及时对其主触点等部位进行检查修理。

(5) 对主接触器，特别是动作频繁的系统，应急时检查主触点表面，当发现触点严重烧损时，应及时更换而不能继续使用。

(6) 定期检查接触器、断路器等电器的辅助触点及继电器的触点，确保接触良好。定期检查电流继电器、时间继电器、速度继电器、压力继电器等正定值是否符合要求，并作定期核对，平时不应开盖检修。

(7) 定期检查各部位接线是否牢靠及所有紧固件有无松动现象。

(8) 定期检查装置的保护接地系统是否安全可靠。

(9) 经常检查按钮、操作键是否操作灵活，其接触点是否良好。

6.2 风电场的运行与维护

风电场应当建立定期巡视制度，运行人员对监控风电场安全稳定运行负有直接责任，应按要求定期到现场通过目视观察等直观方法对风力发电机组的运行状况进行巡视检查。应当注意的是，所有外出工作包括巡检、启停风力发电机组、故障检查处理等出于安全考虑均需两人或两人以上同行。检查工作主要包括风力发电机组在运行中有无异常声响，叶片运行的状态、偏航系统动作是否正常，塔架外表有无油迹污染等。

巡检过程中要根据设备近期的实际情况有针对性地重点检查故障处理后重新投运的机组，重点检查启停频繁的机组，重点检查负荷重、温度偏高的机组，重点检查带"病"运行的机组，重点检查新投入运行的机组。若发现故障隐患，则应及时报告处理，查明原因，从而避免事故发生，减少经济损失。同时在《风电场运行日志》上作好相应巡视检查的记录。

当天气情况变化异常（如风速较高、天气恶劣等）时，若机组发生非正常运行，巡视检查的内容及次数由值长根据当时的情况分析确定。当天气条件不适宜户外巡视时，则应在中央监控室加强对机组的运行状况的监控。通过温度、出力、转速等的主要参数的对比，确定应对的措施。

由于风电场对环境条件的特殊要求，一般情况下，电场周围自然环境都较为恶劣，地理位置往往比较偏僻。这就要求输变电设施在设计时就应充分考虑到高温、严寒、高风速、沙尘暴、盐雾、雨雪、冰冻、雷电等恶劣气象条件对输变电设施的影响。所选设备在满足电力行业有关标准的前提下，应当针对风力发电的特点力求做到性能可靠、结构简单、维护方便、操作便捷。同时，还应当解决好消防和通信问题，以便提高风电场运行的安全性。

由于风电场的输变电设施地理位置分布相对比较分散，设备负荷变化较大，且规律性不强，并且设备高负荷运行时往往气象条件比较恶劣，这就要求运行人员在日常的运行工作中应加强巡视检查的力度。在巡视时应配备相应的检测、防护和照明设备。

6.3 风力发电机组常见故障及维护

风电场的维护主要是指风电场测风装置、风力发电机组的维护、场区内输变电设施的维护。风电机组的维护主要包括机组常规巡检和故障处理、年度例行维护及非常规维护。

6.3.1 故障分类

1. 按主要结构来分类

（1）电控类。电控类指的是电控系统出现的故障，主要指传感器、继电器、断路器、电源、控制回路等。

（2）机械类。机械类指的是机械传动系统、发电机、叶片等出现的故障，如机组振动、液压、偏航、主轴、制动等故障。

（3）通信远传系统。指的是从机组控制系统到主控室之间的通信数据传输和主控制室中远方监视系统所出现的故障。

2. 从故障产生后所处的状态来分类

（1）自启动故障（可自动复位）。自启动故障指的是当计算机检测发现某一故障后，采取保护措施，等待一段时间后故障状态消除或恢复正常状态，控制系统将自动恢复启动运行。

（2）不可自启动故障（需人工复位）。不可自启动故障是当故障出现后，故障无法自动消除或故障比较严重，必须等运行人员到达现场进行检修的故障。

（3）报警故障。实际上报警故障应归纳到不可自启动故障中，这种故障表明机组出现了比较严重的故障，通过远控系统或控制柜中的报警系统进行声光报警，提示运行人员迅速处理。

6.3.2 风力发电机组的日常故障检查处理

1. 风力发电机组各部件的故障检查处理

目前，国际上风电机组厂家所使用的控制系统不同，故障类型也各不相同，根据各厂家的故障表,包括故障可能出现的原因和应检查的部位,进行参考。当标志机组有异常情况的报警信号时,运行人员根据报警信号所提供的故障信息及故障发生时计算机记录的相关运行状态参数,分析查找故障的原因,并且根据当时的气象条件,采取正确的方法及时进行处理,并在《风电场运行日志》上作好故障处理的记录。

1)液压系统

(1)当液压系统油位及齿轮箱油位偏低时,应检查液压系统及齿轮箱有无泄漏现象发生。若是,则根据实际情况补加油液,恢复到正常油位。在必要时应检查油位传感器的工作是否正常。

(2)液压控制系统压力异常而自动停机时,运行人员应检查油泵工作是否正常。如油压异常,应检查油泵电机、液压管路、油压缸及有关阀体和压力开关,必要时应进一步检查液压泵本体工作是否正常。

2)偏航系统

(1)定期检查偏航齿圈传动齿轮的啮合间隙及齿面的润滑状况。判断减速器内部有无损坏,检查偏航减速器润滑油油色及油位是否正常。

(2)因偏航系统故障而造成自动停机时,检查偏航系统电气回路、偏航电机、偏航减速器以及偏航计数器和扭缆传感器的工作是否正常。因扭缆传感器故障致使风力发电机组不能自动解缆的也应予以检查处理。待所有故障排除后再恢复启动风力发电机组。

3)变桨系统

在检查维护变桨系统时,需要进入轮毂时先应可靠锁定风轮。在更换或调整桨距调节机构后应检查机构动作是否正确可靠,应按照维护手册要求进行机构连接尺寸测量和功能测试。经检查确认无误后,才允许重新启动风力发电机组。

4)传感器

(1)当风力发电机组显示的输出功率与对应风速有偏差时,应检查风速仪、风向标转动是否灵活。如无异常现象,则进一步检查风速、风向传感器及信号检测回路有无故障。

(2)因机组设备和部件超过运行温度而自动停机时,应检查发电机温度、可控硅温度、控制箱温度、齿轮箱温度、机械卡钳式制动器刹车片温度等是否超过规定值而造成了自动保护停机。应结合机组当时的工况,通过检查冷却系统、刹车片间隙、润滑油脂质量,相关信号检测回路等,查明温度上升的原因。

(3)风力发电机组运行中,由于传动系统故障、叶片状态异常等导致机械不平衡,恶劣电气故障导致风力发电机组振动超过极限值。由于叶尖制动系统或变桨系统失灵,瞬时强阵风以及电网频率波动造成风力发电机组超速。当机组转速超过限定值或振动超过允许振幅而自动停机时均会使风力发电机组故障停机。

5)电气设备

(1)当风电机组安全链回路动作而自动停机时,运行人员应借助就地监控机提供的故障信息及有关信号指示灯的状态,查找导致安全链回路动作的故障环节,经检查处理并确认无误后,才允许重新启动风电机组。

(2)当风电机组运行中发生主空气开关动作时,运行人员应当目测检查主回路元器件外观及电缆接头处有无异常,在拉开箱变侧开关后应当测量发电机、主回路绝缘以及可控硅是否正常,熔断器及过电压保护装置是否正常。

(3) 当风力发电机组运行中发生与电网有关的故障时，运行人员应当检查场区输变电设施是否正常。

6) 风力发电机组因异常需要立即进行停机操作的顺序

(1) 利用主控室计算机遥控停机。

(2) 遥控停机无效时，则就地按正常停机按钮停机。

(3) 当正常停机无效时，使用紧急停机按钮停机。

(4) 上述操作仍无效时，拉开风电机组主开关或连接此台机组的线路断路器，之后疏散现场人员，做好必要的安全措施，避免事故范围扩大。

2. 风力发电机组事故处理

在日常工作中风电场应当建立事故预想制度，定期组织运行人员作好事故预想工作。根据风电场自身的特点完善基本的突发事件应急措施，对设备的突发事故争取做到指挥科学、措施合理、沉着应对。

发生事故时，值班负责人应当组织运行人员采取有效措施，防止事故扩大并及时上报有关领导。同时应当保护事故现场（特殊情况除外），为事故调查提供便利。

事故发生后，运行人员应认真记录事件经过，并及时通过风电机组的监控系统获取反映机组运行状态的各项参数记录及动作记录，组织有关人员研究分析事故原因，总结经验教训，提出整改措施，汇报上级领导。

6.3.3 风力发电机组的年度例行维护

1. 年度例行维护的主要内容和要求

1) 电气部分

(1) 传感器功能测试与检测回路的检查。

(2) 电缆接线端子的检查与紧固。

(3) 主回路绝缘测试。

(4) 电缆外观与发电机引出线接线柱检查。

(5) 主要电气组件外观检查（如空气断路器、接触器、继电器、熔断器、补偿电容器、过电压保护装置、避雷装置、可控硅组件、控制变压器等）。

(6) 模块式插件检查与紧固。

(7) 显示器及控制按键开关功能检查。

(8) 电气传动桨距调节系统的回路检查（驱动电机、储能电容、变流装置、集电环等部件的检查、测试和定期更换）。

(9) 控制柜柜体密封情况检查。

(10) 机组加热装置工作情况检查。

(11) 机组防雷系统检查。

(12) 接地装置检查。

2) 机械部分

(1) 螺栓连接力矩检查。

(2) 各润滑点润滑状况检查及油脂加注。

(3) 润滑系统和液压系统油位及压力检查。

(4) 滤清器污染程度检查，必要时更换处理。
(5) 传动系统主要部件运行状况检查。
(6) 叶片表面及叶尖扰流器工作位置检查。
(7) 桨距调节系统的功能测试及检查调整。
(8) 偏航齿圈啮合情况检查及齿面润滑。
(9) 液压系统工作情况检查测试。
(10) 卡钳式制动器刹车片间隙检查调整。
(11) 缓冲橡胶组件的老化程度检查。
(12) 联轴器同轴度检查。
(13) 润滑管路、液压管路、冷却循环管路的检查固定及渗漏情况检查。
(14) 塔架焊缝、法兰间隙检查及附属设施功能检查。
(15) 风力发电机组防腐情况检查。

2. 年度例行维护周期

正常情况下，除非设备制造商的特殊要求，风力发电机组的年度例行维护周期是固定的，即①新投运机组：500h（一个月试运行期后）例行维护；②已投运机组：2500h（半年）例行维护；5000h（一年）例行维护。

部分机型在运行满 3 年和 5 年时，在 5000h 例行维护的基础上增加了部分检查项目，实际工作中应根据机组运行状况参照执行。

6.4 噪 声

风力机产生的噪声通常被认为是很重要的环境问题之一。在早期发展风力发电机时，即 20 世纪 80 年代，有些风力机会产生很大的噪声，并且引发了附近居民的抱怨。从此，降低风力机的噪声的技术和预测风电场噪声的技术方面都取得了客观的进步。

6.4.1 基本概念

用两种不同的方法来描述风力机的噪声。它们是源噪声级别 L_W 和接受声音处的噪声级别 L_P。因为通过人耳的反应，使用一种对数尺度的关于听觉限制的参考等级表来进行判定。L_P 和 L_W 的单位都是分贝（dB）。

一个噪声源用 L_W 来表示声音能量的级别如下

$$L_W = 10\lg\left(\frac{W}{W_o}\right) \quad (6-1)$$

式中 W——声源的声强水平；
W_o——参考声强水平，一般取 10～12W。

声音压力值 L_P 为

$$L_P = 10\lg\left(\frac{P^2}{P_o^2}\right) \quad (6-2)$$

式中 P——RMS 关于声压力的值；
P_o——参考声压水平，通常取 20×10^{-6}Pa。

6.4.2 风力机的噪声

噪声是一种污染，风力机作为一种产品，噪声必须在允许的范围之内。国外对风力机噪声有严格规定，超过了噪声标准，就不发给生产许可证。所以噪声测量是现场测量的一个重要参数。

来自风力机的噪声一部分是由机械运动产生的；另一部分是由空气动力产生的；少部分是电磁性噪声。

虽然冷却风扇、辅助设备（如泵和压缩机）和偏航系统也会产生机械噪声，但是机械噪声主要是由机舱内的旋转机械，尤其是齿轮箱和发电机产生的。机械噪声的频率或声调（如齿轮箱某一段的啮合频率）通常是可以识别的。机械噪声可能是由空气产生的（如风冷发电机的风扇），或者通过这些结构进行传播，如齿轮箱啮合的噪声通过齿轮箱机壳、机舱台板、叶片和塔架传播。

表6-1是2MW风力机的声功率等级，可以看出，通过结构传播的噪声源主要是齿轮箱。

表6-1 2MW风电机组的机械噪声功率等级

部件	声功率等级/dB(A)	空气或结构产生
齿轮箱	97.2	结构产生
齿轮箱	84.2	空气产生
发电机	87.2	空气产生
轮毂	89.2	结构产生
叶片	91.2	结构产生
塔架	71.2	结构产生
其他附件	76.2	空气产生

减少风力机机械噪声的技术有合理设计加工齿轮箱、使用抗振的安装和耦合来限制结构产生的噪声、机舱消声以及使用液体冷却发电机。

空气动力噪声是由很多原因造成的，包括低频噪声，流入的湍流噪声，空气动力本身的噪声。

低频噪声是由经过叶片的风速变化所引起的，塔架的存在或者风的切变会导致风速的变化。尽管这一效应在下风向的风力机上很突出，但是在上风向的风力机上也很突出。噪声频谱主要是叶片转动频率（典型值可达3Hz）及其谐波（典型值可达150Hz）。

叶片与空气扰动产生的涡流相互作用使空气流入时产生了宽频噪声。通过观测器可以知道，这种被称为"嗖嗖"声的噪声频率高达1000Hz。入流扰动噪声受叶片速度、空气动力面和扰动强度的共同影响。

空气动力自身的噪声是由空气本身产生的，即使是在稳态、无湍流扰动的情况下也会产生。尽管叶片表面的缺陷会产生一定频率的噪声，但空气动力噪声的带宽一般还是很宽的。空气动力自身的噪声包括以下几种。

（1）叶片后缘噪声。这种宽频噪声是可以听得到的"嗖嗖"声，频率范围为750～2000Hz。这种噪声的大小取决于湍流边缘层于叶片后缘的相互作用。叶片后缘噪声是风力机高频噪声的主要来源。

（2）叶尖噪声。同风力机提供的功率一样，叶片的大部分噪声主要是由叶片外围25%的部分产生的，因此对于研制新型的叶片边端以降低噪声有大量的研究。

（3）失速效应。叶片失速在空气动力附近产生了不稳定的气流，这也会产生宽频的噪声。

（4）钝缘噪声。钝缘会引起涡流和音频噪声。这些噪声可以通过锐化边缘来消除，但锐化边缘由制造和装配决定。

（5）表面缺陷。诸如在安装过程中造成的破坏或雷击致使表面产生缺陷这样的情况，都会成为音频噪声的重要来源。

可见，降低空气动力噪声的方法就是降低风轮的旋转速度，尽管这样做会增加能量的损耗。变速或双速风力机的优点就是在低速的情况下能降低噪声。另外一种方法就是减小叶片的攻角，尽管这样做可能又会增加损耗。而叶片后缘噪声可以通过指定叶片后缘的厚度1～2mm来减少。通过在靠近边沿的叶片主边缘上安装扰动条可以减少失速噪声。边沿使失速可以得到控制。所有的这些措施使声功率等级降低了3～4dB，而且消除了主频。

6.4.3 噪声的控制原理和方法

噪声系统由3个要素构成：声源、声音传播的途径、接受者。所以控制噪声也必须从这3个环节着手，即从声源上根治噪声，在传播途径上控制噪声和在接受点进行防护。

从声源上根治噪声。合理选择材料和改进机械设计来降低噪声。减振合金比一般合金辐射的噪声小得多。通过改进设备结构减少噪声，其潜力是很大的。如风力机叶片的形式不同产生的噪声大小有较大差别，若将风力机叶片由直片形改成后弯形，可降低噪声约10dB(A)。改变传动装置也可以降低噪声。如将正齿轮传动装置改用斜齿轮或螺旋齿轮传动装置，用皮带传动代替正齿轮传动，或通过减少齿轮的线速度及传动比等均能降低噪声。

在噪声传播途径上降低噪声。由于目前的技术水平、经济等方面原因，无法把噪声源的噪声降到人们满意的程度，就可考虑在噪声传播途径上控制噪声。这样利用噪声在传播中的自然衰减作用，缩小噪声的污染面。此外还可因地制宜，利用地形、地物，如山丘、土坡、深堑或已有的建筑设施来降低噪声作用。利用噪声源的指向性合理布置声源位置，可使噪声源指向无人或对安静要求不高的地区。风力机噪声污染及其防治当利用上述方法仍达不到降噪要求时，就需要在噪声的传播途径上直接采取声学措施，包括吸声、隔声、减振、消声等噪声常用的控制技术。

在噪声接受点采取防护措施。在其他技术措施无法控制噪声时，或者只有少数人在吵闹的环境下工作，个人防护乃是一种既经济又实用的有效方法。必要时可进行吸声处理。

6.4.4 齿轮箱噪声

齿轮箱是机械噪声的重要来源。齿轮箱的主要噪声来自于个别齿之间的啮合。齿轮啮合产生的噪声通过多种途径从风力发电机组传到周围的环境中。

（1）从轴上直接传到叶片，这种方式辐射效率很高。

（2）从齿轮箱的弹性支座传到支撑机构，并且由此传到塔架上，这种方式辐射效率也很高。

（3）从齿轮箱的弹性支座传到支撑机构，并且由此传到机舱内，这种方式也会辐射。

（4）通过机舱壁传到机舱空气里，然后通过机舱入口和排风通道辐射到环境中。

（5）通过机舱壁传到机舱空气里，然后通过机舱结构辐射到环境中。

齿承受载荷时会轻微变形，没有对齿的轮廓进行修正，那么空载的齿在接触时将难以协调，结果会造成啮合频率上一系列的撞击。因此，实际中要对齿的轮廓进行调整。通常是从两个齿轮的顶端去掉一些材料，称为"修齿顶"。在风电机组工况下，齿轮载荷是变化的，应提供在何种载荷下何种齿端修形系数。如果修形齿端受载荷重，则在低功率下顶端附近将会有过多的齿接触，如果设置得太少，在额定功率时噪声又会太高。

斜齿轮通常比直齿轮噪声要小，因为斜齿轮传动的重叠系数比直齿轮大，斜齿轮传动的平稳性好。行星齿轮箱通常比平行轴齿轮箱噪声要小，因为减小的齿轮体积而使旋转的线速度减小。

控制的措施包括对齿轮的设计和制造的修正以及在齿轮箱的外壳附加吸声材料。通过机舱的密封和设计通风口的声音隔板可以使空气产生的机械噪声达到最小。通过在齿轮箱和发电机上安装橡胶螺栓以及在高速转轴上使用橡胶耦合装置可以减少结构噪声的产生。

6.4.5 风电场噪声测量

风力机的噪声主要发生在低风速区。根据国际电工委员会 1998 年制定的风力发电系统噪声测试技术的标准，确定噪声的测量方法如图 6.1 和图 6.2 所示。

在测量前，首先确定 R_o 的值。对于水平轴风力发电机，$R_o=H+D/2$，其中 H 为风力发电机风轮回转中心到地面的垂直距离，D 为风轮的旋转直径；对于垂直轴风力发电机，$R_o=H+D$，其中 H 和 D 的含义与水平轴风力发电机中规定的相同。其次是确定基准位置和测量位置，如图 6.1 所示。再次把音箱反射板放在基准位置 1 和测量位置 2、3、4，ND-2 型精密声级计的麦克风放在图 6.2 所示的位置。图 6.2 中所示的音响反射板采用木质材料制成，直径 A 为 1m，厚度为 12mm。采用密声级计和记录仪连接起来，在基准位置 1 和测量位置 2、3、4，测量并记录在不同风速下机组的噪声。

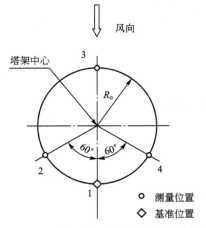

图 6.1 风力发电机测量位置的标准模式

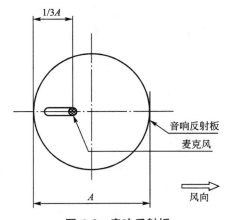

图 6.2 音响反射板

复习思考题

一、填空题

1. 我国风电场运行的机组已经从定桨距失速型的机组转变为_____为主导机组。
2. 当风速变化率较大且风速超过_____以上时，则对机组的安全性产生威胁。
3. 通常风力发电机组运行所涉及的内容相当广泛。就运行工况而言，包括_____、_____、_____、_____和事故处理等方面的内容。
4. 运行中风力发电机组的各部件运转将会引起温升，通常控制器环境温度应为0～30℃，齿轮箱油温小于_____，发电机温度小于_____，传动等环节温度小于_____。
5. 来自风力机的噪声一部分是由_____产生的；另一部分是由_____产生的。
6. 齿轮箱的主要噪声来自于_____。

二、思考题

1. 风电机组安全运行的保护要求包括哪些？
2. 简述风电机组的功率调节。
3. 简述风电机组大风脱网的控制顺序。
4. 简述风力发电机组的故障分类。
5. 简述风力发电机组的故障检查处理。

第7章 风电场的确定

本章教学要点

知识要点	掌握程度	相关知识
风电场的选址	理解风电场开发条件；掌握风电场宏观选址与微观选址的条件与区别	风能资源、电网连续、地址条件、交通条件、社会经济因素；不同方法选址的条件
可行性评估	理解地形特性评估、噪声评估、生态评估	各方面评估的必要性
风力机安装与设计软件	掌握 WAsP 软件的应用	WAsP、Windsim、Meteodyn 等软件的应用

风电场选址的技术规定如下。

(1) 建设风电场最基本的条件是要有能量丰富、风向稳定的风能资源，选择风电场场址时应尽量选择风能资源丰富的场址。

(2) 现有测风数据是最有价值的资料，中国气象科学研究院和部分省区的有关部门绘制了全国或地区的风能资源分布图，按照风功率密度和有效风速出现的小时数进行风能资源区划，标明了风能丰富区域，可用于指导宏观选址。有些省区已进行过风能资源的调查，可以向有关部门咨询，尽量收集候选场址已有的测风数据或已建风电场的运行记录，对场址风能资源进行评估。

(3) 风电场场址选择时应尽量靠近合适电压等级的变电站或电网，并且网点短路容量应足够大。

(4) 各级电压线路的一般使用范围见表7-1。

表7-1 各级电压线路的一般输送容量和输电距离

额定电压/kV	输送容量/MW	输电距离/km
35	2~10	20~50
60	3.5~30	30~100
110	10~50	50~150
220	100~500	100~300
330	200~800	200~600
500	1000~1500	150~850
750	2000~2500	500以上

(5) 对外交通：风能资源丰富的地区一般都在比较偏远的地区，如山脊、戈壁滩、草原、海滩和海岛等，大多数场址需要拓宽现有道路并新修部分道路以满足设备的运输。在风电场选址时，应了解候选风场周围交通运输情况，对风况相似的场址，尽量选择那些离已有公路较近，对外交通方便的场址，以利于减少道路的投资。

(6) 施工安装条件：收集候选场址周围地形图，分析地形情况。若地形复杂，则不利于设备的运输、安装和管理，装机规模也受到限制，难以实现规模开发，场内交通道路投资相对也大。场址选择时在主风向上要求尽可能开阔、宽敞，障碍物尽量少、粗糙度低，对风速影响小。另外，应选择地形比较简单的场址，以利于大规模开发及设备的运输、安装和管理。

(7) 为了降低风电场造价，在风电场工程投资中，对外交通以及送出工程等配套工程投资所占比例不宜太大。在风电场规划选址时，应根据风电场地形条件及风况特征，初步拟定风电场规划装机规模，布置拟装的风电机组位置。对风电特许权项目，应尽量选择那些具有较大装机规模的场址。

(8) 在风电场选址时，应尽量选择地震强度小，工程地质和水文地质条件较好的场址。作为风电机组基础持力层的岩层或土层应厚度较大、变化较小、土质均匀、承载力能满足风电机组基础的要求。

（9）环境保护要求：风电场选址时应注意与附近居民、工厂、企事业单位（点）保持适当距离，尽量减小噪声污染；应避开自然保护区、珍稀动植物地区以及候鸟保护区和候鸟迁徙路径等。另外，候选风电场场址内树木应尽量少，以便在建设和施工过程中少砍伐树木。

（10）风电发展原则：规模开发与分散开发相结合，在"三北"地区（西北、华北和东北）和东部沿海风能资源丰富地区规模优发展。其他地方因地制宜发展。

7.1 风电场选址

7.1.1 风电场开发

风力发电的经济效益取决于风能资源、电网连接、交通运输、地质条件、地形地貌和社会经济等多方面复杂的因素，风电场选址时应综合考虑以上因素，避免因选址不当而造成损失。

1. 风能资源

建设风电场最基本的条件是要有能量丰富、风向稳定的风能资源。利用已有的测风数据以及其他地形地貌特征，如长期受风吹而变形的植物、风蚀地貌等，在一个较大范围内，例如一个省、一个县或一个电网辖区内，找出可能开发风电的区域，初选风电场场址。现有测风数据是最有价值的资料，中国气象科学研究院和部分省区的有关部门绘制了全国或地区的风能资源分布图，按照风功率密度和有效风速出现的小时数进行风能资源区划分，标明了风能丰富的区域，可用于指导宏观选址。有些省区也已进行过风能资源的调查。某些地区完全没有或者只有很少现成的测风数据，还有些区域地形复杂，由于风在空间的多变性，即使有现成资料用来推算测站附近的风况，其可靠性也受到限制。可采用以下定性的方法初步判断风能资源是否丰富。

1) 地形地貌特征

对缺少测风数据的丘陵和山地，可利用地形地貌特征进行风能资源评估。地形图是表明地形地貌特征的主要工具，采用1∶50000的地形图，能够较详细地反映出地形特征。

（1）从地形图上可以判别发生较高平均风速的典型特征是：①经常发生强烈气压梯度的区域内的隘口和峡谷；②从山脉向下延伸的长峡谷；③高原和台地；④强烈高空风区域内暴露的山脊和山峰；⑤强烈高空风区域或温度压力梯度区域内暴露的海岸；⑥岛屿的迎风和侧风角。

（2）从地形图上可以判别发生较低平均风速的典型特征是：①垂直于高处盛行风向的峡谷；②盆地；③表面粗糙度大的区域，例如森林覆盖的平地等。

2) 风力造成的植物变形

植物因长期被风吹而导致永久变形的程度可以反映该地区风力特性的一般情况。特别是树的高度和形状能够作为记录多年持续的风力强度和主风向的证据。树的变形受多种因素影响，包括树的种类、高度、暴露在风中的程度、生长季节和非生长季节的平均风速、年平均风速和持续的风向等。已经得到证明，年平均风速是与树的变形程度最相关的特性。

3）受风力影响形成的地貌

地表物质会因风吹而移动和沉积，形成干盐湖、沙丘和其他风成地貌，从而表明附近存在固定方向的强风，如在山的迎风坡岩石裸露，背风坡砂砾堆积。在缺少风速数据的地方，研究风成地貌有助于初步了解当地的风况。

4）向当地居民调查了解

有些地区由于气候的特殊性，各种风况特征不明显，可通过对当地长期居住居民的询问调查，定性了解该地区风能资源的情况。

阅读材料7-1

风能资源评估的必要性

风能资源评估是风电资源开发的前提，是风电场建设的关键。评估的目的主要是摸清风能资源，确定风电场的装机容量和为风力发电机组选型及布置等提供依据，便于对整个项目进行经济技术评价。风能资源测量和评估的水平直接影响风电场选址以及发电量预测，最终反映为风电场建成后的实际发电量。

风电场场址选择的优劣与否对风电场以后的运行效益至关重要。风力发电的主要目的是节省常规能源、减少环境污染、降低发电总成本。风电场场址的合理选择能够节约资金、提高用电质量，优化电力资源分配及促进地区发展等，但场址的选择受到很多技术因素、社会因素、经济因素的影响，其中定性因素占很大比重且又难以量化，对风电场场址的合理选择，就需要对这些因素及其指标进行综合评价。同时根据可持续发展理论，并针对我国电力工业发展的特点，我国电力可持续发展理论的基本概念定义为：依靠科学进步和运用社会主义市场经济运行机制，在重视生态环境保护、改善电力结构、提高电力生产、综合利用效率的同时，发展电力以满足当代人的电力需求，又不对后代人满足电力需求的能力构成危害。由此可见，在风电场建设项目选址时进行综合分析、优化选址具有十分重要的意义。

2．电网连接

并网型风力发电机组需要与电网相连接，场址选择时应尽量靠近电网。对小型的风电项目而言，要求离10～35kV电网比较近；对比较大型的风电项目而言，要求离110～220kV电网比较近。风电场离电网近不但可以降低并网投资，而且可以减少线路损耗，满足电压降要求。接入电网容量要足够大，避免受风电机组随时启动并网、停机解列（脱网）的影响。一般来讲，规划风能资源丰富的风电场，选址时应考虑接入系统的成本，要与电网的发展相协调。

3．地质条件

风电机组基础的位置最好是承载力强的基岩、密实的壤土或黏土等，并要求地下水位低，地震烈度小。

4. 交通条件

风能资源丰富的地区一般都在比较偏远的地区，如山脊、戈壁滩、草原和海岛等，必须拓宽现有道路并新修部分道路以满足大部件运输的要求，其中有些部件可能超过30m，风电场选址时应考虑交通方便，便于设备运输，同时减少道路投资。

5. 地形条件

选择场址时，在主风向上要求尽可能开阔、宽敞、障碍物少、粗糙度低，对风速影响小。另外，场址地形应比较简单，便于大规模开发，有利于设备的运输、安装和管理。

6. 社会经济因素

随着技术发展和风电机组生产批量的增加，风电成本将逐步降低。但目前中国风电上网电价仍比煤电高出约 0.3 元/kW·h。虽然风电对保护环境是有利的，但对那些经济发展缓慢、电网比较小、电价承受能力差的地区，会造成沉重的负担。所以国家实施有关优惠政策是至关重要的。

7.1.2 风电场宏观选址

风电场宏观选址的过程是从一个较大的地区，对气象条件等多方面进行综合考虑后，选择一个风能资源丰富、而且最有利用价值的小区域的过程。

随着技术的不断发展，风能开发和利用越来越被人们重视。但是，在风能应用的实际工作中，首先应予考虑的是如何选择好风力发电机组的安装场地。场地选择的好坏对能否达到风能应用所要达到的预期目的及达到的程度，起着至关重要的作用。

当然，还应考虑经济、技术、环境、地质、交通、生活、电网、用户等诸多方面的问题。但即使在同一地区，由于局部条件的不同，也会有着不同的气候效应。因此如何选择有利的气象条件，力求最大限度发挥风力发电机组的效益，有着重要的意义。本节主要从气象角度考虑如何进行风电场选址。

宏观选址主要按如下条件进行。

1) 场址选在风能质量好的地区

所谓风能质量好的地区是：年平均风速较高；风功率密度大；风频分布好；可利用小时数高的地区。

2) 风向基本稳定（即主要有一个或两个盛行主风向）

所谓盛行主风向是指出现频率最多的风向。一般来说，根据气候和地理特征，某一地区基本上只有一个或两个盛行主风向且几乎方向相反，这种风向对风力发电机组的排布非常有利，考虑因素很少，排布也相对简单。但是，也有这种情况，就是虽然风况较好，但没有固定的盛行风向，这对风力发电机组排布尤其是在风力发电机组数量较多时带来不便，这时，就要进行各方面综合考虑来确定最佳排布方案。

在选址考虑风向影响时，一般按风向统计各个风速的出现频率，使用风速分布曲线来描述各个风向方向上的风速分布，作出不同的风向风能分布曲线，即风向玫瑰图和风能玫瑰图，来选择盛行主风向。

3) 风速变化小

风电场选址时尽量不要有较大的风速日变化和季节变化。

4) 风力发电机组高度范围内风垂直切变要小

风力发电机组选址时要考虑因地面粗糙度引起的不同风速廓线,当风垂直切变非常大时,对风力发电机组的运行十分不利。

5) 湍流强度小

由于风是随机的,加之场地粗糙的地表面和附近障碍物的影响,由此产生的无规则的湍流会给风力发电机组及其出力带来无法预计的危害;减小了可利用的风能;使风力机组产生振动;叶片受力不均衡,引起部件机械磨损,从而缩短了风力发电机组的寿命,严重时使叶片及部分部件受到不应有的毁坏;等等。因此,在选址时,要尽量使风力机组避开粗糙的地表面或高大的建筑障碍物。若条件允许,风力发电机组的轮毂高度应高出附近障碍物至少 8~10m,距障碍物的距离应为 5~10 倍障碍物高度。

6) 尽量避开灾害性天气频繁出现的地区

灾害性天气包括强风暴(如强台风、龙卷风等)、雷电、沙暴、覆冰、盐雾等,对风力发电机组具有破坏性,如强风暴和沙暴会使叶片转速增大产生过发,叶片失去平衡而增加机械摩擦导致机械部件损坏,降低风力发电机组使用寿命,严重时会使风力发电机组毁坏;多雷电区会使风力发电机组遭受雷击从而造成风力发电机组毁坏;多盐雾天气会腐蚀风力发电机组的部件从而降低风力发电机组部件的使用寿命;覆冰会使风力发电机组叶片及其测风装置发生结冰现象,从而改变了叶片翼型,由此改变了正常的气动力出力,减少风力机组出力,叶片积冰会引起叶片不平衡和振动,增加疲劳负荷,严重时会改变风轮固有频率,引起共振,从而减少风力发电机组寿命或造成风力发电机组严重毁坏;叶片上的积冰在风力发电机组运行过程中会因风速、旋转离心力而甩出,坠落在风力发电机组周围,危及人员和设备自身安全,测风传感器结冰会给风力发电机组提供错误信息从而使风力发电机组产生误动作;等等。此外,由于冰冻和沙暴,会使测风仪器的记录出现错误。风速仪上的冰会改变风杯的气动特性,降低了转速甚至会冻住风杯,从而不能可靠地进行测风和对潜在风电场风能资源进行正确评估。因此,频繁出现上述灾害性气候的地区应尽量不要安装风力发电机组。但是,在选址时,有时不可避免地要将风力发电机组安装在这些地区,此时,在进行风力发电机组设计时就应将这些因素考虑进去,要对历年来出现的冰冻、沙暴情况及其出现的频度进行统计分析,并在风力发电机组设计时采取相应措施。

7) 尽可能靠近电网

要考虑电网现有容量、结构及其可容纳的最大容量,以及风电场的上网规模与电网是否匹配的问题;风电场应尽可能靠近电网,从而减少电损和电缆铺设成本。

8) 交通方便

要考虑所选风电场交通运输情况,设备供应运输是否便利、运输路段及桥梁的承载力是否适合风力发电机组运输车辆等。风电场的交通方便与否将直接影响发电场建设,如设备运输、装备和备件运送等。

9) 对环境的不利影响小

通常,风电场对动物特别是对飞禽及鸟类有伤害,对草原和树林也有些损害。为了保护生态,在选址时应尽量避开鸟类飞行路线、候鸟及动物停留地带及动物筑巢区,尽量减少占用植被面积。

10) 地形情况

地形因素要考虑风电场区域的复杂程度。如多山丘区、密集树林区、开阔平原区、水域或兼有等。地形单一对风的干扰低，风力发电机组能无干扰地运行在最佳状态；反之，地形复杂多变，产生扰流现象严重，对风力发电机组出力不利。验证地形对风电场风力发电机组出力产生影响的程度，通过考虑场区方圆50km（对非常复杂地区）以内地形粗糙度及其变化次数、障碍物如房屋树林等的高度、数字化山形图等数据，还有其他如上所述的风速风向统计数据等，利用WAsP软件的强大功能进行分析处理。

11）地质情况

风电场选址时要考虑所选定场地的土质情况，如是否适合深度挖掘（无塌方、出水等）、房屋建设施工、风力发电机组施工等。要有详细的反应该地区的水文地质资料并依照工程建设标准进行评定。

12）地理位置

从长远考虑，风电场选址要远离强地震带、火山频繁爆发区，以及具有考古意义及特殊使用价值的地区。应收集历年有关部门提供的历史记录资料。结合实际作出评价。另外，考虑风电场对人类生活等方面的影响如风力发电机组运行会产生噪声及叶片飞出伤人等，风电场应远离人口密集区。有关规范规定风力发电机组离居民区的最小距离应使居民区的噪声小于45dB(A)，该噪声可被人们所接受。另外，风力发电机组离居民区和道路的安全距离从噪声影响和安全考虑，单台风力发电机组应远离居住区至少200m。而对大型风电场来说，这个最小距离应增至500m。

13）温度、气压、湿度

温度、气压、湿度的变化会引起空气密度的变化，从而改变了风功率密度，由此改变风力发电机组的发电量。在收集气象站历年风速风向进行精确计算的同时应统计温度、气压、湿度。在利用WAsP软件对风速风向进行精确计算的同时，利用温度、气压、湿度的最大、最小及平均值进行风力发电机组发电量的计算验证。

14）海拔

同温度、气压、湿度一样，具有不同海拔的区域其空气密度不同，从而改变了风功率密度，由此改变风力发电机组的发电量。在利用WAsP软件进行风能资源评估分析计算时，海拔的高度间接对风力发电机组发电量的计算验证起重要作用。

7.1.3 风电场微观选址

微观选址是指在宏观选址中选定的小区域中确定如何分布风力发电机组，使整个风电场具有较好的经济效益。一般，风电场选址研究需要两年的时间，其中现场测风应至少一年以上的数据。国内外的经验教训表明，由于风电场选址的失误造成发电量的损失和增加的维修费用将远远大于对场址进行详细调查的费用。因此，风电场选址对于风电场的建设是至关重要的。

风力发电机组微观选址时的一般选择如下。

1. 平坦地形

平坦地形可以定义为，在风电场区及周围5km半径范围内其地形高度差小于50m，同时地形最大坡度小于3°。实际上，对周围特别是场址的盛行风的上（来）风方向，没有大的山丘或悬崖之类的地形，仍可作为平坦的地形来处理。

（1）粗糙度与风速的垂直变化。对平坦地形，在场址地区范围内，同一高度上的风速分布可以看作均匀的,可以直接使用邻近气象台、站的风速观测资料来对场址进行风能估算,这种平坦地形下,风的垂直方向上的廓线与地表面粗糙度有着直接关系,计算也相对简单。对平坦地形,提高风力发电机组功率输出的唯一方法是增加塔架高度。

(2) 障碍物的影响。如前所述,障碍物是指针对某一地点存在的相对较大的物体,如房屋等。当气流流过障碍物时,由于障碍物对气流的阻碍和遮蔽作用,会改变气流流动方向和速度。障碍物和地形变化会影响地面粗糙度,风速的平均扰动及风轮廓线对风的结构都有很大的影响,但这种影响有可能是有利的(形成加速区),也可能是不利的(产生尾流、风扰动)。所以在选址时要充分考虑这些因素。

一般来说,没有障碍物且绝对平整的地形是很少的,实际上必须要对影响风的因素加以分析。

气流流过障碍物时,在障碍物的下游会形成尾流扰动区,然后逐渐衰弱。在尾流区,不仅风速会降低,而且还会产生很强的湍流,对风力发电机组运行十分不利。因此在设置风力发电机组时必须注意避开障碍物的尾流区。

尾流的大小、延伸长度及强弱与障碍物大小及形状有关。作为一般法则,当障碍物的宽度 b 与高度 h 比 $b/h \leq 5$ 时,在障碍物的下风方向可产生 20 倍障碍物高度 h 的强的扰流尾流区,宽度比越小,减弱越快;宽度 b 越大,尾流区越长。极端情况即 $b \gg h$ 时,尾流区长度可达 35 倍的障碍物高度 h。尾流扰动高度可以达到障碍物高度的 2 倍。当风力发电机组风轮叶片扫风最低点为 3 倍的障碍物高度 h 时,障碍物在高度上的影响可以忽略。因此如果必须在这个区域内安装风力发电机组,则风力发电机组的安装高度至少应高出地面 2 倍的障碍物高度。另外,由于障碍物的阻挡作用,在上风方向和障碍物的外侧也会造成湍流涡动区。一般来说,如果风力发电机组的安装地点在障碍物的上风方向,也应距障碍物 2~5 倍障碍物高度的距离。

如果风力发电机组前有较多的障碍物时,平均风速由于障碍物的多少和大小而相应变化,此时地面影响必须严格考虑,如通过修正地面粗糙度等。

2. 复杂地形

复杂地形是指平坦地形以外的各种地形,大致可以分为隆升地形和低凹地形两类。地形对风力有很大的影响,这种影响在总的风能资源分区图上无法表示出来,需要在大的背景上作进一步的分析和补充测量。复杂地形下的风力特性的分析是相当困难的。但是如果了解了典型地形下的风力分布规律就有可能进一步地分析复杂地形下的风电场分布。

(1) 山区风的水平分布和特点。在一个地区自然地形提高,风速可能提高。但这不只是由于高度的变化,也是由于受某种程度的挤压(如峡谷效应)而产生的加速作用。

在河谷内,当风向与河谷走向一致时,风速将比平地大;反之,当风向与河谷走向相垂直时,气流受到地形的阻碍,河谷内的风速大大减弱。新疆阿拉山风口区属中国有名的大风区,因其地形的峡谷效应,使风速得到很大的增强。

山谷地形由于山谷风的影响,风将会出现较明显的日或季节变化。因此选址时需要考虑到用户的要求。一般地说,在谷地选址时,首先要考虑的是山谷风走向是否与当地盛行风向一致。这种盛行风向是指大地形下的盛行风向,而不能按山谷本身局部地形的风向确定。因为山地气流的运动,在受山脉阻挡情况下,会就近改变流向和流速,在山谷内风多数是沿着山谷吹的。然后考虑选择山谷中的收缩部分,这里容易产生狭管效应。而且两侧的山越高,风也越强。另一方面,由于地形变化强烈,所以会产生强的风切变和湍流,在选址应该注意。

(2)山丘、山脊地形的风电场。对山丘、山脊等隆起地形,主要利用它的高度抬升和它对气流的压缩作用来选择风力发电机组安装的有利地形。

相对于风来说展宽很长的山脊,风速的理论提高量是山前风速的2倍,而圆形山包为1.5倍,这一点可利用风图谱中流体力学和散射实验中试验所适应的数学模型得以认证。

孤立的山丘或山峰由于山体较小,因此气流流过山丘时主要的形式是绕流运动。同时山丘本身又相当于一个巨大的塔架,是比较理想的风力发电机组的安装场址。国内外研究和观测结果表明,在山丘与盛行风向相切的两侧上半部是最佳的场址位置。在这里气流得到最大的加速。其次是山丘的顶部。应避免在整个背风面及山麓选定场址,因为这些区域不但风速明显降低,而且有强的湍流。

(3)海陆对风的影响。除山区地形外,在风力发电机组选址中遇得最多的就是海陆地形。

由于海面摩擦阻力比陆地要小,在气压梯度力相同的条件下,低层大气中海面上的风速比陆地上要大。因此各国选择大型风力发电机组的位置有两种:一是选在山顶上,这些场址多数远离电力消耗的集中地;二是选在近海,这里的风能潜力比陆地大50%左右,所以很多国家都在近海建立风电场。

从上面对复杂地形的介绍及分析可以看出,虽然各种地形的风速变化有一定的规律,但要进行进一步的分析还存在一定的难度,因此,应当在当地建立测风塔,利用实际风和测量值来与原始气象数据比较,作出修正后再确定具体方案。

3. 风力发电机组排列方式

风力发电机组排列方式主要与风向及风力发电机组的数量、场地的实际情况有关。应根据当地的单一盛行风向或多风向,决定风力发电机组是矩阵式分布还是圆形或方形分布。

合理地安排风力发电机组是风电场设计时需要考虑的重要问题。如果排列过密,风力发电机组间的相互影响将会大幅度地降低排列效率,减少年发电量,并且产生的强紊流将造成风力发电机组的振动,恶化受力状态;反之,如果排列过疏,不但年发电量增加很少,而且增加了道路、电缆等投资费用及土地利用率。按标准要求,无论何种方式的排列,应保证风力发电机组间相互干扰最小化。

对平坦地形,当盛行主风向为一个方向或两个方向且相互为反方向时,风力发电机组排列方式一般为矩阵式分布。风力发电机组群排列方向与盛行风向垂直,前后两排错位,即后排风力发电机组始终位于前排2台风力发电机组之间。根据国外进行的试验,风力发电机组间距离为其风轮直径的10倍时,风力发电机组效率将减少约20%~30%,20倍距离时无任何影响。但是,在考虑风力发电机组的最大捕获率或因考虑场地面积而允许出现较小干扰,并考虑道路、输电线等投资成本的前提下,可适当调整各风力发电机组间的间距和排距。一般来说,风力发电机组的列距约为3~5倍风轮直径;行距约为5~9倍风轮直径。

当场地为多风向区,即该地存在多个盛行风向时,依场地面积和风力发电机组数量,风力发电机组排布一般采用"田"形或圆形分布,此时风力发电机组间的距离应相对大一些，通常取 10～12 倍风轮直径或更大。

对复杂地形如山区、山丘等，不能简单地根据上述原则确定风力发电机组数量，而是根据实际地形，测算各点的风力情况后，经综合考虑各方因素如安装、地形地质等，选择合适的地点进行风力发电机组安装。

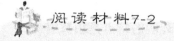

模糊综合评价

在日常生活、生产中，人们常常需要比较各种事物，评价其优劣好坏，并以此作出相应的处理。而一个事物的状况往往与多种因素相关，在对事物进行评价时应兼顾各种因素，特别是在生产规划、管理调度等复杂系统中，作出任何一个决策时，都必须对多个相关的因素进行综合考虑，这便是综合评价问题。当确定事物性质的各种因素具有模糊性时，这种涉及模糊因素的评价称为模糊综合评价。

模糊综合评价是解决多指标综合问题的一种有效的辅助决策方法。它是应用模糊关系合成的特性，在给出评价准则和实测值的基础上，根据多个指标对于被评价事物的隶属等级状况进行综合性评价的一种方法。它把被评价事物的变化区间作出划分，又对事物属于各个等级的程度作出分析，这样使得对事物的描述更加深入客观，分析结构更加准确。

模糊综合评价是一种较为常用的方法，它广泛应用于环境、气象预报、经济管理以及教学过程等众多领域的评价，然而，随着综合评价在经济、社会等大系统中信息的不充分以及人类思维的 Fuzzy 性（模糊性）等矛盾的涌现，使人们很难作出评价和决策。实践证明，综合评价的可靠性和准确性依赖于合理选取因素、因素的权重分配（权重可随着因素的状态和时间而发生变化）和综合评价的合成算子以及知识表示与模型选择等。具体可分为层次分析理论、灰色系统理论、变权综合理论、可拓集理论、集对理论以及数学属性理论等理论拓展模糊综合评价的数学模型，但无论如何，都必须根据具体综合评价问题的目的、要求及特点，从中选取合适的评价模型和算法，使所选的数学模型客观、科学和有针对性。

7.2 可行性评估

7.2.1 地形特性评估

对于风电场视觉影响的最小化基本步骤是选择一个合适的地点，并且保证被提议的开发项目和当地环境条件相和谐。许多外露的高地可能更加宜人，并且被选定为重要的风景区，甚至被选定为国家公园。在国家公园上建设风电场相当困难，并且应该认识到，规划部门对于特殊指定地区的任何看法都很重要。

一旦一个潜在的地点被选定了，就开始研究建立地区的景观和视觉规划。这将包括在现场观察的基础上，对于现场描述和最新的地图。有必要描述一下地形、地貌和土地利用方式。对于地形的特性和它的质量评估及具有潜在敏感意义的地点都要进行描述。

例如，Stanton(1994)提出一些被认为很有必要的风电场形象的地貌特性。他认为开发应该简单，符合逻辑且避免视觉污染。虽然一个地形类型与另外一个地点相比，不再适合建设风电场，作者认为对于不同类型的开发项目，该地点是否合适是有变数的，例如，平原耕地被认为适合数量较少的风力机或安置比较相似机型的大型风电场，而海边被认为适合大数量的风力机，但是开发应该联系到海边的线性质量。当然对这些观点存在着争议，但它们确实说明了在一个风电场开发之前，考虑地貌的特点是很重要的。

累计效应被认为是重要的，同时同一个地区内多个风电场的影响也是主要考虑因素，当地的地形特点，如建筑物和障碍物，可以限制视野，也可能意味着一种地形有增加风力机的能力，但需要有详尽的观察来证明[3]。

7.2.2 噪声评估

在人口比较稠密的地区，风电机组发出的噪声应当引起足够的重视。人们在不同的地方和不同的时间对噪声的感受不一样，同样的噪声水平在工业区可以接受，在农业区则不然；在白天可以接受而夜晚则不能。风电机组发出的噪声在低风速时比高风速时感觉更明显，因为背景噪声，如风吹树叶的响声等相对较小。风电机组噪声的来源有两种，一种是风轮叶片旋转时产生的空气动力噪声，从叶片后缘和叶尖处的涡流发出，另一种是齿轮箱和发电机等部件发出的机械噪声，通过精心设计，如改进叶片外形和增强机舱隔声性能等，可以将噪声减小到能够接受的程度。现代300kW机组在8m/s风速运行时，距离机组200m处的噪声水平是45dB(A)，丹麦规定这是单台风电机组与居民住房最小的距离，而风电场则应该是500m。另外一种限制的指标是风电机组运行时的噪声水平，应当不超过当地现有的夜间背景噪声水平。

衡量风电机组的噪声水平有两个指标，一个是声源的声强水平 L_W，另一个是接受声音处的声压水平 L_P。L_W 和 L_P 的单位一般都用 dB(A)(分贝)表示，声强水平描述声源的强度，声压水平则描述噪声传播到任何一点的情况。

风电机组的噪声，即声源的声强水平可以用下式表达

$$L_W = 20\log_{10}\left(\frac{P}{P_0}\right) \tag{7-1}$$

式中　P——声源的声强水平；

P_0——参考声强水平，一般取 $10\sim20$W。

现代大型风电机组制造商提供的典型声强水平值的范围在95dB(A)到105dB(A)。声强水平随风速变化，所以与风电机组的运行状态有关。大风吹过灌木和树林时产生的噪声会掩盖风电机组的噪声，对噪声评估来说低风速是关键，厂家通常提供的是8m/s风速时的声强水平。

噪声的声压水平 L_P 的定义如下：

$$L_P = 20\log_{10}\left(\frac{P}{P_0}\right) \tag{7-2}$$

式中　P——均方根声压水平；

P_0——参考声压水平，通常取 20×10^{-6}W。

距离风电场350m处声压水平的典型值是 $35\sim45$dB(A)。

7.2.3 生态评估

建设风电场对当地生态环境的影响主要是土地利用、施工期间对植被的改变以及对鸟类的习性的改变等。为了减小尾流的影响，风电机组之间应该有足够的距离，一般是风轮直径的5～8倍，风电场的总面积很大，若采用600kW机组，在平坦的地方7000kW的装机容量需要1km^2，但是实际占用的土地面积不到1%，其中包括机组的基础、变电站设施和道路等。其余99%的土地原来是牧场的仍可放牧，是耕地的仍可耕种，相当于双重利用。只是在施工期间因吊装需要，有些植被特别是林地中的树木被铲除或砍伐，不过风电场的施工期都很短，工程结束后可恢复原来的植被，风电场在运行过程中也不排放任何废弃物，不消耗水资源，所以对当地生态环境的影响很小。

人们曾担心风电场会威胁鸟类的安全或生活习性，而且确实发生过猛禽类的大鸟撞到风轮叶片上的事故，但这是极其罕见的。经过许多国家设置专门的课题研究，发现风电场对鸟类的影响要比常规高压输电线或交通运输小得多。当然在选址时应注意避开候鸟迁徙的路径或鸟类的栖息地，机舱和塔架的结构设计要考虑防止鸟类筑巢等。巨大的塔架和旋转的风轮，几十台及上百台的机群分布在广袤的土地上，必然改变当地的景观，如果规划得好，机组排列整齐或错落有致，塔架结构和尺寸相似，风轮叶片数、颜色和旋转方向相同，在视觉上给人以和谐的感觉，当地居民也乐于接受，成为吸引人的旅游资源。但是在实际中往往受项目规模的限制，在同一地点分期建设的项目选用的设备各异，机组有大有小，桁架式和圆筒式塔架混杂其中，风轮有两叶片的又有三叶片的，这台风轮逆时针旋转而那台顺时针旋转，便显得杂乱无章，这时风电场景观很差，美国加州及荷兰早期建成的风电场曾经发生过这种情况，因此这也成为许多人反对风力发电的理由，教训相当深刻。随着经济和社会文化的发展，人们的审美观念将发生改变，保护自然景观和人文景观的意识会增强，风电场的选址要避开自然保护区和存在文物古迹的地方。英国Garrad-Hassan有限公司开发的电脑软件WindFarmer可以模拟未来风电场的景观，供规划设计时参考。

另外风轮叶片旋转时地面移动的影子也会干扰人的视觉，南方有个风电场建在山脊上，周围50m内没有居民住房，不会发生扰民的事情，但投产运行后接到山下学校师生的抱怨，原来叶片的影子投到教室窗户上，一晃一晃影响上课。国外亦曾发生类似案例，规划风电场时应当引起注意。

7.3 风电机安装及设计软件介绍

风电场选址完成后，为充分合理地使用风能，对于购买风力发电机组建设风电场的用户而言，首先要了解当地的风能资源状况，然后根据预计产生的经济效益来决定当地是否适合建设风电场、购买风力发电机组是否可行以及选择合适的风力发电机组规格（如合适的启动风速、额定风速及功率曲线等性能参数），以期最大限度地利用当地的风能资源。没有风能资源分析评估，或者错误地分析当地风能资源，风能利用率和经济效益就不会达到预期的目的，甚至可能造成重大经济损失。

要选择适当的风力机排布方式来尽量使电能产出最大化，这就需要在软件中进行流场计算时，获得很好的精度，确定风场内每一网格的风况，风力机的排布安装将优化选择在更利于风力机出力的位置。这就从空气动力学上对风能资源评估软件提出了较高的要求。同时，在复杂地形上进行风力机排布时，风力机除了要考虑风力机尾流效应外，还要充分考虑复杂地形绕流对风力机性能和载荷的影响，一般要采用专用软件进行计算，这也加大了风电场设计发电量计算对软件的要求。利用数值模拟的方法对风能资源进行评估和对风电场进行微观选址，其关键之一就是选择合适的风能资源评估和风电场选址软件。目前用于风电场风能资源分布评估和发电量计算的软件主要有：WAsP（Wind Atlas Analysis and Application Programs）、Windsim、Meteodyn、WindFarmer、WindPro 和 WAsp Engineering 等软件，其中 WAsP、Windsim、Meteodyn 等主要用于风能资源评估和风场可行性研究；WindFarmer、WindPro 主要用于风电场的优化设计以及发电量评估计算；WAsP Engineering 主要用于复杂风电场以及极端风速下的载荷情况计算。

目前风力发电场的风能资源评估与选址中，设计发电量的计算主要还是按照常规的方法进行统计计算，并且大部分都应用丹麦瑞索国家实验室的 WAsP 软件进行风能资源评估计算，该软件主要功能有：区域风能资源分布计算，风电场发电量计算，风电场布机效率计算等。WAsP 软件考虑不同的地形条件、地表粗糙度和障碍物对风能资源分布的影响，根据估算到的某点的风能资源状况，利用风力发电机组的功率曲线计算该风力机组的发电量。此外还可以考虑风电场各个风电机组的尾流影响，计算风电场的理论发电量。由于地域的局限性，WAsP 软件在中国的移植性并不是很理想。这是由于 WAsP 的产地是丹麦，地域相对较小，地势相对平坦，所以应用 WAsP 可以获得很好的结果。对于中国的地貌情况，风况好的地区多处在山区丘陵地带，地势梯度变化很大，而对于坡度超过较大角度的地形，WAsP 软件相对就基本没有作用了，这也是软件本身的局限造成的。现在已经有部分风电场的前期评估工作开始应用基于 CFD 计算流体力学技术的微观选址软件，这样对于中国地貌，大大提高了对地表空气边界层分布的模拟，提高了风电场风能资源评估和设计发电量计算的准确度。这里对几种目前应用的软件进行一些简单的介绍和对比。

7.3.1　WAsP

WAsP 的主要功能如下。
（1）风观察数据的统计分析。
（2）风功率密度分布图的生成。
（3）风气候评估。
（4）风力发电机组年发电量计算。
（5）风电场年总发电量计算。

用 WAsP 对某地区进行风能资源评估分析时，考虑了该地区一定范围内不同的地面粗糙度的影响，以及由附近建筑物或其他障碍物所引起的屏蔽因素，同时还考虑了山丘以及由于场地的复杂性而引起的风的变化情况，从而估算出该地区真实的风能资源情况。另外，可以根据某一地区的风能资源情况逆行推算出另一点的风能资源，这对评估那些地处偏远又无气象资料记录的地区的风能资源是非常有用的。

1. WAsP 的输入数据

（1）气象数据输入。应提供 3 年以上的统计数据，最少 1 年，有当地气象台、站提供。可以是时间序列数据或直方图数据表。主要为风速（m/s）、风向（°）每小时（或 3h）统计值、当地标准大气压、温度及海拔。WAsP 将风向数据归类划分到 0°~360°内的 12 个风向扇区内（每一扇区为 30°，0°~30°为第一扇区，依次类推），采用国际上通用的比恩统计法（"bin"）将风速数据归类划分到相应扇区 0~17m/s 的风速段（每一风速段为 1bin，0~1m/s 为第一风速段，依次类推）。根据需要，也可以将风向扇区划分为 16 个。

(2) 地表面粗糙度的数据输入。地表面粗糙度是指风速高度对数变化时平均风速为零处的高度。依地形条件，粗糙度依不同地形层次可划分为若干个等级，在一定的距离内，地表面越复杂，或粗糙度变化层次越多，则粗糙度越多，对风的影响就越大；反之，地表面越简单，或粗糙度变化层次越少，则粗糙度越小，对风的影响就越小。在 WAsP 软件中，将平坦地形粗糙度等级分成 4 级。对于复杂的地形，则应由复杂地形综合粗糙度表确定其综合粗糙度。当地表面粗糙度不是均匀变化时，可以将一个扇区内的地形划分为 4 个分区，每个分区内的地形有相近的粗糙度，经现场实际勘察后根据平坦地形粗糙度等级及对应的粗糙度表确定每个分区的粗糙度等级，然后根据复杂地形综合粗糙度表确定其综合粗糙度。例如，某一个扇区地形的 4 个分区内的粗糙等级分别是 0、0、2、3，即在这个扇区内的地形粗糙度等级 0 出现的次数为 2，粗糙度等级 2 和 3 出现的次数分别为 1，则其综合粗糙度为 0.015；同理，当粗糙等级分别是 1、1、2、3 时，则其综合粗糙度为 0.086。现场实际勘察的范围在 2~50km 之间，地形越复杂勘察范围就越广；简单地形勘察范围可在 20km 内进行。在勘察无法进行的情况下，需要提供详细描述本地区的地图来确定粗糙度及其等级值。

(3) 地面障碍物数据输入。地面障碍物如建筑物、防风带等对风速、风向产生的衰减影响与障碍物到测风点的距离以及障碍物和测风点的高度有密切关系；另外，还与障碍物的孔隙度有一定关系。为便于计算，一般将障碍物近似视为具有一定长度、宽度和高度的矩形物来考虑。计算中要考虑：障碍物到场地某参考点（可以是测风点，也可以是风力发电机组安装地址，取决于计算内容）的距离及方位；障碍物相对场地参考点的高度；障碍物的宽度；障碍物的孔隙度等。障碍物（如建筑物、墙壁等）实度越大，则孔隙度就越大；反之，障碍物（如防风带等）实度越小，则孔隙度就越小。障碍物输入数据要经现场实际勘察后才能确定，或提供一定比例的可以明确描述障碍物特征的地图来确定。

(4) 复杂地形数据输入。地形对风的影响可以由高灵敏度的"上升式"极坐标网表示并输入。该输入坐标网可以是直角坐标或极坐标，或者是等高线地图，它们之间可以进行转换。

(5) 计算系数输入。除上述 4 项输入数据外，在 WAsP 计算分析过程中还要输入各种计算机系数，如换算系数、补偿系数、场地参考坐标等，由 WAsP 运行人员按要求根据实际情况确定。

(6) 各种型号风力发电机组标准功率曲线数据输入。风力发电机组标准功率曲线是 WAsP 估算各种型号风力发电机组年发电量所需要的数据。

2. WAsP 的输出数据

(1) 拟合 Weibull 分布的参数值。
(2) 平均风速。
(3) 0~17m/s 风速段风向、风速频率图。
(4) 输入数据、障碍物、山形对某一给定点风速、风向的影响程度。

(5) 给定点风拼图。
(6) 给定点平均风速。
(7) 给定点风功率密度。
(8) 风向玫瑰图。
(9) 风能玫瑰图(表示各风向上所占风能量的大小)。
(10) 给定点风力发电机组年发电量。
(11) 风电场年总发电量。

由此可知，WAsP 可以充分估算出某一给定点的风能资源情况，对风电场选址及风力发电机组排列具有重要指导意义。但是，该软件是以特定的数学模型为基础的，因此，在复杂地形的风电场进行选址时，应尽可能地多安装测风软件，以实际测量的数据作为风力发电机组微观选址时的主要依据。尽管如此，该软件仍是进行风能资源评估及风电场选址的有利工具，被各国尤其是欧洲国家普遍采用。

风力发电机组排列方式主要与风向及风力发电机组数量、场地实际情况相关，应根据当地实际情况进行确定。当验证风力发电机组排布是否合理，哪一种排布方式最理想时，可利用丹麦国家实验室开发的继风能资源分析处理软件 WAsP 之后的 PARK 软件(风电场风力发电机组尾流计算及最佳排列计算软件)或英国 Garrad-Hassan 有限公司开发的 WindFarmer 输入数据进行进一步分析计算，确定出风力发电机组的排布方式，计算该排布方式下及各种不同排布方式下的各风速及各风向上每台风力发电机组的发电量及风电场总的发电量，在各种方案比较后选出风力发电机组最佳排列方案。

WAsP 的不足之处包括以下 3 个方面。

(1) WAsP 软件主要针对欧洲的风能资源分布特点开发，由于我国某些地区的风速分布特点不完全服从 Weibull 分布，在使用和原理上存在误差。

(2) 该软件主要适用于地形条件不是很复杂的地区，对于复杂地形如坡度较大时，其计算结论也存在较大的误差。

(3) 发电量计算没有考虑非标准空气密度下的电量偏差。

在风电场的评估中，如果加入 CFD 流体技术来模拟风场风况分布，将提高计算精度，并为更好地微观选址提供基础。

7.3.2 其他软件简介

1. Windsim

Windsim 是基于 CFD 的风能资源评估软件，由挪威 Windsim 公司开发，适合在复杂地形下的风能资源评估。目前，Windsim 主要包括的模块有地形建立、三维地形模型；基于 CFD 的风电场模型；风电机组布置；气象数据处理；风电场后处理；风能资源地图绘制；风电场年发电量计算；交互式全三维可视化模型。相对于常规软件，Windsim 具有计算气流在三维方向上的变化、计算规划风电场任何位置的湍流强度、风速与风向在风轮扫风面内的变化、规划风电场任何位置的垂直风廓线等特点。

2. Meteodyn

MeteodynWT 使用计算流体力学方法(CFD)，适合复杂地形下的风能资源评估。其具有在复杂地形条件下对风能资源的评估具有相对较高的准确性和可靠性；可以进行基于时间序列的风能资源参数计算，避免了采用 Weibull 分布拟合的误差和支持多个测风塔数据分析等特点。其主要优势包括以下几个方面。

(1) 专门为求解大气边界层问题而开发的 CFD 技术，可以提高复杂地形风能资源评估的准确性。

(2) 可以将多个测风塔及每个测风塔不同高度的风况数据载入软件当中进行综合计算，具有真正的"多测风塔综合功能"，这是其他软件所不具备的。

(3) 可以直接输入测风的时间序列数据，而不通过 Weibull 分布拟合，降低结果的不确定性。

(4) 可以考虑热稳定度问题。例如，在海边开发的风电场，由于海陆本身的物理属性不同，从海面吹来的风与陆地吹来的风具有不同的风廓线，那么可以通过 WT 软件按照不同的方向进行不同的热稳定度设定，从而达到更好的效果。

(5) 能够更为准确地计算场区每一点处的极风，在已知测风点处或区域极风（3 秒或 10 分钟）的情况下，可以推算整个场区每一点处的极风情况，为风电机组的载荷评估奠定基础，这对模拟浙江地区特有的台风极端风能情况有帮助。

3. WindPro

WindPro 以 WAsP 为计算引擎，两者联合使用具有许多优点，如方便灵活的测风数据分析手段，用户可以方便地剔除无效测风数据，并对不同高度的测风数据进行比较，寻求相关性，评价测风结果；考虑风力机尾流影响的风电场发电量计算，并提供多种尾流模型；风力机实际位置的空气密度计算；自动修正标准条件下的风力机功率曲线；风电场规划区域的极大风速计算；几乎涵盖了市场上所有风力机，并不断更新风力机数据库，包括功率曲线、噪声排放及可视化信息等。

4. WindFarmer

风电场设计和优化软件 WindFarmer (Wind Farm Design & Optimization Software)由英国自然能源公司和 Garrad Hassan 公司联合组成的合资软件公司——WINDOPS 有限公司开发。WindFarmer 软件对 PARK 软件进行了改善和补充，主要用于风电场优化设计即风力发电机组微观选址。在国外，尤其是欧洲国家，已得到广泛应用。根据风电场区域内风能资源的分布情况，自动优化布置风力机，达到风电场风能利用率最优的目的。作为一种模块化软件，WindFarmer 包含以下多个分析计算模块：基础模块；优化设计的核心模块；MCP 模块，用于分析数据相关性；湍流强度计算模块；电气设计模块；经济评价模块；阴影闪烁模块。

5. WAsP Engineering

WAsP Engineering 可以用于估算在复杂地形中的风电机组或其他民用建筑结构的载荷情况。计算的风参数主要有以下 3 个。

(1) 极端风速，也就是 50 年一遇最大风速。如果风力机位于山顶，则与周围平坦地形相比，风速和发电量会增加很多，但同时极端风速也会相应增加，将会对风力机的叶片，塔架等设备的荷载带来不利影响。

(2) 风切变和风廓线。较大的风切变会增加荷载的波动，因此，也会相应地增加风力机叶片的疲劳强度，对风力机的长期安全运行带来危害。

(3)湍流强度，湍流会对包括风力机在内的各种民用建筑结构的动态荷载产生影响。

WindFarmer 的主要功能如下。

（1）对风力发电机组选址进行自动优化。
（2）确定风力发电机组尾流影响。
（3）对水平轴风力发电机组性能进行分析比较。
（4）确定并调整风力发电机组间的最小分布距离。
（5）分析确定风力发电机组噪声等级。
（6）对风电场进行噪声分析和预测。
（7）排除不符合地质要求、技术要求的地段和对环境敏感的地段。
（8）完全可视化界面（电缆布线着色、集锦照相、根据视觉优化原则编制布局地图）。
（9）进行财务分析。
（10）计算湍流强度。
（11）计算电气波动及电耗。

使用 WAsP 软件的部分结果数据作为输入，WindFarmer 软件与 WAsP 软件配套使用，是进行风电场设计及风力发电机组微观选址的重要手段。

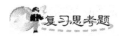

复习思考题

一、填空题

1. 建设风电场最基本的条件是_____。
2. 衡量风电机组的噪声水平有两个指标，一个是_____，另一个是_____。单位一般都用_____表示。

二、思考题

1. 风电场选址的技术规定有哪些？
2. 简述风能资源评估的必要性。
3. 简述风电场宏观选址的条件。
4. 风电场微观选址中如何合理地进行风力发电机组的排列？依据是什么？
5. 用于风电场风能资源分布评估和发电量计算的软件 WAsP 软件的功能是什么？有哪些优缺点。是否非常适合在我国的风电场建设中应用？

第 8 章 风能存储

本章教学要点

知识要点	掌握程度	相关知识
化学储能	掌握化学储能中蓄电池储能的特点及其注意事项,了解电解水制氢储能	酸铅蓄电池化学反应方程式；不同化学储能方式的成本
水力储能	掌握在水资源丰富地区水力储能的原理,了解压缩空气储能原理	小水电原理；空气压缩机及储气方法
飞轮储能	掌握飞轮储能原理	飞轮在汽车中的应用
热能储能	在热能储能中熟悉固体摩擦致热、搅拌液体致热、挤压液体致热原理,掌握涡电流致热原理	热能储能在其他行业的利用

> **导入案例**
>
> 风力发电与其他常规的火力发电、水力发电不同，风电场的输出功率不断波动，对电网产生一系列影响，其中包括在风电场引起电网各节点的电压波动、对接入点短路电流的影响、引起的潮流改变及网损的变化等。随着风电机组的装机容量的迅增，风力发电在电网中的比例增加，对电网的影响更为严重。为了降低并网风电机组输出功率的变动对电网的影响，使用化学储能、水力储能等方法减少对电网的影响。在离网型风力发电机组中，以蓄电池储能为主，同时可将多余的风能转换为其他形式的能量如水力储能、压缩空气储能、热能储能等。

风能具有间歇性，不能连续利用，并且不能直接储存起来，因此，即使在风能资源丰富的地区，当把风力发电机作为获得电能的主要方法时，必须配备适当的储能装置。在风力强的期间，除了通过风力发电机组向用电负荷提供所需的电能以外，将多余的风能转换为其他形式的能量在储能装置中储存；在风力弱或无风期间，将储能装置中储存的能量释放出来并转换为电能，向用电负荷供电。可见，储能装置是风力发电系统中储能和实现稳定、持续供电必不可少的装置。

风能可以被转换成其他形式的能量，如机械能、电能、热能，以实现提水灌溉、发电、供热、风帆助航等。目前风能转换过程的储能方式主要有化学储能、抽水储能、飞轮储能、压缩空气储能、电解水制氢储能等。

8.1 化学储能

8.1.1 蓄电池

蓄电池是化学储能的典型方式。在独立运行的小型风力发电系统中，广泛使用蓄电池作为储能装置。风力发电系统中常用的蓄电池有铅酸电池(亦称铅酸蓄电池)和镍镉电池(亦称碱性蓄电池)。

单格碱性蓄电池的电动势约为2V，单格铅酸蓄电池的电动势约为1.2V，将多个单格蓄电池串联组成蓄电池组，可获得不同的蓄电池组电势，如12V、24V、36V等，当外电路闭合时，蓄电池正负两极间的电位差即为蓄电池的端电压(亦称电压)，蓄电池的端电压在充电和放电过程中，电压是不相同，充电时蓄电池的电压高于其电动势，放电时蓄电池的电压低于其电动势，这是因为蓄电池有内阻，且蓄电池的内阻随温度的变化比较明显。

蓄电池的容量以 Ah 表示，当蓄电池以恒定电流放电时，它的容量等于放电电流和放电时间的乘积。容量为100Ah的蓄电池表示该蓄电池放电电流为10A，则可连续放电10h。在放电过程中，蓄电池的电压随着放电而逐渐降低，放电时铅酸蓄电池的电压不能低于 1.4~1.8V，碱性蓄电池的电压不能低于 0.8~1.1V，蓄电池放电和充电时的最佳电流值为10h放电率电流。

蓄电池经过多次充电及放电以后，其容量会降低，当蓄电池的容量降低到其额定值的80%以下时，就不能再使用，铅酸蓄电池的使用寿命为1~20年。影响蓄电池寿命的因素很多，如充电或放电过度、蓄电池的电解液浓度太大或纯度降低以及在高温环境下使用等都会使蓄电池的性能变坏，降低蓄电池的使用寿命。

蓄电池的电压在不用时会逐渐降低，平均每个月自身放电20%左右。温度越高，蓄电池越旧以及铅酸蓄电池电解液的比重越大，其自身放电也越严重。蓄电池的充放电特性在低温状态下明显下降。并且蓄电池必须放在通风的地方，因为蓄电池在充电时会产生氢气和氧气，不通风易造成氢气爆炸。

在使用蓄电池时要注意下列事项。

(1) 防止过充、过放电，因为过充、过放电会降低蓄电池的寿命。
(2) 避免在高温下使用，因为高温会使蓄电池寿命显著缩短。
(3) 避开火源，因为蓄电池会产生氢气，易引起爆炸。
(4) 要经常（或定期）检查电解液比重，及时添蒸馏水。

8.1.2 电解水制氢储能

众所周知，电解水可以制氢，而且氢可以储存，在风力发电系统中采用电解水制氢储能是将随机的不可储存的风能转换为氢能储存起来；而制氢、储氢及燃料电池是这种储能方式的关键技术和部件。图8.1为水中提取氢储能示意图。

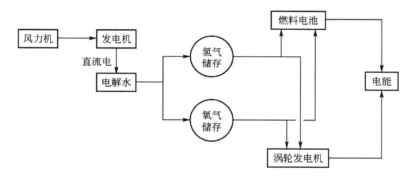

图8.1 水中提取氢储能示意图

燃料电池(Fuel cell)是一种化学电池，其作用原理是把燃料氧化时所释放出来的能量通过化学变化转化为电能。在以氢作燃料时，就是利用氢和氧化合时的化学变化所释放出来的化学能，通过电极反应，直接转化为电能，即 $H_2 + \frac{1}{2}O_2 \longrightarrow H_2O + $电能。由此化学反应式看出，除产生电能外，只产生水，因此，利用燃料电池发电是一种清洁的发电方式，而且由于没有运动条件，工作起来更安全可靠，利用燃料电池发电的效率很高，例如，碱性燃料电池的发电效率可达50%～70%。

在该储能方式中，氢的储存也是一个重要环节，储氢技术有多种形式，其中以金属氧化物储氢最好，其储氢密度高，优于气体储氢及液态储氢，不需要高压和绝热的容器，安全性能好。

近年国外还研制出一种再生式燃料电池(Regenerative Fuel cell)，这种燃料电池能利用氢氧化合直接产生电能，反过来应用它也可以电解水而产生氢和氧。

电解水制氢储能是一种高效、清洁、无污染、工作安全、寿命长的储能方式，但燃料电池及储存氢装置的成本较高。

8.2 水力储能

在水资源丰富地区适用。当风力强而用电负荷所需要的电能少时，风力发电机发出的多余的电能驱动抽水机，将低处的水抽到高处的储水池或水库中转换为水的位能储存起来，也可由风力机直接带动水泵进行提水。在无风期或是风力较弱时，则将高处储水池或水库中储存的水释放出来流向低处水池，利用水流的动能推动水轮机转动，带动发电机发电，从而保证供电稳定。实际上，这时已是风力发电和水力发电同时运行，共同向负荷供电。

储水储能比蓄电池储能复杂，工程量大；一般适用于配合大、中型风力发电机组，有可利用的高山、河流、地形以及构筑水库可行。其系统如图 8.2 所示。另外在岛屿的高处筑水库，在白天用电少时，把海水抽入水库，在晚上用电高峰时，用水库中的水（水力）发电以增加电量。

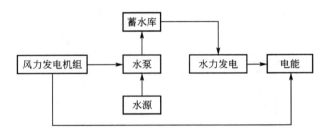

图 8.2 储水储能示意图

与水力储能方式相似另一种储能方式是压缩空气储能，该储能方式也需要特定的地形条件，即需要有挖掘的地坑或是废弃的矿坑或是地下的岩洞，当风力强，用电负荷少时，可将风力发电机发出的多余的电能驱动一台由电动机带动的空气压缩机，将空气压缩后储存在地坑内；而在无风期或用电负荷增大时，则将储存在地坑内的压缩空气释放出来，形成高速气流，从而推动涡轮机转动，带动发电机发电。其系统如图 8.3 所示。

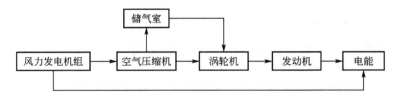

图 8.3 压缩空气储能示意图

8.3 飞轮储能

由运动力学可知，做旋转运动的物体皆具有动能，此动能也称为旋转的惯性能 A，其

计算公式为

$$A=\frac{1}{2}I\omega^2 \quad (8-1)$$

式中　I——旋转物体的转动惯量，kg·m²；
　　　ω——旋转物体的旋转角速度，rad/s。

所表示的为旋转物体达到稳定的旋转角速率时所具有的动能，若旋转物体的旋转角速率是变化的，例如由 ω_1 增加到 ω_2，则旋转物体增加的动能为

$$\Delta A = I\int_{\omega_1}^{\omega_2}\omega d\omega = \frac{1}{2}I(\omega_2^2 - \omega_1^2) \quad (8-2)$$

这部分增加的动能即储存在旋转体中，反之，若旋转物体的旋转角速度减小，则有部分旋转的惯性动能被释放出来。

同时由动力学原理可知，旋转物体的转动惯量 I 与旋转物体的重力及旋转部分的惯性直径有关，即

$$I=\frac{GD^2}{4g} \quad (8-3)$$

式中　D——旋转物体的惯性直径，m；
　　　G——旋转物体的重力，N；
　　　g——重力加速度，m/s²。

风力发电系统中采用飞轮储能，即是在风力发电机的轴系上安装一个飞轮，利用飞轮旋转时的惯性储能原理，当风力强时，风能即以动能的形式储存在飞轮中；当风力弱时，储存在飞轮中的动能则释放出来驱动发电机发电，采用飞轮储能可以改善由于风力起伏而引起的发电机输出电能的波动，改善电能的质量。风力发电系统中采用的飞轮，一般多由钢制成，飞轮的尺寸大小则由系统所需储存和释放能量的多少而定。飞轮储能系统如图 8.4 所示。

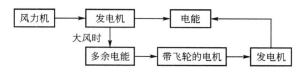

图 8.4　飞轮储能示意图

8.4　热 能 储 能

风通常带来的是凉爽和寒冷。风能转化为机械能、电能，也能转换为热能。在北方地区，当寒流袭来时，可利用风能采暖，可以说是资源优势与需求的互补。

风能转换为热能一般通过 3 种途径：一是经电能转换为热能，风能→机械能→电能→热能；二是通过热泵，风能→机械能→空气压缩能→热能；第三种是直接热转换，风能→机械能→热能。前两种是三级能量转，后一种是两级能量转换。

风轮轴输出的机械动力直接驱动致热器。能量转换意味着要损失一部分能量，转换次数少就能减少这部分损失。另外，根据热力学第二定律，从机械能和电能转换为热能时，其转换效率理论上认为能达到 100%。如果经电能再转换为热能，即使电热转换效率能达到 100%，但由于从风能到电能的转换效率很低，将导致总的热转换效率下降。因此，直接热转换效率高。一般，风力发电的系统转换效率最高不超过 15～20%，而风能直接热转换的效率最少可达到 30%。

实现直接热转换的致热器有以下几种形式：固体摩擦、搅拌液体、挤压液体和涡电流式。

8.4.1 固体摩擦致热

风轮输出轴驱动一组制动元件在固体表面摩擦生成热来加热液体，如图8.5所示。其缺点是在转动元件与固体表面摩擦生热的同时，带来元件磨损也比较大。据采用汽车刹车片进行的摩擦致热试验，运转300h后，刹车片最大磨损量为0.2mm。因此，采用固体摩擦致热器，需定期更换维护致热元件。

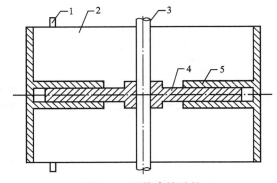

图8.5 固体摩擦致热
1—水槽连管 2—水槽 3—动力输入轴
4—摩擦板（制动元件） 5—加热板

8.4.2 搅拌液体致热

风轮动力输出轴带动搅拌转子旋转，转子与定子上均设有叶片。当转子叶片搅拌液体作涡流运动冲击定子叶片时，液体的动能转换为热能。搅拌液体致热是机械能转换为热能最简单的方式，其优点如下。

（1）动力输出轴直接带动搅拌器，在任何转速下搅拌器都能全部利用输入的机械能。

（2）能做到与风轮的运行特性最佳匹配。在高雷诺数下，搅拌器功率吸收特性与转速呈3次方关系，而其他形式与转速呈一次方或二次方比例关系。

（3）致热装置结构简单，容易制造，可靠性高，投资少。

（4）搅拌器作为风轮的直接负荷，是"天然"的制动装置，风轮系统可不另设超速保护装置。

（5）作为吸热工质对结构材料和液体无特殊要求。

8.4.3 挤压液体致热

挤压致热是利用液压泵和阻尼孔配合一起产生热量的方式。风轮输出轴带动液压泵，将工作液体（通常是油）加压，把机械能转换为液体压力能，被加压的液体从狭小的阻尼孔高速喷出，经过较短的时间压力能就转换为液体动能。由于阻尼孔后流管中也充满液体，当高速液体冲击低速液体时，液体动能通过液体分子间的冲击和摩擦转换为热能，与此同时，液体流速下降，温度上升。

挤压液体致热的原理是利用流体分子间的冲击和摩擦，不会像固体摩擦致热那样引起部件磨损，也不会出现搅拌致热对部件造成穴蚀的现象。因此，挤压致热方式的使用寿命长、可靠性好。

8.4.4 涡电流致热

风轮输出轴驱动一个转子，在转子外缘与定子之间装有磁化线圈，当来自电池的微弱直流电流流过磁化线圈时，便有磁力线穿过。此时转子旋转切割磁力线产生涡电流使定子和转子外缘附近发热。定子外层是环形冷却液套，吸收热能生产高温液体，同时冷却磁化线圈，使之不致过热烧损。在这种致热方式中，液体是作为冷却液而被加热的，因此应选择热容大、冷却性好的液体，如水、水与乙二醇混合液、油以及其他有机液体。涡电流致热器热转换能力强，装置可以制作得很小并将磁化线圈的电流、风速及风轮转速联合自动控制，在出现暴风时能保护系统。

风能直接热转换的效率高、用途广，除了提供热水外，也可作为采暖和生产用热的热源，如野外作业场所的防冻保温、水产养殖等。

复习思考题

一、填空题

1. 在独立运行的小型风力发电系统中，广泛使用_____储能。
2. 在水资源丰富地区适用_____储能，在有挖掘的地坑或是废弃的矿坑或是地下的岩洞适合时_____储能。
3. 在机械设备中常用的储能方式是_____。
4. 热能储能包括固体摩擦致热、_____、挤压液体致热和_____。

二、思考题

1. 铅酸蓄电池储能的特点及其注意事项有哪些？
2. 简述水力储能原理。
3. 简述飞轮储能原理。
4. 简述涡电流致热原理。

第9章 风能的其他用途

本章教学目标

知识要点	掌握程度	相关知识
风力提水技术	掌握风力提水的工作原理；理解风力提水发电中存在的问题及其前景	高扬程小流量型风力提水机；中扬程中流量型风力提水机；低扬程大流量型风力提水机；风力发电提水机组
风力制热技术	理解风能转化为热能的途径及其应用实例；掌握风热直接转化的原理与形式	固体摩擦致热；搅拌液体致热；液体挤压致热；涡电流致热；压缩空气制热
离网型风光互补发电系统	掌握风光互补系统的工作原理及其设计；理解风光互补系统的应用及其存在的问题和解决方法	风炉的构造；以风力驱动的热泵空调系统

导入案例

利用太阳能及风能的困难在于两者均具有能量密度低、随机性强的特性,单独的太阳能或风能发电系统都难以提供稳定的电能输出,即使能够做到这点也要付出相当的代价,即加大中间蓄能装置的容量(如使用蓄电池就是一种常用方法)。但高昂的首期投资却成为可再生能源利用的瓶颈。风光互补发电系统能提供更稳定的电能输出,还可以使中间蓄能系统的容量减少,从定性的分析来看,无日照的阴天和无风的时间同时出现的可能性较单独的阴天或无风的时间出现的可能性小得多;特别是当夜晚来临,光伏发电系统因无日照而停止输出电能时,风力发电系统却仍能提供一部分甚至全部电能。进一步的定量分析表明,风光互补发电系统的确较单独的光伏或风能系统有稳定的电能输出,以及更少的投资。

超级电容器是一种电化学元件,在电极与电解液接触面间具有极高的比电容和非常大的接触表面积,但其储能的过程并不发生化学反应,并且这种储能过程是可逆的,因此超级电容器可以反复充放电数十万次。与传统电容器相比,它具有较大的容量、较高的能量、较宽的工作温度范围和极长的使用寿命;而与蓄电池相比,它又具有较高的能量比功率,且对环境无污染。因此可以说,超级电容器是一种高效、实用、环保的能量存储装置。

在风光互补独立系统的设计中,系统的优化配置是一个重要步骤。风光资源、发电、储能和负载之间有复杂的匹配关系。目前,国内设计风光互补系统配置一般采用经验来估算,这往往会造成系统装机容量严重不足或者过剩现象。准确合理的匹配设计可以保证蓄电池工作在尽可能理想的条件下,最大限度地延长蓄电池的使用寿命,降低供电成本。风光互补独立供电系统的优化配置可看作一个多目标优化问题,两个冲突的目标是极大化供电可靠性和极小化成本。

风光互补系统由风力发电机、光伏方阵、储能部件及各种控制装置,如DC/AC逆变器、充-放电控制器、检测电路等组成,实用中可视负载的可靠性要求加入柴油发电机以应付极端情况的出现,但这不在本章的讨论范围内,图9.1所示为风光互补发电系统的组成。

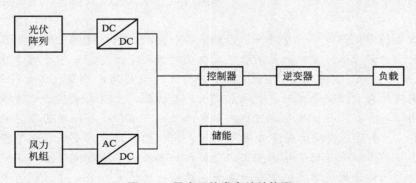

图9.1 风光互补发电站结构图

9.1 风力提水

风力提水是人类有效利用风能的主要方式之一,开发和应用风力提水机械对于节省常规能源,解决偏远地区提水动力不足的问题和促进农业的发展有着重要的现实意义。

风力提水是古老的风能利用,至少在一千多年前中国就有了风力提水装置。据史书记载,我国曾先后发明过"走马灯式"和"斜杆式"等多种风力提水机,并在江苏、浙江、福建一带普遍用于农田排灌和延长提水,直到20世纪50年代我国还拥有几十万台各式风力提水机。

欧洲的风车发展据说是从中东传入的,16世纪荷兰大量使用风车排水,围海造田,成为举世闻名的人工"沧海变良田"。

18~19世纪,全世界风力提水机曾发展到数百万台,几乎遍及全球。在美洲西部大平原的开发中,风力提水作出了重大贡献,地中海沿岸也是当时技术文化进步的象征。风力提水之所以能在世界各地,特别是发展中国家得到较广泛的应用,其主要原因有以下几点。

(1) 风力提水机结构可靠,制造容易,成本较低,操作维护简单。
(2) 储水问题容易解决。
(3) 风力提水机在低风速下工作性能好,对风速要求不严格。
(4) 风力提水效益明显。

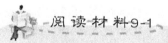
阅读材料 9-1

风力提水与风力发电提水技术的市场需求

风力提水是风能开发利用的一种重要的方式,无论过去、现在,还是将来,风力提水在农业灌溉和人畜饮水等方面都不失为一项简单、可靠的实用技术。随着科学技术的不断发展,风力提水与风力发电提水技术也必将得到不断的发展。

进一步扩大灌溉面积是粮食增产的重要突破口。由于能源短缺和电网覆盖面有限等原因,限制了灌溉面积的进一步扩大,采用风力提水灌溉是发展我国农牧业生产的一条重要途径。

需要改良的中低产田中,涝洼地、盐碱地占较大的比例,这些土地的改良措施主要是排水。位于内蒙古和宁夏地区的河套平原在黄河流域中上游,仅宁夏河套地区,就有耕地79.5万平方米,其中有水浇地33.3万平方米,农业用水主要依靠黄河水。在大量引用黄河水满足农业灌溉的同时,也造成了土地盐碱化,土壤次生盐渍化是黄灌区发展农业的主要障碍。在农作物生长期进行排水来降低地下水位是解决河套灌区盐碱化的有效方法。类似河套地区情况的还有黄淮海平原、东北的三江平原等地。这些我国重要的产粮基地,目前普遍采用的是明沟竖井机电排水,工程土石方量大,造价高,同时还需架设大量的电网,使用成本高,电费开支大。这些地区绝大部分处在风能可利用区,有相当大的一部分处在风能丰富区或较丰富区,如果采用风力排水,不仅能取得较好的经济效益,还可解决机电井排水不匀等问题。

在畜牧业生产中，开展人工草场灌溉和发展高产饲草料基地是克服草原畜牧业的脆弱性，提高抵御自然灾害的能力，促进畜牧业稳产、高产的根本途径。世界上一些畜牧业发达国家，都把饲草料种植业作为草原畜牧业经济的坚强后盾。我国牧区面积大，人口稀少，常规能源供应受到各种条件制约，满足不了畜牧业生产发展的需要，存在着成本高的问题。占我国国土面积60%以上的区域，风能资源和地下水资源的时空分布都非常适合于开展风力提水灌溉。风力提水在节约能源和环境保护方面更具有长远的经济效益与社会效益。

在沿海及内陆地区，风力提水主要应用在盐场制盐、水产养殖和农田排灌。供电不足和电价太高等问题，给风力提水技术的应用创造了空前的发展机遇。随着经济的快速发展，沿海地区对能源的需求日益增加，风力提水与风力发电提水在这些地区的使用，能够解决能源不足的问题。

9.1.1 风力提水的工作原理

根据提水方式的不同，现代风力提水机可分为风力直接提水和风力发电提水两大类，风力直接提水又可分为高扬程小流量型、中扬程中流量型和低扬程大流量型三大类。

1. 高扬程小流量型风力提水机组

高扬程小流量提水机多采用于往复式水泵，由低速多叶片立轴风力机与活塞水泵相匹配组成提水机组。这类机组的风轮直径一般都在6m以下，扬程为20~100m，流量为0.5~5m³/h，主要用于提取深层地下水，适用于北方地区，适用于草原牧区的风力提水机如图9.2所示。

1) 风力机部分

风力机部分由风轮、机头、尾翼、塔架和刹车机构等部件组成。

(1) 风轮是把风能转化为机械能的动力部件。它由轮毂、轮臂、内外支承圈、叶片托板和叶片等零件构成。风轮的叶片一般为16~24片，风轮直径是标志风力机大小的主要参数。风轮发出的功率由风轮轴传递给机头传动箱。

(2) 机头也叫传动箱，它包括了箱体、风轮轴、大小减速齿轮、连杆、导轨、丁字头、滚轮等零部件。其功能是把风轮的旋转运动变为拉杆的上下往复运动，由于拉杆与活塞泵的泵杆相连，所以拉杆就带动泵杆和上活塞往复运动进行提水作业[4]。

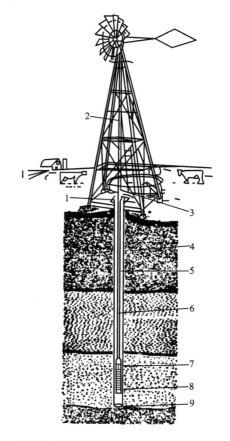

图9.2 适用于草原牧区的风力提水机
1—井顶 2—拉杆 3—出水管 4—井壁
5—泵管 6—泵杆 7—泵缸与活塞
8—护网 9—井底

为使装在机头上的风轮在风向变化时也能保持迎风位置，机头座与固定在塔架上的回转轴之间采用滚动轴承。为避免泵的上活塞转动，在风力机拉杆和泵杆连接处安装了防转动机构。塔架上的导向机构保证拉杆始终对准井口中心并保持垂直。

（3）尾翼通过倾斜的销轴和拉筋与机头传动箱上的斜销孔铰接。当风速在额定风速以内时，可以在任何风向下与风轮旋转面保持垂直，使风轮正向迎风。当风速大于额定风速时，尾翼—销轴调速机构使风轮轴线偏离尾翼杆某一角度（即使风轮偏离风向某一角度），处于调速状态。在8级大风情况下，该机构能使风轮与尾翼并拢达到停车状态。

（4）塔架支撑着机头上的所有部件，顶部装有回转轴组件，中上部装有工作台。塔架通常采用三棱形桁架结构。塔架使风轮高出地面的障碍物，处于风况较好的位置。

（5）手刹车采用蜗轮蜗杆传动，摇动刹车手柄可使风轮旋转面与尾翼板很快并拢达到停车位置。松开手刹车，可使风轮回到迎风位置，恢复正常工作。

2）配套水泵

配套水泵部分主要由护网、进水接头、上活塞总成、下活塞总成、泵管、泵缸和泵杆等部件组成。

（1）护网在泵的最底部，起过滤作用，它可以防止水中悬浮物进入泵缸内，保证泵阀门关闭严密，延长泵的使用寿命。

（2）进水接头时泵与护网之间的连接件的内孔采用锥面，为了保证装配时对中方便，且可以保证密封。

（3）下活塞总成由阀座、阀门、皮碗和下活塞等零件构成。它与进水接头配合，起底阀作用。

（4）上活塞总成与泵杆相连，它和泵缸是水泵的主要工作部件。

3）工作原理

这种风力提水机的工作原理是：当风轮在风力的作用下转动起来后，动力经过传动箱带动风力机拉杆向上运动，与拉杆相连的泵杆和上活塞也随之向上移动。此时上活塞的阀门被关闭，上下活塞之间形成具有一定真空度的空腔。由于压力差的作用，下活塞的阀门被打开，井水通过护网进入空腔。当风轮继续转动，带动风力机拉杆向下运动时，泵杆和上活塞也随之进入下行程，上下活塞之间的空腔容积减少。这时在水的压力下，下活塞阀门被关闭，上活塞的阀门被打开，空腔里的水就通过上活塞的阀门进入泵管。如此循环不息，泵管里的水越来越多，最后充满泵管并从泵管出口流入储水箱供人们使用。

2. 中扬程中流量型风力提水机组

这是由高速桨叶匹配容积式水泵组成的提水机组，主要用来提取地下水。这类提水机组的风轮直径一般为5～8m，扬程为10～20m，流量为15～25m^3/h。中扬程中流量提水机适用范围广，可配备微滴灌系统，用于天然草场和饲料基地的灌溉。这类风力提水机一般为现代流线型桨叶，效率较高，性能先进，适用性强。由于中扬程、中流量这2个参数难以兼顾，对设备技术要求较高，加工生产有一定的难度，故国内上市产品较少，其造价也高于传统式风力机。

3. 低扬程大流量型风力提水机组

低扬程大流量提水机多采用旋转式水泵，由低速或中速风力机与链式水车或螺旋泵相匹配组成提水机组，它可以提取河水、湖水或海水等地表水和浅层地下水，适用于南方地区，用于农田排灌和盐场制盐、水产养殖提水。这类机组的扬程一般为0.5~3m，流量为50~100 m³/h，机组的风轮直径为5~7m，风轮轴动力是通过锥齿轮传递给水车或螺旋泵的，一般都采用自迎风机构调节风轮对风方向，用侧翼-配重调速机构进行自动调速，FDG-5型低扬程风力提水机组如图9.3所示。

图9.3　FDG-5型低扬程风力提水机组

1）风力机部分

风力机部分由风轮、机头回转体、传动系统、尾翼、侧翼、配重机构、塔架等部件组成。

风轮与塔架的机构、功能与前面介绍的高扬程小流量风力提水机基本相同。

机头回转体由三脚架和回转体两部分构成。回转体固定在塔架上，塔架上方的部件都连接在三脚架上，由于三脚架安装在回转体上，所以塔架上方的部件可以相对回转中心线自由转动，这样风轮可以随时保持迎风位置。

传动系统由上、下两个变速箱和传动轴等构成。上变速箱把风轮的水平轴旋转运动经变速后转换为纵传动轴的垂直轴旋转运动。下变速箱又把纵传动轴的垂直旋转运动转换成下变速箱动力输出轴的水平轴旋转运动并驱动水泵提水。

2）配套水泵

配套水泵可采用龙骨水车、钢管水车和螺旋泵等旋转式提水机具。

这种风力提水机的工作原理很简单：当风轮在风的作用下转动起来后，它所产生的动力由传动系统传递给水泵动力输入轴带动水泵旋转。当水泵达到一定数值后，就把水从河流或渠道中源源不断地提到农田或用水池。

4．风力发电提水机组

风力发电提水是近几年才出现的一种新的风力提水方式，它有两种基本形式：一种为风力发电→储能→电泵提水；另一种是风力发电机在有效风速范围内发电，由控制器来调节电动泵的工作状态，直接驱动电动泵提水。后者较前者省去了蓄电池和逆变系统，减少了中间环节，降低了提水系统的费用，可谓真正意义上的风力发电系统，风力发电提水机组示意图如图9.4所示。

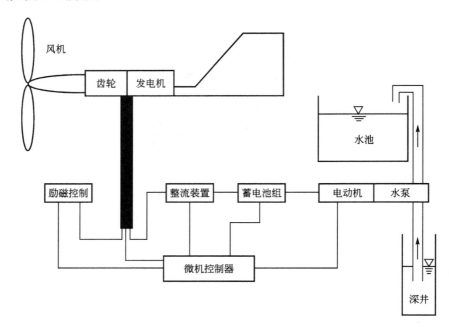

图9.4 风力发电提水机组示意图

1）风轮

风轮是风力发电机的主要动力部件，它由叶片和轮毂组成。现代风力发电机可以有1个、2个或3个叶片。叶片的制造技术依据材料科学、空气动力学、结构力学和工艺学原理。通过反复试验和研究，降低了材料的体积和重量，保持叶片重量与其直径的立方成比例关系，使叶片能低速启动，具有极高的对称性和平衡性，并且具有耐疲劳、抗老化性的强度和柔韧性能。

2）动力传输

叶片把流动的风能转换为转动的动能，通过叶片和轮毂组合的风轮传送给发电机，完成动能到电能的转换。按不同的驱动方式划分，风力发电机可划分为齿轮驱动、直接驱动和混合驱动。

齿轮驱动是将风轮获得的转动动能，通过主轴，经过齿轮箱的增速，传导给发电机，完成风力发电机的动力传输。一般情况下，风轮的转速在每分钟十几转，而发电机的转速要每分钟3000多转，它们之间是由齿轮箱匹配来完成的。对于齿轮驱动的风力发电技术，齿轮箱和主轴既是关键部件，又是易损部件。通过选择高质量的材料、高质量的制造、安装和维护技术，以达到提高齿轮箱和主轴的寿命。

3）发电机

发电机的选配具有低速特性的永磁发电机，永磁材料使用的是稀土材料，使发电机的效率从普通电机的50%提高到现在的82%以上。

4) 控制系统

控制系统可以形象地比作风能发电提水机组的大脑。风力发电提水机组的所有动作都是在控制系统发出的命令的指挥下完成的。因此，控制技术是风力发电机组的最核心技术之一。

5) 蓄电池组及其控制

蓄电池组是发电系统中的一个非常重要的部件，开发适用于风力发电提水机组的专用铅酸蓄电池，并开发蓄电池控制器，实现对蓄电池的充电最优控制，以保证蓄电池不至于过充电和过放电，以保证蓄电池的正常使用和整个系统的可靠工作。同时设计一个耗能负载，它的作用是在蓄电池已充满，外部负荷很小时来吸纳风力机发出的电能。

6) 调向机构、调速机构和停车机构

为了从风中获取能量，风轮旋转面应垂直于风向。同时随着风速的增加，要对风轮的转速有所限制，这是因为一方面过快的转速会对风轮和风力机的其他部件造成损坏，另一方面也需要把发电机的功率输出限定在一定范围内。其调向机构、调速机构和停车机构的工作模式，必须能实现调向、调速和停车控制。特别是调速机构在风速风向变化转大时，防止风轮和尾翼的摆动，避免机组的振动。另外，在风速较大时，而蓄电池又已经充满的情况下，其对应的停车机构，应能达到快速、安全地停车的目的。

风力发电提水和传统的风力直接提水相比具有如下优点：①使用范围广，用户可根据井深、井径和需水量的不同，选择不同的常规电泵，弥补了传统风力提水机的不足；②能量转换效率较高，虽然风力发电提水机多了一级能量转换，但由于风力发电机的风轮采用的是现代流线型桨叶，它的风能利用系数 C_p 值较高，风力发电机的效率一般都在30%左右，提水用的电动机与通用水泵的效率乘积约为50%，所以风力发电提水系统的整体效率为10%~15%，达到或超过了传统风力提水机组的效率（10%左右）；③安装、维修方便。由于风力发电机组的电泵均为通用型产品，配件易购，维护维修及更换零件简单容易。目前风力发电提水机还处在推广示范阶段，有些关键技术还不完全过关，预计在不久的将来风力发电提水技术将成为风力提水家族的新贵。

9.1.2 发展风力提水的前景

风力提水是风能开发利用的一项主要而基本的内容，无论过去、现在还是将来，风力提水在农业灌溉和人畜饮水等方面都不失为一项简单、可靠、实用而有效的应用技术。随着科学技术的不断发展，风力提水技术也必将得到不断的发展完善。

在我国许多区域由于能源短缺和架设电网难以实现等原因，成为了限制灌溉面积扩大的一个重要因素。2/5 的耕地得不到灌溉，从而严重制约着我国农业的发展。利用我国丰富的风能资源，广泛利用风力提水灌溉，连片开发，形成小农户大农业的局面，是我国中低产田改造的一条重要捷径。

在中低产田的改良中，涝、渍盐碱地占有较大的比重，这些土地的改良措施主要是排水。如河套平原，位于我国西北黄河流域中上游，属大陆性气候，具有干旱少雨、风大的特点。农业用水依靠引黄灌溉，大量引用黄河水源的结果虽满足了农业灌溉生产的需要，但同时伴生着土壤次生盐渍化的危害。从观测试点资料看，降低地下水位，对土壤脱盐效果明显，所以采取排水来降低区域地下水是解决河套灌区盐碱化的有效方法。也是解决黄淮海平原和东北的三江平原等地涝渍盐碱灾害的有效途径。这些地区绝大部分为风能可利

用区，有相当部分处在丰富区或较丰富区。如采用风力排水，可减少土石方工程量和电网架设，降低工程造价和运转费用。

在畜牧业生产中，开展灌溉人工草场和高产饲草料地是克服草原畜牧业的脆弱性、抵御自然灾害的发生，促进畜牧业稳产、高产的根本途径。世界上一些畜牧业发达国家，都把饲草料种植业作为草原畜牧业经济的坚强后盾，人工种草面积大都在9.5%以上，最高可达37.2%，美国和俄罗斯均为10%左右，而我国仅为1.3%左右，我国牧区面积大，人口稀少，常规能源供应受到各种条件制约，满足不了畜牧业生产发展的需要。经调查分析表明：我国大部牧区风能资源和地下水资源的时空分布都非常适合于开展风力提水灌溉。同时风力提水对节约能源和环境保护更具深远意义。

9.1.3 风力提水与风力发电提水存在的问题

自上世纪80年代以来，在科技工作组的不懈努力下，我国风力提水技术的水平得到迅速提高，但这项高新技术尚未形成规模化生产，存在着如下问题。

（1）目前我国的风力提水技术主要是针对广大的边远和无电地区，由于人们的环保意识较差，加之农牧区尚未致富，购买力不强，未形成规模化市场。

（2）风能利用（特别是风力提水）是直接经济效益低，生态效益与社会效益高的项目。该技术产业尚处于起步阶段，市场规模小，企业参与成果产业化的积极性不高，不少可以进入工业化阶段的机型，不能投入生产，只能储备起来，无法形成高新技术对产业结构调整和经济增长的支持。

（3）我国风力提水研究的起步水平低，应用历史短，经费投入少，许多重大关键技术问题（如高效风轮的设计、风力机与水泵的高效匹配技术以及水泵运动部件的耐久性问题等）还未很好地解决。

（4）风力提水的开发利用是环保型的高新技术产业，政府应加以扶持并协助市场开发，尽快实现产业化，以扭转我国可再生能源利用比例低的现状，遏制土地沙化退化、环境恶化之势。现在我国虽有一些激励性的导向政策，但还未具体化，应参照国外先进国家的有关政策，指定具体的减免税收、财政补贴、贴息贷款、增加科技攻关经费等政策措施。

9.2 风力制热

风能的利用形式多样，可转化成机械能、电能、热能等。目前，国内的研究主要集中在风力发电上，其次是风力提水，风力致热的研究不多，国外有关致热的比较详细的原理及技术报道也较少。

随着社会发展对热能需要的增长，开发风力致热技术应用于生活采暖及农业生产等，具有广阔的发展前景。一方面，风力致热的能量利用率高，对风质要求低，风况变化的适应性强，储能问题也便于解决；另一方面，风力致热装置结构比较简单，且容易满足风力机对负荷的最佳匹配要求。

根据热力学定律，由高品位能量到低品位能量的转换，其理论效率可达100%。理想风力机的转换效率将近60%，实际应用的风力机效率一般仅为理想风力机效率的70%。

通常风力机提水时的效率只有16%左右，发电时的转换效率为30%，而风力致热的转换效率可以达到40%。

9.2.1 风能转换为热能的途径

将风能转换为热能，一般通过3种途径：第一是经过电能再转换为热能，即风能→机械能→电能→热能。第二种是通过热泵产生热能，即风能→机械能→空气压缩能→热能。第三种是直接热转换，即风能→机械能→热能。前两种是三级能量转换，而后一种只需二级能量转换。另外，虽然根据热力学定律，当其他形式的能（如机械能、电能等一次性转化为热能时，其转换效率从理论上讲能达到100%，但在第一次转换方式中，风能需经机械能、电能二次转换后才再次转换为热能，那么即使其电—热转换效率能达到100%，却由于前面从风到电的二次转换效率低而导致了总转换效率的下降。因此，3种方式比较起来，第三种直接热转换方式无论在转换次数上还是能量流向上都具有优势。与风力发电和风力提水相比，风力直接致热有如下3个优点。

（1）系统总效率高。风力发电和风力提水系统的总效率一般不超过15%~20%，而风热直接转换系统的总效率可达30%。

（2）风轮工作特性与致热器工作特性匹配较理想。致热器的功率-转换特性曲线可呈2次或3次方关系变化，这与风轮工作特性的变化曲线比较相近，容易实现合理配套。

（3）该系统对风况质量要求不高，对不同的风速变化频率、不同的风速范围适应性较强。

9.2.2 风热直接转换的原理与形式

从理论上讲，实现风热直接转换的致热器有如下形式：固体摩擦、搅拌液体、挤压液体和涡电流式。

1. 固体摩擦致热

固体摩擦致热装置的基本工作原理是风力机输出轴驱动一组摩擦片，利用摩擦生成热能加热液体，固体摩擦式制热装置如图9.5所示。

当传动轴达到一定转速时，摩擦块在离心力作用下，压靠在摩擦缸体的内壁上面，产生一定的正压力，也产生一定的摩擦力。当传动轴停止转动时，摩擦块与缸体的正压力几乎为零，二者之间没有摩擦力，这样，有利于风力机的启动。随着传动轴转速的增加，离心力增大，正压力上升，摩擦力增加。利用离心力的原理，用强制制动元件在固体表面上摩擦产生热，用水箱蓄水在发热装置的外壁进行热交换。

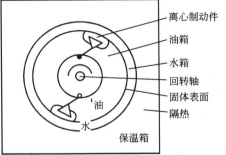

图 9.5 固体摩擦式制热装置简图

这种致热装置结构简单，维护方便，不足之处就是在制动元件与固体表面摩擦生热的同时，带来的元件磨损也比较大。根据采用汽车刹车片进行摩擦致热试验的结果，致热器连续运转300h后，刹车片最大磨损量为0.2mm。因此，采用固体摩擦致热器时，需要定期更换或维护致热元件。

2. 搅拌液体致热

搅拌液体致热是将机械能直接转换为热能的方法。它是通过风力机驱动搅拌器转子转动,转子叶片搅拌液体容器中的载热介质(如水或其他液体),使之与转子叶片及容器摩擦、冲击,液体分子间产生不规则碰撞及摩擦,提高液体分子温度,将致热器吸收的功转化为热能,搅拌液体致热器如图9.6所示。

搅拌液体致热是机械能转换为热能最简单的方式,其优点如下。

(1)风力机输出轴直接带动搅拌器,在任何转速下搅拌器都能全部利用输入的机械。

(2)能做到与风轮工作特性的合理匹配。在高雷诺数下,搅拌器的吸收功率与转速的曲线呈3次方关系变化。而其他方式只能使功率与转速的曲线呈一次方或二次方关系变化。

(3)致热装置结构简单,容易制造,可靠性高。对结构材料和工作液体无特殊要求。

(4)搅拌器作为风轮的直接负荷,是风力机"天然"的制动器,风力机系统可不必另设超速保护装置。

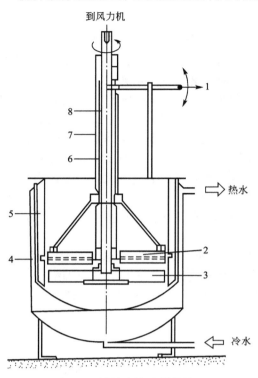

图9.6 搅拌液体致热器简图
1—手柄 2—定子叶片 3—转子叶片 4—支撑梁
5—固定器 6—空心轴 7—管子 8—回转轴

3. 挤压液体致热

液压式致热装置是由液压泵和阻尼孔组合起来直接进行风能—热能能量转换的致热装置。风力机动力输出轴带动液压泵,将工作液体(如机油)加压,把机械能转换为液体压力能,随后使受压液体从狭小的阻尼孔高速喷出,这样在极短的时间内液体压力就能转换为液体动能。由于阻尼孔尾流管中充满液体,当高速液体冲击低速液体时,液体动能就能通过液体分子间的冲击和摩擦转换为热能,此时液体流速下降,温度上升,挤压液体式致热装置如图9.7所示。

由于液体挤压致热是利用流体分子间的冲击和摩擦进行的,因而不会像固体摩擦致热那样引起部件磨损,也不会像液体搅拌致热那样对部件造成穴蚀现象。因此,液体挤压致热装置的使用寿命和可靠性较高。

4. 涡电流致热

风力机动力输出轴驱动一个转子,在转子外缘与定子之间装有磁化线圈。当来自电池的微弱电流通过磁化线圈时,便有磁力线产生,此时转子旋转便切割磁力线,进而产生涡电流使定子和转子外缘附近发热。定子外层是环形冷却液套,吸收热能变成高温液体,同

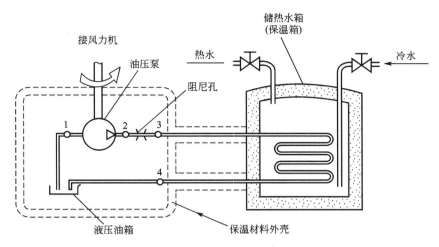

图 9.7 挤压液体式致热装置示意图

时起到冷却磁化线圈使之不致过热损坏的作用。在这种致热装置中,液体是作为冷却液被加热的,因此选择热容大、冷却性好的液体(如水和乙二醇混合液等有机液体)。涡电流式致热器热转换能力强,装置可以制作得很小。在实用中,如磁化线圈的电流、风轮风速和外界风速之间进行联合自动控制,当出现暴风时系统就可以自我保护而不被损坏。

5. 压缩空气致热

压缩空气致热是用风力机带动空气压缩机压缩空气致热。这种方式的特点是成本低,运行安全,维护简单,效率高。压缩空气致热装置中,主要设备是空气压缩机。市场上常见的空气压缩机有离心式空气压缩机及活塞式空气压缩机。活塞式压缩机适应压力范围广,不论排气量多少均可达到较高压力,功率消耗也较其他类型空气压缩机小,排气量基本不受排气压力大小的影响;其缺点是排气不连续,压力有周期性脉动,容易出现气柱振动。

9.2.3 风力致热应用中的实例

1. 风炉

风炉是一种由风力装置供热的系统。使用风炉来利用额外的风能供暖这种方法的奇妙之处在于:正好在最需要供暖时,它工作得也最出色。太阳能供暖系统或烧木柴的火炉能够满足基本的热量需求,而使用一个小型的风炉来在热量需求高峰时提供额外的热量。这种方法可以不必使用储能环节,因此是一个比较便宜的系统。

风炉产生的热能可供任何一种用途使用,而决不仅局限于给房子等供暖。但是给房子供暖比其他的一些使用场合多采用的工作温度较低(为 80~100°F,而提供家用热水则需要 100~150 °F 的温度,对于需要工业应用,温度就更高了),这种较低的温度比较容易达到,也比较容易保持。如果细致地设计储水罐的大小和使用足够的绝热保温措施,那么风炉可以满足人们对热量需求中的相当一部分。

风炉在中国广大的北方农村地区是很适用的,而且制造很简单。如图 9.8 所示的垂直轴风力机,接上一个简单的搅拌器即可制成。把一个废弃的 50 加仑汽油筒,从中间把它截成两半,钉在一起,并在中心处插一根柱子(传动轴),就构成一部风力机。然后在柱子一头接上搅拌器,把水搅动,水温升高便成热水,就可以把它通到室内使用或取暖。

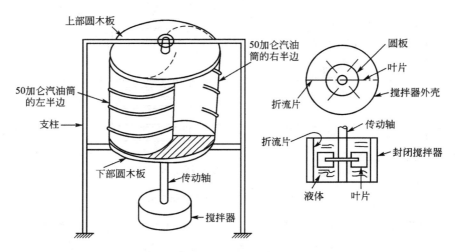

图9.8　垂直轴风力机取暖设备

近年来,风力直接致热技术在一些国家发展较快,日本在北海道安装了一台风能直接致热系统,称为"天鹅一号"风炉,如图9.9所示。

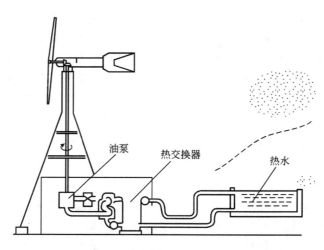

图9.9　"天鹅一号"风炉

该系统的风轮直径为10m,致热器为挤压液体式。液压泵转速为191r/min,可生产80℃的热水供给一家大饭店的浴池。

2. 以风力驱动的热泵空调系统

1)风力驱动的压缩式热泵

风力驱动的压缩式热泵是通过风力机为热泵压缩机、蒸发器与冷凝器风力机或者机组控制系统提供动力的新型采暖空调装置,其中有完全由风力发电驱动热泵压缩机、风力机通过传动机构直接带动热泵压缩机旋转、风力机与交流电机并联传动驱动热泵压缩机、风力发电机与市电、蓄电池并联驱动热泵压缩机等4种类型。完全由风力发电驱动热泵压缩机的系统通常结合蓄电池储热或低温辐射采暖与吊顶冷却结合实现制冷与制热。这种系统还用于进行风电峰值负荷调节。

图9.10所示为风力机通过传动机构直接驱动热泵压缩机的风力热泵系统。该系统采用导向伞齿轮组将风力机的水平旋转方向转变成竖向旋转，驱动置于风力机塔杆中部或底部的发电机和压缩机，发电机为换热器风扇电机提供电量，压缩机通过四通阀与室内、外换热器连接，实现夏季制冷与冬季制热。

图9.11所示为风力机与交流电机通过传动机构驱动压缩机的风力热泵系统。该系统中风力机与交流电机都有传动机构与压缩机连接，在转换器的控制作用下，压缩机可由风力驱动或在无风与风力不足时由电机驱动。

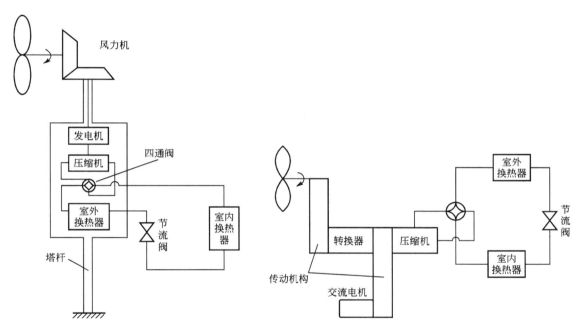

图9.10 风力机通过传动机构直接驱动热泵压缩机的风力热泵系统原理图　　**图9.11 风力机与交流电机通过传动机构驱动压缩机的风力热泵系统**

这两种系统都利用风力机直接驱动热泵压缩机，减少了风能转化为电能过程中的能力损耗，投入产出效能更高。然而，由于现有各类型风力机出力调控能力的限制，风力强度变化后风力机出力难于控制，与热泵压缩机配合后不易实现房间内温度的即时控制。另外当传动系统采用齿轮箱传动时，系统较复杂，难以实现热泵压缩机动力输入结构的一体化配合连接。

由于风能资源的随机性和不稳定行特定，完全由风力发电机供给热泵用电不能保证无风和风速较低情况下房间的冷热量需求。这时，可采用以风电为主、蓄电池和市电为辅的系统，如图9.12所示，该系统除了包括风力发电机、蓄电池组及热泵组成部件外，还包括风电控制器，其作用是根据室内设定温度要求计算需要的压缩机功率大小，并判断当前

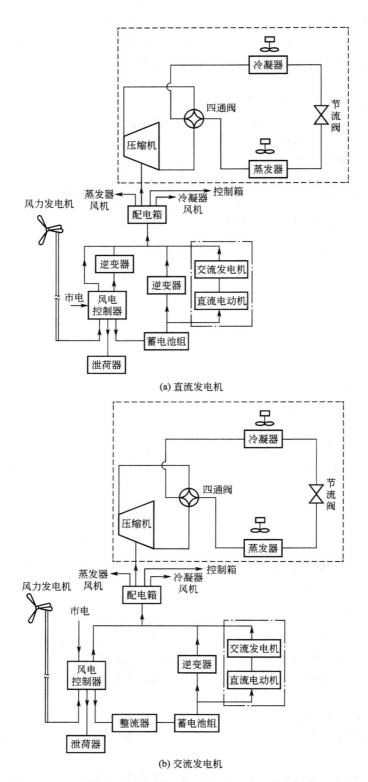

(a) 直流发电机

(b) 交流发电机

图 9.12 以风电为主、蓄电池和市电为辅的风力热泵系统原理图

风力发电机发电是否满足要求。若满足，则由风力发电机直接为压缩机供电，并将多余的电量供给蓄电池充电；若风电不能满足压缩机需求则由蓄电池为其供电，当蓄电池电量也不足以驱动压缩机时由市电供电。

系统中的风力发电机可以是直流或交流发电机，图 9.12(a)和图 9.12(b)分别为直流和交流发电机驱动的风力热泵。采用直流发电机时为了保证其直接为压缩机供电需设逆变器将直流电转变为交流电；采用交流发电机时，蓄电池前需设置整流器将交流电转变为直流电以便于在蓄电池内存储。

由蓄电池组为压缩机供电时可通过逆变器直接将直流电转变为交流电供给压缩机，还可利用蓄电池放出的直流电驱动直流马达，然后利用直流马达带动交流发电机发电为压缩机供电。

配电箱是将进入的电力合理地变压分配到压缩机、冷凝器风机、蒸发器风机以及控制箱。

泄荷器用于泄掉过多的电量。

该系统在风电控制器控制下，按照满足冷热量需求的压缩机功率大小选择采用风电、蓄电池或市电为压缩机提供动力，既能随时满足用户的冷热量需求，又通过优先利用风电，达到减少市电消耗、节能降耗的目的。

当然，风力供电也可以为基于压缩式热泵原理的其他装置提供动力，如热泵式海水淡化、热泵干燥等，也可与太阳能结合组成风光互补发电系统为热泵压缩机提供电力。

2) 风力驱动的吸收式制冷(热泵)机组

图 9.13(a)和图 9.13(b)分别为风力直流与交流发电机驱动的吸收式制冷(热泵)机组。

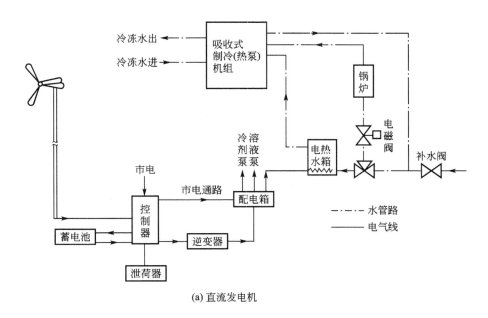

(a) 直流发电机

图 9.13 风力驱动的吸收式制冷(热泵)机组原理图

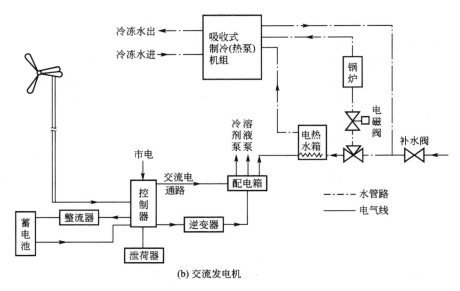

(b) 交流发电机

图 9.13(续)

该系统在控制器作用下，利用风力发电机发电为冷剂泵和溶液泵提供动力，多余的发电量用于加热水，为吸收式机组发生器提供热源，当热水温度低于热源要求时，由锅炉提供补充热量；当热水温度超出热源要求时，将多余热量存储在蓄电池内或通过泄荷器泄掉。另外，若系统中不设锅炉，风电不足时可由市电提供泵及加热水所需电量。

3) 机动车风力空调

机动车风力空调是在机动车顶部或前部迎风位置设置进风口，利用行驶过程中的进风口进风驱动风力发电机发电，并在充电控制器调控下为蓄电池组充电，蓄电池内的电力经逆变器变为交流电供给机动车空调工作，其工作原理图如图 9.14 所示。

图 9.14 机动车风力空调原理方框图

另外，车用风力空调也可采用下列方式：由进风带动风力机旋转，风力机再通过传动轮带动压缩机转动实现制冷运行，这种空调在汽车高速行驶时可利用进入进风口的自然风为压缩机提供动力，但在低速行驶时仍要由汽车发动机为空调压缩机提供动力。风力热泵由于采用具有随机性、地域性等特点的风能作为动力，不易实现冷热量输出的即时供应和调节，另外附加的风力发电机和蓄电池等设备也增加了经济成本。未来的发展方向应该是降低机组尤其是风力发电机的成本、开发与热泵空调压缩机相匹配的风力发电和蓄电设备、设计安全可靠高效的控制系统，以保证机组顺利运行。在替代能源研究热潮中，风力发电作为当前较为成熟的发电技术，以其为热泵空调提供动力能够显著降低市电消耗，改善环境污染，具有广阔的发展前景。

9.2.4 风力致热的展望

近年来，能源供需矛盾日益加剧以及传统化石能源带来的环境污染压力已严重阻碍了经济的发展，世界各国都在开始重视开发与利用可持续发展的新能源和可再生能源。风能是目前最具开发利用前景和技术较为成熟的一种新能源和可再生能源，利用的经济性随着技术的改进在不断提高。风力致热与风力发电、风力提水相比，具有能量转换效率高等特点。因为由机械能转变为电能时不可避免地要产生损失，而由机械能转变为电能时，理论上可以达到100%的效率。目前，风力致热技术在日本、美国、加拿大和丹麦等国家已经进入示范试验阶段。我国风力致热技术的研究起步较晚，基本上处于空白状态。

我国的风能资源蕴藏丰富，可供开发的风力致热资源很多。由于我国风能资源比较丰富的地区大部分在内蒙古、新疆等较偏远地区，这些地区能源的最终使用方式主要是热能，如采暖、加热、保温、烘干、家禽饲养及蔬菜大棚等，使用风力致热最为有利、便捷。因此，进一步投入研发力量，加快风力致热技术的研究开发，在风力资源丰富的地区发展风力致热技术，用于生活供暖及农业生产等，对缓解我国能源压力，减轻环境污染，提高生产、生活质量具有重要的意义。

9.3 离网型风光互补发电系统

太阳能和风能是最普遍的自然资源，也是取之不尽的可再生能源。太阳能是太阳内部连续不断的核聚变反应过程产生的能量，光伏发电系统是利用太阳能光伏电池将太阳能转换成电能，然后通过控制器对蓄电池充电，最后通过逆变器对用电负荷供电的一套系统。光伏系统的优点是系统可靠性高、运行维护成本低；缺点是系统造价高，对日照的要求较高。我国有着丰富的太阳能资源，大部分地区位于北纬45°以南，全国2/3的国土面积年日照小时数在2200h以上，太阳能年辐射总量为3350～8400MJ/m^2，平均值是5860MJ/m^2（相当于199kg标准煤），全年陆地表面每年接收到的太阳能辐射能约为5×10^{22}kJ，相当于2.4万亿吨标准煤。

风能是太阳能在地球表面的一种表现形式，由于地球表面的不同形态（如沙土表面、植被表面和水面）对太阳光照的吸收能力不同，所以在地球表面形成温差，从而形成空气对流而产生风能。风电系统是利用风力发电机，将风能转换成电能，然后通过控制器对蓄电池充电，最后通过逆变器对用电负荷供电。风电系统的优点是日发电量大、系统造价及运行维护成本低，缺点是常规水平轴风力发电机对风速的苛刻要求一直没能解决。风能是一种最具活力的清洁能源，如果风能的1%被利用，则可以减少世界3%的能源消耗，风能用于发电，可以产生世界总能量的8%～9%。我国拥有丰富的风能资源，储量约为32亿千瓦。

太阳能和风能在时间分布上有很强的互补性。白天太阳光最强时，风很小，到了晚上，光照很弱，但由于地表温差变化大而风能有所加强；在夏季，太阳光强度大而风小，冬季，太阳光强度小而风大。太阳能和风能在时间上的互补性使得风光互补发电系统在资源利用上具有很好的匹配性。

由于太阳能与风能的互补性强，风光互补发电系统在资源上弥补了风电和光电独立系统在资源上的缺陷。同时，风电和光电系统在蓄电池组和逆变环节是可以通用的，所以风光互补系统的造价可以降低，系统成本趋于合理。太阳能电池可以将光能转换成电能，它将太阳能电池组件与风力发电机有机地配合成一个系统，可充分发挥各自的特性和优势，最大限度地利用好大自然赋予的风能和太阳能。对于用电量大、用电要求高，而风能资源和太阳能资源又较丰富的地区，风光互补供电无疑是一种最佳选择。

风光互补发电系统可以根据用户的用电电荷情况和资源条件进行系统容量的合理配置，既可保证系统供电的可靠性，又可降低发电系统的造价。无论是怎样的环境和怎样的用电要求，风光互补发电系统都可作出最优化的系统设计方案来满足用电的要求。

总的来说，风光互补系统有如下优点。

(1) 利用太阳能、风能的互补特性，可以获得比较稳定的总输出，有效解决无风或无阳光时电力供应中断问题，提高供电的稳定性和可靠性。

(2) 在保证同样供电的情况下，可大大减少储能蓄电池的容量。

(3) 对风电和光电进行合理的设计和匹配后，可以基本上保障用户电力供应，无需配备其他电源。

因此从能源环境和技术评价两个方面来看，风光互补发电形式是一种合理的离网型供电系统。

9.3.1 风光互补系统的工作原理

一套完善的风光互补发电系统主要包括发电部分、控制部分、负载部分、蓄电池和泄荷单元等，该系统的组成框图如图 9.15 所示，各部分受风光互补控制器控制，为离网型独立电源。

风光互补发电系统的具体工作原理如图 9.16 所示。白天在太阳光的照射下，太阳能电池组件产生的直流电流与风力发电机发出的交流电经整流后，通过控制器一部分经逆变器转化成交流电供负载使用，另一部分对蓄电池进行充电；当阳光或风能不足时，蓄电池的电能通过逆变器转化为交流电供交流负载使用。

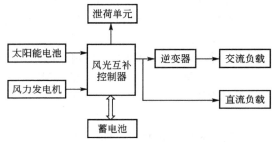

图 9.15 风光互补系统组成框图

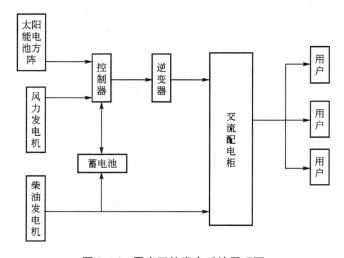

图 9.16 风光互补发电系统原理图

1. 发电部分

由太阳能电池板和风力发电机组成，白天光照强时风弱，夜间或阴天光照弱时风强，时间上的互补性使得风光互补系统在资源分布上具有很好的匹配性，为风光互补发电系统的建立提供了能源保障。

太阳能电池板产生直流电，可选用多晶硅太阳能电池组件，要求用高透光率低铁钢化玻璃，外加阳极化优质铝合金边框，具有效率高、寿命长、安装方便、抗风、抗冰雹能力等特性；风力发电机产生交流电，在选型时要求风力发电机是低速型风机，具有发电效率高、结构简单、质量稳定、维护最低、在恶劣的天气情况下能自动偏航保护等特性。

2. 蓄电池和泄荷单元

根据负载选择合适功率的蓄电池，它具有放电功率大、充电更迅速、循环寿命长、质量轻、性能可靠、均衡等优点，蓄电池完成电能的储存及负载的供电。20 世纪 60 年代中期，美国科学家马斯提出了以最低出气率获得蓄电池的最佳充电电流曲线。由最佳曲线可知，充电初期采用大充电电流以加快充电速度，充电末期减少充电电流以免产气过于剧烈使极板上的活性物质脱落损坏，降低电池容量和寿命。本系统蓄电池的充电采用阶段充电法，阶段充电法综合了恒压充电和恒流充电两种充电方法，有效地防止了这两种方法的不足。

泄荷器的作用是：当蓄电池已被充满，系统发电量大于负载用电量时，即发电量过剩时，为防止蓄电池过充电和确保逆变器正常工作，充电电路受泄荷控制电路接通泄荷器，将多余的电能通过泄荷器消耗掉。

3. 负载部分

该部分根据实际运用场合完成设计，其中逆变技术的引入，转直流为交流为交流负载和并网发电提供了可能。当前，该系统主要用于照明，例如路灯、偏远地区照明、高速公路照明等。

4. 控制部分

风光互补控制器为该系统的核心部分，单片机系统完成风力机输出电压、光伏电池输出电压、负载电流、蓄电池电压的采样，并进行负载控制、完成译码显示，通信接口电路进行各种功能设定，风光互补控制系统如图 9.17 所示。

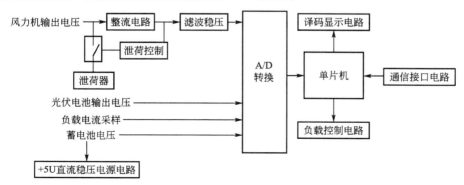

图 9.17　风光互补控制器系统

其中系统电路的工作电源为+5V，由+5V直流稳压电源电路提供，风力机输出电压为三相交流电，因此需要通过整流、滤波、稳压将其转换为直流电供蓄电池充电使用。对于路灯等应用系统，光伏电池输出电压的采样可对光电池电压进行监测，进而控制灯亮灯灭；蓄电池电压的采样可对蓄电池电压进行监测，完成充电控制和过放保护；负载电流的采样可对负载电流进行监测，完成负载短路保护、超负载保护。

9.3.2 风光互补离网发电系统的设计

风光互补离网发电系统的设计步骤如图9.18所示。

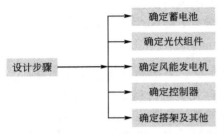

图9.18 风光互补离网发电系统的设计步骤

1. 确定蓄电池

蓄电池的容量由光源的功率、当地气温条件、蓄电池放电深度及温度系数等因素决定。因计算复杂且涉及多个条件之间的平衡。因而平常简单估算可用经验公式

$$\text{蓄电池容量} = \frac{\text{自给天数} \times \text{最大负数}}{\text{最大放电深度}} (\text{为一天所需要的蓄电池容量}) \quad (9-1)$$

另外大功率系统中蓄电池之间的串联和并联可按下列公式计算：

$$\text{串联电池数} = \text{负载标称电压}/\text{蓄电池标称电压} \quad (9-2)$$

$$\text{并联电池数} = \text{负载总需求电量}/\text{蓄电池的标称容量} \quad (9-3)$$

2. 确定光伏组件

光伏组件的功率由光源功率、气象条件、日照时数、衰减因子等许多因素决定，还受到光伏组件的方向角和倾斜角的影响。常用的路灯系统中光伏组件的规格有60W、70W、75W、80W、85W、90W，而风光互补路灯系统中的光伏组件一般是100～200W之间，因而常用规格的光伏组件需要并联或串联使用，具体串联或并联的计算公式如下：

$$\text{串联光伏组件} = \text{系统电压}/\text{电池组件的电压} \quad (9-4)$$

$$\text{并联光伏组件} = \text{日均负载}/(\text{库仑效率} \times \text{组件日输出量} \times \text{衰减因子}) \quad (9-5)$$

光伏组件的方位角是光伏组件垂直面和南北轴的夹角，取值为0°～90°偏西为正，偏东为负。根据地球绕太阳运转的规律，即太阳光线照射到地球上的直射点到南纬23.5°和北纬23.5°之间，而我国地处北半球，因而一般是将光伏组件面向正南方安装，即方位角为0°。光伏组件的倾斜角是光伏组件与水平地面的夹角，倾斜角的选取与地理纬度、太阳赤纬、太阳水平辐射、当地气候条件等许多因素有关。推断计算公式如下：

斜面辐射 H_t

$$H_t = H_b R_b + H_d [H_b/H_o \times H_b + 0.5(1 - H_b/H_o)(1 + \cos s)] + 0.5 \rho H(1 - \cos s) \quad (9-6)$$

辐射累计偏差 δ

$$\delta = \overline{H_{t,\beta}} - \tilde{H}_{t,\beta}/M(i) \quad (9-7)$$

式中 $\overline{H_{t,\beta}}$——倾角为 β 时斜面上太阳能辐射各月的平均值；

$\tilde{H}_{t,\beta}$——上一年斜面上太阳能辐射各月的平均值；

$M(i)$——第 i 个月。

斜面系数 K

$$K=(365H_t-\delta)/365H$$

取 $dK/d\beta=0$，积分即可计算出最佳光伏组件的倾斜角。而实际操作往往是由计算机软件计算取近似值或是根据地理纬度由经验判断的。

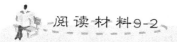
阅读材料9-2

太阳能和风能的资源情况

项目实施地的太阳能和风能的资源状况是系统光电板和风力机容量选择的另一个依据，一般根据资源状况来确定光电板和风力机的容量系数，在按用户的日用电量确定容量的前提下再考虑容量系数，最后确定光电板和风力机的容量。

风能和太阳能作为两种重要的可再生能源，以其利用成本相对较低、在地理上分布普遍和具有一定互补性等优点逐渐受到人们的重视。我国风能资源较丰富而且光照较强的东南沿海地区，年平均风速约为 4m/s；就太阳能资源来讲，总面积 2/3 以上地区年日照小时数大于 2200h。其他地方如三北地区和内蒙古、甘肃和青海等地的年平均风速为 4~6m/s，3~20m/s 的风速累计 4000~5000 小时/年，太阳能也可以有很高的利用率。另外，一般晚上风力较强但没有太阳光，而白天太阳充足且可以利用风能，因此风能和太阳能在时间上具有较好的互补性。太阳能资源最充分的西藏地区，年平均日照在 3000h 以上，年均太阳辐射总量为 6000~8000MJ/m²，直接辐射占总辐射的 56%~78%。这些都可以为经济建设提供充足的能源。

3. 确定风力发电机

风力发电机的选择要根据当地风能资源来确定。对于我国风能丰富区可以选择 400W 的风力机，风能较丰富区或是可利用区均可以选择 600W 的风力机，我国风能分区及占全国面积的百分比见表 9-1。

表 9-1 我国风能分区及占全国面积的百分比

指标	丰富区	较丰富区	可利用区	贫乏区
年有效风能密度/(W/m²)	>200	200~150	<150~50	<50
年≥3m/s 累计小时数/h	>5000	5000~4000	<4000~2000	<2000
年≥6m/s 累计小时数/h	>2200	2200~1500	<1500~350	<350
占全国面积的百分比(%)	8	18	50	24

4. 确定控制器

目前，中浙能源公司的控制器是按系统参数所开发的专用控制器，控制范围为风能 0~1000W，太阳能 0~300W，所选择的参数要求为 24V/10A。

5. 塔架的要求

风光互补发电系统的塔架既可以根据厂家规格，也可以根据客户要求选择，其目的都是为了让风光互补发电系统正常安全地运行。

9.3.3 风光互补系统的典型应用

1. 风光互补LED路灯照明系统

伴随我国城市现代化建设的突飞猛进，城市道路照明快速发展，许多城市的照明系统采用传统灯具，耗能巨大，成为当地政府的沉重负担。据有关资料显示，城市路灯照明在我国照明耗电中占30%的比例，其年用电量约占全国总发电量的4%～5%，而且电能的使用率不足70%，在每年800亿元的政府机构电力能耗中，城市路灯照明部分能源支出达到200多亿元。现有的路灯70%以上使用的都是高压钠灯，其设计寿命为24000h，但是，由于我国城市电网技术落后，造成线路的电压波动大大超过额定电压的15%左右，特别是在后半夜，由于用电负荷减少使得电网电压有时接近245V，致使路灯灯泡的实际使用寿命平均不到1年。伴随我国城市现代化建设的突飞猛进，近年来城市道路照明快速发展，相应电费也大幅度攀升，而且由于电能无法储存，多数城市的用电时段又过于集中等原因，电能的使用效率不足79%。

总体来说，我国城市路灯照明主要存在两大弊端。

（1）所有城市道路、高速公路、工业区、生活区道路，从傍晚开灯后路灯就一直亮到清晨6点，这不仅缩短了照明灯具的使用寿命，还浪费了大量电能，给政府财政造成了沉重的负担。

（2）供电电网的特点是当负荷增大时，电压相对较低；当负荷减少时，电压相对较高。对于路灯这类气体放电设备，在前半夜行人车辆较多时适逢用电高峰期，电压较低，亮度较暗；而进入午夜电网负荷下降，电压剧升导致其照度异常明亮，甚至出现眩光，不仅造成不必要的电能浪费，而且使灯具的使用寿命大大降低。

对此，一些城市开始用高性能的LED灯具替换传统灯具，并采用了风能、太阳能或风光互补系统进行供电。当然，初期投资比传统照明要大(增加50%左右)，但是据统计，经过3年的使用，风光互补LED路灯照明系统的成本就可以和传统照明系统的成本相持平；在20年的使用寿命中，风光互补系统总成本反而较低，不仅具有景观效应，而且保护了环境。除此之外，风光互补庭院灯、草坪灯、景观灯等也改善了普通群众的生活质量和品质。

太阳能路灯相当于非并网的小型独立电站，其原理图如图9.19所示。

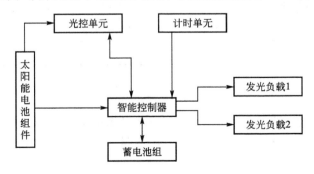

图9.19 太阳能路灯原理图

该太阳能路灯系统采取免维护密封铅酸蓄电池组件储能，由太阳能电池组件、蓄电池组件、智能控制器、高效节流直流灯、灯架、安装材料等组成，系统工作原理为在智能控制器的控制下，白天太阳能电池组件向蓄电池组件充电，晚上蓄电池组件提供电力给直流灯负载。

直流控制器能够在任何条件下（阳光充足或长期阴雨天）确保电池组件不因过充电或过放电而被损坏，同时具备光控、时控、声控、温度补偿及防雷、反极性保护等功能。控制器采用无触点控制技术，具有先进的光控功能，也可以定时关灯，而且具有夜间自动切换负载的功能，特别适合路灯和光伏电源控制，并且具有多种保护功能。控制器负责监视电池组件的充电状态，管理充电过程包括负载的开与关，使电池组件能量充分利用，并延长使用寿命。采取保护措施：电池组件可以限制充电电压防止过充电，关闭负载防止过放电；控制器能够防止电流过大、温度过高；控制器可以自动开/关负载或组件。负载可以在过电压的情况下，关闭负载。

2．分布式供电电源

2008年对于亿万中国人来说是一个难忘的年度，29届奥运会在北京举办，还有就是两次大的自然灾害，年初的大雪灾和5月12日的汶川大地震，受灾人口上千万。在灾难中，许多人的生活被打乱，许多工厂停产，许多社会公共设施被毁，其中停水、停电、停气所带来的不便最使人难熬。多年以来，大型、超大型电厂和电力网络的建立使人们的生活水平得以提高，工厂得以生产，但是同时也带来了一个重大的隐患，那就是一旦电网或电厂出现故障，受到影响的将是数百万人的正常生活和数千家工厂的生产。

而风能和太阳能基本上不受灾害的影响，只要是有风或有阳光就可以提供电能，因此风光互补供电电源是一种可靠的供电系统，当然当作备用供电系统也可以。现在风光互补系统已经应用到一些领域，如偏远地区的户用供电系统和村用供电系统、渔船上的供电系统、通讯站雷达站的独立供电系统等。

3．风光互补水泵系统

我国广阔的西部地区存在巨大的沙漠，据统计，截止2007年，中国的沙漠包括戈壁及半干旱地区的沙地在内的中国的沙漠总面积达130.8万 km^2，约占全国土地总面积的18％。而且每年扩展 $2460km^2$，相当于一个县的面积，影响着近4亿人口的生产和生活，每年由沙化造成的直接经济损失超过540亿元人民币。而与此同时西部地区存在丰富的地下水资源，如果可以抽上地表就可以改善当地生态环境，当前光伏水泵已经被用于塔里木沙漠公路两侧绿化、草原灌溉和牲畜饮水等方面，但是独立式光伏水泵受天气影响大，如果更换成风光互补水泵就可以大大提高工作效率，更好地改善西部环境，变沙漠为绿洲[17]。

9.3.4 风光互补系统存在的问题及解决方法

风光互补系统虽然具备诸多优势，但亦存在许多不容忽视的问题。

1．蓄电池

作为风光互补系统的关键一环，蓄电池的使用寿命是一个必须引起重视的问题。由于风光互补系统发电量与负载不可能保持一致，在发电量不足时必须提供足够电量,所以必须使用蓄电池。若运行状况和条件不利,则会使蓄电池的寿命大大降低,而蓄电池的投资又很大,如此便会大大提高运行成本。要延长蓄电池的使用寿命,可采取以下措施。

1) 采用连续浮充方式

蓄电池组的运行方式主要有3种:循环充放电制、定期浮充制和连续浮充制。其中连续浮充方式的电池组使用寿命最高,可达循环充放电制的2～3倍。但长期处于浮充状态的蓄电池,其电解液里的游离物质的活性减弱,使端电压不均衡,须进行1～3h的小电流过充的均衡充电来消除。

2) 采用先进的充电控制系统

由于蓄电池充电过程为非线性的,可采用智能控制方法来控制其充电过程,如模糊控制、自适应控制等。采用智能充电,不仅可实现过充保护和过放保护的基本要求,还可保证充电各阶段动作的及时性,如模糊控制,实验实现了电流控制误差小于0.01%的精度。

2. 管理与控制

风光互补发电系统比单独的光伏或风伏系统复杂的多,需解决其管理和控制问题。

(1) 风光互补系统受气象条件影响仍比较大,所以要充分调研安装地区的光能和风能资源及当地负荷情况,或以风能为主、光伏发电为辅,或以光伏为主、风力发电为辅,选择最佳的容量配比,使综合造价和投资最小。

(2) 风能和太阳能在时间上存在互补,这就要求人们能够控制这两种发电系统的能量输出,使其能够向负载输出最大功率。在此可采用最大功率点跟踪控制,即MPPT控制策略,其为基于模糊控制的自适应控制方法。风能和太阳能经过相同的DC/DC充电控制环节,可大大降低成本,利用MPPT控制对风力发电和太阳能发电的最大功率点同时进行跟踪,以寻找其总的最大功率点。简单来说就是在早晚时,MPPT控制主要跟踪风力发电,中午时主要跟踪太阳能发电,入夜则完全跟踪风力发电。这样就能充分利用风能和太阳能发电,使系统的效率提高,输出功率达到比较高的值。

3. 可靠性

风光互补系统的最大障碍是小型风力发电机的可靠性问题。

对于大型风力发电机组,对风速要求高,一般用于风力资源丰富的地区,而对于适用于更广范围的风光互补系统,需选用适合的小型风力发电机。小型风力发电机可分为水平轴发电机和垂直轴发电机。在此对两种发电机作如下比较。

(1) 对于水平轴风力发电机,风轮围绕一个水平轴转动,需要有调向装置来保持风轮迎风。垂直轴风力发电机的风轮围绕垂直轴旋转,可以接受来自任何方向的风,无需调向装置,结构设计简化。

(2) 垂直轴风力发电机的齿轮箱和发电机可以安装在地面上,维修方便。而水平轴风力发电机则需要在离地很高的地方进行维修,十分不便。

(3) 水平轴风力发电机的启动风速要求较高,而垂直轴风力发电机的启动风速要求较低,可以实现微风启动,比较适合在城市或是风力相对较小的地方使用。

(4) 水平轴风力发电机的桨叶上受到正面风载荷力、离心力,叶片根部受到很大弯矩产生的应力,易发生叶片根部折断的事故。垂直轴风力发电机叶片两头与轴固定,犹如一张弓,它的形状不是由叶片的刚度来保证的,叶片只受拉应力,用料少,寿命长,不易折断，可以耐受强风。

由上不难看出在小型机组中垂直轴风力发电机的优势，但目前市场上水平轴风力发电机占绝大多数，但达里厄型垂直轴风力发电机由于其性能优良，正成为水平轴风力发电机的有力竞争者，目前垂直轴风力发电机多在北美运行。若将垂直轴风力发电机引入风光互补系统，则可以使其结构得到简化，稳定性提高，使运行维护更加方便。若能大力发展，其在我国的市场上也必将占有一席之地。

9.3.5 风光互补发电系统的发展前景

当前，国内外对风光互补发电系统的研究大多集中于互补发电系统的静态体系结构的研究、储能设备的配置及控制、系统仿真等。为了促进风光互补发电系统的进一步发展，使其成为一种具有竞争力的清洁电源，应加强以下方面的工作。

（1）进一步做好风光互补发电场的风能资源、太阳能光照资源，特别是具有风光互补发电应用潜力的小区域气象数据的勘测统计工作，为风光互补发电系统的广泛应用提供更可靠的依据。

（2）研究风光互补发电系统各组成部分的动态运行特性，降低系统运行成本，为风光互补发电系统的广泛应用提供更可靠的依据。

（3）进一步拓展风光互补系统的应用领域，如开展风光互补发电系统小区域路灯照明和室内照明等方面的应用研究等。

（4）积累风光互补发电的使用数据，在应用中逐步形成较完善的可再生能源技术支撑体系，为可再生能源的大规模开发和利用奠定基础。

目前，就风光互补发电系统这方面的研究还在不断深入，风光发电技术也在日益成熟，并且随着科学技术的日新月异，还将不断进步。相信不久的将来，风光互补发电系统将会遍地开花，充满世界的每一个角落，为落实科学发展观，建设绿色能源贡献力量。

复习思考题

一、填空题

1. 太阳能及风能的共同特点是两者均具有_____，_____。
2. 根据提水方式的不同，现代风力提水机可分为_____和_____两大类。
3. 风能转换为热能，一般通过3种途径：第一是_____，即_____；第二种是_____，即_____；第三种是_____，即_____。

二、思考题

1. 简述高扬程小流量型风力提水机的结构及工作原理。
2. 简述风光互补发电系统较光电和风电独立供电系统的优势。

第10章 风力发电的发展

 本章教学目标

了解我国风力发电行业的发展状况及特点；了解我国风力发电的发展动向；理解风力发电发展存在的问题；掌握我国风力发电发展的主要影响因素。

 本章教学要点

知识要点	掌握程度	相关知识
风力发电发展的影响因素	了解我国风力发电行业的发展状况，掌握我国风力发电发展的主要影响因素	我国对风力发电行业的政策与法规
风力发电发展存在的问题	了解世界主要国家风力发电的发展特点；理解风力发电发展存在的问题	风力发电技术的有关问题
风力发电发展的方向	了解我国风力发电的发展动向	风电场的分布情况及装机状况

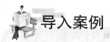 导入案例

风能的特点是能源稀薄、随机性大，风向、风力变化无常，而风力机又必须安装在野外空旷多风地带，造成了风力发电机不同于其他电网发电机的特殊性。风力发电中的发电机处于将机械能转变为电能的能源转换枢纽环节，不同的发电机形成不同的发电模式，产生不同质量的电能，对整个机组的能源效率、机电可靠性、电网容纳度等指标有着相当大的影响，是风力发电的核心技术之一。

发电机种类对整个机组的制造成本、系统性价比有着重大影响。首先，不同发电机本身的制造难度、成本差异明显；其次，不同发电机对控制系统的配置不同，所配变频器功率容量、技术要求不一样，更使成本相差悬殊；另外，采用不同的发电机影响到塔顶机舱的总重量，对塔架、基础的成本，对大件运输和安装的成本均有不同程度的影响；再加上不同发电机的发电质量对电网和供电的间接成本响应也不一样，从而都影响到整个发电系统的经济性，使风力发电机技术方案的选择成为影响风力发电场发电成本的重要因素。

10.1 风力发电发展的影响因素及存在的问题

10.1.1 风力发电发展的影响因素

1. 环境因素

对于风电产业来讲，由于它还是一个新兴行业，任何行业在发展初期都需要得到各方面的支持，而且该行业一定是在最适合的环境中发展。比如，金融业在上海，小商品在浙江等都是有力的证明。

首先，一个行业要想发展，首先要有市场。对于风力发电来讲，最重要的资源就是风能，没有风能就不会有风力发电行业。所以风能丰富地区就是风力发电行业市场需求最旺盛的地区。区域的风力资源是制约该区域风电产业发展的重要因素。在我国的内蒙古地区、新疆地区风力资源丰富，所以风力发电在这里的发展很快，其中新疆金风科技股份有限公司是我国目前最大的生产并网发电机组的厂商，其市场份额在我国国产机组中占40%。而内蒙古有很多生产离网发电机组的厂商，其生产的离网发电机组占国产机组的45%，地区风力资源的好坏将与风电产业发展有着密切的关系。

其次，地区电网的分布也是影响风力发电产业发展的重要因素，作为并网风力发电来讲，风电机组最终发出的电量要并入地方电网，如果地方电网不发达，或者地方电网的容量不够，这都会影响风力发电产业在该地区的发展。虽然1994年我国颁布了风力发电上网管理规定，该规定中明确了地方电力公司要允许风力发电就近上网，但是如果电网没有富余容量，即使风力资源再丰富，风力机性能再好，发出的电量再多，也是徒劳，只有电网能将风力发电的电量完全容纳，才有可能在该地区建立风场，才能促进风电产业在该地区的发展。

公众的环保意识也是影响风电在一个区域发展的重要因素。风力发电在欧洲、美洲等得到了迅猛发展，其中最重要的原因就是欧美等发达国家的公众的环保意识很强，很多环保组织督促政府出台鼓励包括风力发电在内的可再生能源发展的政策，而我国普通公众对环保的意识不强。据英国牛津大学环境变化研究学院的 Carrl 博士分析，中国没有一个地方可证明风能开发发展会很快。总结她对中国目前包括风力发电在内的可再生能源市场的分析，她说，中国可再生能源市场没有市场吸引力，没有一个综合的和相关的能源政策，只有一个很短暂的贷款偿还期，缺少竞争，以及"对环境和风力发电的态度"（注：即对环保和风能利用不重视）。她警告说："有些人认为，中国环境保护意识不够强，以至于在中国不能将风能推向商业化，中国是世界上仅次于美国的第二个二氧化碳排放国，中国政府和公众确实需要制定长远的政策来打开通向大规模利用风能的道路"。可见公众的关心、政府的支持将大大促进风电产业的发展。

2. 技术因素

在整个风电产业链中，风电机组的造价占整个风场总投资的 70% 以上，在我国更是占到 80% 以上。而且我国目前已经安装的大型并网型风电机组有 95% 是从国外进口的，风电机组的发展水平已经成为制约我国整个风电产业发展的瓶颈。所以加快大型风电机组的国产化进程是我国风电产业所面临的最紧迫的任务。如果某一地区不具备风力机的生产能力，那么该地区的风力发电产业不可能得到发展。首先，风电的研发能力是风电产业发展的重中之重。风电产业的研发包括风力气象学、风场规划技术研究、风力机制造技术研究、风电标准制定、风电产品质量检测、风电咨询和服务等领域。国外风电产业得到了快速发展，主要得益于它们较强的研发能力。目前国外除了有专门研究风电的研究机构和大学外，各风力机制造厂家都有自己的研发机构。在德国，这些研究机构是有分工的，专门的风电研究机构主要研究风力气象学和风场规划等，而公司中的研究机构主要研究风电机组的制造技术以及服务。在我国，虽然也有很多研究机构在进行风电研究，但是很多研究机构都是从其他方面临时转型过来的，所以专业性不够，水平也不高。从世界各国的经验来看，研发能力的高低决定了风电产业的发展水平。目前我国的风电机组主要以 600kW 为主，虽然 750kW 机组也在开发研制中，但是，首先这些技术基本都是从国外引进的；其次，这些机组还没有经过实践的检验。相比而言，目前国外的风电机组的容量已经达到 5MW，而且投入商业运行的机组容量也达到 3MW。所以，一个区域的研发能力将决定风电产业的发展前景。其次，现有的制造能力也是影响风电发展的重要因素。由于风力机的服役期一般为 20 年，而且风电机组的零部件很大，比如 2MW 风电机组的叶片就达到 41 米，重量达 20 吨，而且风电机组的维修费用高，维修困难，所以要求风力机零部件的质量要高。虽然风力机的很多零部件都是通用机械零件，比如齿轮箱、发电机、叶片、减速器、塔架、液压件等，但是大尺寸和高质量要求使得这些零部件的加工变得不太容易。所以，一个区域的机械工业基础也是制约风电产业发展的因素。还有，零部件的配套能力也很重要。目前，风电机组生产厂商将主要精力集中在研发、总装和市场方面，风电机组的非核心零部件主要依赖外部采购，所以零部件配套能力是制约一个地区风电发展的重要因素。另外一个原因是，风电机组的零部件的尺寸大，重量大，运输困难，成本高，所以要求就近配套。比如风力机的叶片，叶片生产厂商一般只进行工厂外交货，风力机厂商负责运输，在运输过程中出现的问题由风力机厂商自己负责，费用也由其负担。所以一个区域内配套能力的高低将影响风电产业的发展。最后，风电领域的人力资源的多少以及质量关系到一个区域风电产业的发展。风力发电是专业性很强的行业，所以需要很多高素质的专门人才进入风电行业，不断推动风电行业的发展。但是，我国目前从事该领域研究、开发、实施和服务的人员只有几千人，工程技术人员更是少之又少。从丹麦的情况看，丹麦全国有500万人口，有将近4万人在从事风电行业。据估计全世界有60%的公司使用丹麦的技术生产风力发电机组。而且丹麦风力机的出口量占世界第一位，2003年丹麦公司生产的风力机占全世界市场份额的60%左右。所以，从事风电行业的人力资源状况也是影响风力发电产业发展的重要因素。

3. 政府政策因素

政府对推动风电产业发展的作用主要体现在两个方面，其一是制定鼓励风电产业发展的政策，这些政策将对风电投资的积极性产生影响，继而影响整个产业的发展。其二是政府的工作效率和指导思想将影响风电产业的投资积极性，继而影响整个产业的发展。国外风电发展的经验已经证明，政府在产业发展初期所起到的作用是非常明显的。所以，地方政府在中央政府的领导下，如何制定鼓励风电行业发展的政策以及如何提高政府办事效率和形象，将是各个地方政府需要考虑的重要问题。从德国的经验来看，政府通过制定可再生能源法，已经极大地促进了风电的发展，所以，政府在风电产业发展中扮演着重要的角色。

根据国外大规模发展风电的经验和我国的基本情况，发展风电在初期阶段需要政府在政策上给予扶持。特别是在我国目前的条件下，风力发电还是个新生事物，其商业竞争力还很弱，需要在一定时期用政策加以扶持。1994年，电力部颁发了《风力发电场并网运行管理规定》，明确规定风电场多发的电量电网公司必须全部收购，风电上网电价按发电成本加还本付息再加合理利润的原则确定。后来，国家发改委、科技部、国家经贸委分别制定了关于进一步促进风力发电发展的有关政策，充分体现了我国对新能源发展的支持，对我国风电发展起到了一定的推动作用。但是，这些政策的配套性、连续性和力度都不尽如人意，仍需进一步完善。由于风电的发展对于国家和全社会有利，因此应该由全社会共同支持，地方政府也应该从鼓励风电的政策、税收、融资、补贴、宣传等方面入手，建立促进风力发电发展的策略。这些激励政策的出台必将极大刺激投资，从而带动相关产业的发展，最终使风电事业走上良性循环的轨道。

10.1.2 风力发电发展存在的问题

1. 发电成本较高

目前，世界上风力发电的成本已达到6美分/（千瓦·小时）以下，达到3美分（千瓦·小时）就与火电成本相当。风力发电成本较高的主要原因是由于风力发电机生产制造成本较高及风力发电机在运行时维护费用较高造成的。

根据目前国内风电场平均水平，设定基本条件为：风电场装机容量5万千瓦，年上网电量为等效满负荷2000小时，单位千瓦造价8000～10000元，折旧年限12.5年，其他成本条件按经验选取。财务条件：工程总投资分别取4亿元（8000元/千瓦）、4.5亿元（9000元/千瓦）和5亿元（10000元/千瓦），流动资金150万元。项目资本金占20%，其余采用国内商业银行贷款，贷款期15年，年利率为6.12%。增值税税率为8.5%，所得税税率为33%，资本金财务内部收益率为10%。风电成本和上网电价水平测算：按以上条件及现行的风电场上网电价制度,以资本金财务内部收益率为10%为标准,当风电场年上网电量为等效满负荷2000小时,单位千瓦造价8000~10000元时,风电平均成本分别为0.373~0.461元/千瓦时,较为合理的上网电价范围是0.566~0.703元/千瓦时(含增值税)。成本在投产初期较高,主要是受还本付息的影响。当贷款还清后,平均度电成本降至很低。风电场造价对上网电价有明显的影响,当造价增加时,同等收益率下的上网电价大致按相同比率增加。我国幅员辽阔,各地风电场资源条件差别很大,甚至同一风电场址内资源分布也有较大差别。如果全国风电的平均水平是每千瓦投资9000元,以及资源状况按年上网电量为等效满负荷2000小时计算,则风电的上网电价约每千瓦时0.63元,相比于全国火电平均上网电价每千瓦时的0.31元高一倍。

显然,风力发电的成本主要是固定资产投资成本,约占总投资的85%以上。按照我国增值税抵扣政策,固定资产投资的增值税不能抵扣。风力发电执行17%的增值税税率,因为没有购买燃料等方面的抵扣,因此风力发电实际税收明显高于火力发电。另外,国内已经建成的微不足道的风电容量几乎全部为进口的成套设备,导致风电场投资高、电价高,与火电、水电相比,缺乏市场竞争能力。国产的风电设备可以显著地降低风电成本,但由于现在国内设备制造水平较低,应用规模小,国产设备的价格并不低于进口设备。

2. 风力发电机生产制造成本较高

1980年以前,美国中小型风力发电机生产制造成本为2000~5000美元/千瓦,风力发电机生产技术先进的丹麦中小型风力发电机生产制造成本为1750~3500美元/千瓦。大型风力发电机生产制造成本较中小型风力发电机生产制造成本低,美国大型风力发电机生产制造成本约为1750~2500美元/千瓦,丹麦约为1380~3000美元/千瓦。至20世纪末,由于风力发电机装机容量的不断增加及工业发达国家风力发电机商品化,风力发电机生产制造成本逐年降低。至1999年工业发达国家已将风力发电机生产制造成本降低到500~1500美元/千瓦,达到500美元/千瓦就与火电投资成本相当。还应继续降低风力发电机的制造成本。

风电机组的制造技术是风电发展的核心。目前我国风电建设远远落后于世界发展,其主要原因是,没有加大力度依靠国内雄厚的机电制造业基础,吸收引进国外先进技术对风电成套设备进行自主开发。随着世界风力发电设备制造水平提高,更大的单机容量已经是全球风能技术发展的趋势。据了解,国外风电机组目前已达到兆瓦级,如美国主流1.5兆瓦,丹麦主流2.0~3.0兆瓦,而迄今为止,我国在这一技术上处于落后位置,尚不具备自行开发制造大型风电机组的能力,且在机组总体设计技术,特别是桨叶和控制系统及总装等关键性技术上落后于欧美发达国家,且机组质量普遍不高,易出现故障。据调查,每年的风电设备进口总额高达70亿元,尤其大型风力机设备几乎被丹麦、意大利、德国等发达国家全部垄断。国内整体的风电制造水平比国外发达国家至少晚10年,而且技术差距还在拉大,这就使国产设备的竞争力面临严峻的考验。

3. 风力发电机组存在提前损坏问题

①风力发电机的寿命还难以达到20~30年;②叶片断裂、控制系统失灵等事故还时有发生;③遇到极端气候易损坏,如桑美台风正面袭击浙江苍南风电场,给风电场带来毁灭性的影响。2006年8月10日下午5点25分桑美台风正面袭击苍南霞关,据中央电视台报道风力达17级(风速为68m/s,时距为3s),最高风力达19级。苍南风电场位于苍南霞

关北约十公里的海拔 700～900 米的山坡上，处在桑美台风正面袭击的路径上。造成 20 台机组都遭到不同程度的破坏。叶片、塔架折断破坏严重，如图 10.1 所示。

图 10.1　叶片、塔架折断

4. 风力发电机运行时抗干扰性有待解决

（1）风力发电机转动的叶片切断空气及叶片转后空气再结合在一起所发出的噪声。

（2）金属叶片或金属梁复合叶片在转动时对距离近的电视会造成重影或条纹状干扰。

5. 电网制约

风电场接入电网后，在向电网提供清洁能源的同时，也会给电网的运行带来一些负面影响。随着风电场装机容量的增加，以及风电装机在某个地区电网中所占比例的增加，这些负面影响就可能成为风电并网的制约因素。

风力发电会降低电网负荷的预测精度，从而影响电网的调度和运行方式；影响电网的频率控制；影响电网的电压调整；影响电网的潮流分布；影响电网的电能质量；影响电网的故障水平和稳定性等。

由于风力发电固有的间歇性和波动性，电网的可靠性可能降低，电网的运行成本也可能增加。为了克服风电给电网带来的电能质量和可靠性等问题，还会使电网公司增加必要的研究费用和设备投资。在大力发展风电的过程中，必须研究和解决风电并网可能带来的其他影响。

6. 风力发电机其他亟待解决的问题

（1）提高风力发电机的质量以保证风力发电机运行的可靠性及耐久性。

应研制疲劳强度高、重量轻的复合材料作叶片以解决叶片断裂问题；提高控制系统的可靠性以减少维护费用，提高风电机组的利用率，降低发电成本；提高风力发电机综合质量以使风力发电机的寿命达到 20 年以上。

（2）风力发电机机用蓄电池的攻关。

单机使用的风力发电机急迫需求大容量、小体积、高效率、免维护、寿命长、价格低的蓄电池以满足风力发电机无风不能发电而需供电的要求。

（3）我国政府对中、大型风力发电机进行更深入地研究以满足我国未来风电市场的需求。

我国对未来风力发电机的需求市场很大，应开展更深入的研究以供开发风力发电机机用大型锥钢管、经久耐用的复合材料叶片、寿命可长达20年的转盘轴承、可靠的计算机控制、多余风电的存储等。

（4）拓宽风力发电机的应用市场，让风力发电大有作为。

我国风能资源丰富，据不完全统计，可利用的风能达25.3亿兆瓦(MW)。特别是以东北、华北、西北构成的大面积陆地型风能资源丰富区，应拓宽风力发电机的应用市场。用风电发展高效农业、牧业、养殖业；用风电为农牧民冬季取暖提供电力，恢复自然生态环境。风电为城市冬季采暖提供电能，就会减少燃煤锅炉对环境造成的污染和破坏。风力发电机应用市场的拓宽又会促进风力发电机的发展。

10.2 风力发电发展展望

经过多年的研究开发和运行实践，随着风力发电技术的日益成熟，下一步的目标将是在保证可靠性的基础上，广泛采用先进的技术和工艺，设计制造出经济性更好的物美价廉的大型风力发电机组，以满足国际风电市场的需要。今后10年世界各国风力发电的发展将呈现以下趋势。

10.2.1 商品化风电机组的单机容量进一步向大型化发展

从过去20年的发展历史看，单机容量的不断增大是风力发电技术的显著特点之一。单机容量大有利于降低每千瓦的制造成本，如600MW风电机组比300MW风电机组单位千瓦的造价约降低20%。而且大型机组采用更高的塔架，更有利于捕获风能，提高年发电量。例如，对地处平坦地带的一台风电机组来说，在50m高的塔架上捕获的风能，要比在30m高的塔架上捕获的风能约多20%。虽然20世纪70年代末和80年代初，美国和西欧一些国家研制、试验的兆瓦级大型风电机组，由于当时的技术条件，在可靠性、经济性以及运行维护等方面，有不尽如人意的地方而未能实现商业化，但也为后来的发展提供了技术上的经验和借鉴。现在，新一代的兆瓦级大型商品机组无疑将很快占领市场。目前如丹麦的Bonus公司、德国的Nordex公司、荷兰的NedWind公司均已有1MW商品化风电机组进入市场，丹麦的NEGMicon公司和Vestas公司已分别有1.5MW及1.65MW的风力发电机产品问世，而且各大公司还在开发更大型的机组。估计到21世纪初期，兆瓦级风电机组将成为风电场的主导机型。

10.2.2 变速恒频风电机组的开发和商品化

目前，安装在世界各地风电场的风力发电机组，绝大多数为恒速运行机组，而采用变速恒频发电系统后，风力机就可以改恒速运行为变速运行，这样就可能使风轮的转速随风速变化并保持一个恒定的最佳叶尖速比，使风力机的风能利用系数在额定风速以下的整个运行风速范围内都处于最大值，从而可比恒速运行获取更多的能量。尤其是这种变速机组可适应不同的风速区，当一台风电机组安装在平均风速与其最佳设计工况的平均风速差别较大的风电场时，变速运行的优势就更加显著了。恒速运行的另一个弊端是：当风速跃升时，巨大的风能将通过风力机叶片传递给主轴、齿轮箱和发电机等部件，在这些部件上产生很大的机械应力,上述过程的重复出现将会引起这些部件的疲劳损坏。因此,在设计时不得不加大安全系数,从而导致机组重量加大,制造成本增加。当风力发电机采取变速运行时,由风速跃升所产生的巨大风能,部分被加速旋转的风轮所吸收,以动能的形式储存于高速运转的风轮中,从而避免主轴及传动机构承受过大的扭矩及应力;当风速下降时,在电力电子装置的调控下,将高速风轮所释放的能量转变为电能,送入电网。在这里,风轮的加速、减速对风能的阶跃性变化起到了缓冲作用,使风力机内部能量传输部件承受的应力变化比较平稳,防止破坏性机械应力的产生,从而使风电机组的运行更加平稳和安全。变速运行还有一个好处是可以降低风力机在低风速运行时的噪声,并可使风轮设计突破原有的框框。恒速运行,风轮转速不能太高,因为在低风速时,环境噪声不大,掩盖不了叶片的气动噪声,所以恒速风轮的叶尖速度一般局限在 60m/s 左右,相应的叶尖速比在 7.5 左右。由于空气动力学的原因,风轮转速越低,叶片尺寸就必须越大。而变速机组由于风轮转速与风速成比例变化,所以较少受低风速时噪声的限制,设计中可以采用更大的叶尖速比。同样由于空气动力学原理,较大的叶尖速比,可将叶片做得更薄,从而降低制造成本。变速机组即使设计叶尖速比大于恒速机组,低风速时的转速仍会大大低于恒速机组,因而噪声低,更有竞争性。目前的恒速机组,大部分使用异步发电机,它在发出有功功率的同时,还需要消耗无功功率(通常是安装电容器,以补偿大部分消耗的无功)。而现代变速风电机组却能十分精确地控制功率因数,甚至向电网输送无功,改善系统的功率因数。由于以上原因,变速风电机组越来越受到风电界的重视,特别是在进一步发展的大型机组中将更为引人注目。当然,决定变速机组设计是否成功的一个关键是变速恒频发电系统及其控制装置的设计。由于现代电力电子技术和控制技术的发展,这一问题在技术上已经得到很好的解决,在经济上电力电子变换系统的成本也在日益下降,这些都为变速风电机组的推广应用,提供了良好的条件和前景。

阅读材料10-1

无齿轮箱直驱机技术的进展

早在 2002 年 8 月制订的我国国家级火炬计划中,已将课题"研究开发无齿轮箱、多极低速发电机、变速恒频等新型风力发电机组"列入开发重点项目。2004 年 8 月 10 日,国家发改委(2004)753 号文件《关于组织实施"节能和新能源关键技术"国家重大产业技术开发专项的通知》中。专题列出:"无齿轮直驱型风力发电技术及发电机组相关制造技术",作为国家重大产业技术开发专项。直驱机生产大户——德国 Enercon 公司别具匠心,其电励磁同步发电机具有绝对的市场优势,长期独领直驱机技术和市场霸主地位。"Enercon 公司可谓一枝独秀,虽然全球几个雄心勃勃的行业新军近几年也曾试图进入这一市场。据评论,Enercon 公司 2003 年在全球市场占有率为 14.6%,(2007 年 Enercon 在德国风机市场占有量超过 50%),依靠运行中的 6800 多台单机功率从 30kW 到 4.5MW 的直驱式风力发电机组,Enercon 与这些公司之间的差距仍在继续加大。所有 Enercon 的竞争对手加在一起生产了不到 200 台的直驱式的发电机组"。Enercon 直驱机为电励磁型,而我国金风科技和湘电股份等企业引进的是永磁直驱同步机。"作为(永磁)直驱式发电机的供应商,西门子公司似乎也冒着很大的风险,这位德国工业巨头试图第二次参与争夺直驱式风力发电机市场。20 世纪 90 年代,西门子公司曾与德国 Seewind 公司联合开发的 750kW 风力发电机组失败,原因是西门子公司设计的永磁发电机造价太高。2003 年 4 月,容量为 3MW 的西门子直驱永磁式变桨距控制样机终于由挪威 Scanwind 公司安装,并于 2005 年用完全不同的技术建造第二台样机。Scanwind 公司 CEO 说,他们的 3MW 产品概念可以用于直至容量为 5MW 级的机组,这是下一个研究与发展项目。在风机品种方面,西门子可以说是最全面的,既有双馈异步和新型变速笼型异步,更有多种永磁直驱二在其官方网站上,曾登载过西门子直驱永磁风力发电机的照片,那短胖的机舱就是直驱机的特征据报道,该机效率高达 98%,具有较高水平。

10.2.3 机械方面的改进

在机械方面通过结构动力学的研究,改进设计,避免或减少由于风的扰动而引起的有害机械负荷,减少部件所受的应力,从而减轻有关部件及机组整体的重量,进一步降低成本。改进机械结构的另一个动向是采用新型整体式驱动系统,集主传动轴、变速箱和偏航系统为一体,这样就减少了零部件数目,同时增强了传动系统的刚性和强度,降低了安装、维护和保养的费用。

10.2.4 空气动力方面的改进

在空气动力方面最重要的发展是进行新型叶片的翼型设计,以捕获更多的风能。如美国国家可再生能源实验室 NREL 开发了一种新型叶片,现场试验表明:在捕获风能上,新型叶片比早期的风力机叶片要大 20% 以上。现在的叶片,最大风能利用系数约为 0.45 左右,在叶片翼型的改进上还有较大的发展空间。采用柔性叶片也是一个发展动向,利用新型材料(如新型工程塑料等)进行设计制造,使其对应于风况的变化能够改变它们的空气动力型面,从而改善空气动力响应和叶片受力状况,增加可靠性和对风能的捕获量。另外,还在开发新的空气动力控制装置,如叶片上的副翼,它能够简单、有效地限制转子的旋转速度,比机械刹车更可靠,并且费用低。以上从技术上阐述了风电机组的发展前景,随着这些技术的成熟和完善,以及风电场选址评估和运行管理水平的进一步提高,必然会给风力发电带来更好的效益。近几年内,风电机组的价格降到 800 美元/千瓦(含塔架)以下,风力发电的成本降到 4 美分/千瓦·小时(包括运行维护费)以下,应该是完全可能的,甚至有可能降到 600 美元/千瓦和 3 美分/千瓦·小时,那时风电将成为最廉价的能源之一。

总之,风力发电由于其效益上的优势,将首先成为可与常规能源发电相竞争的新能源发电方式。一个大规模开发利用风能的时代,一个利用风力发电造福于人类的时代将会到来。

思考题

1. 制约我国风电产业发展的因素是什么?
2. 发展风电产业的途径是什么?
3. 发展风电产业存在什么问题?
4. 未来我国风电产业发展方向是什么?你的建议是什么?

附录一
风力等级表

风级	名称	风速范围/(m/s)	平均风速/(m/s)	地面物象	海面波浪	浪高/m
0	无风	0.0～0.2	0.1	炊烟直上	海面平静	0.01
1	软风	0.3～1.5	0.9	烟示风向	微波、峰顶无沫	0.1
2	轻风	1.6～3.3	2.5	感觉有风	小波、峰顶沫碎	0.2
3	微风	3.4～5.4	4.4	旌旗展开	小波、峰顶破裂	0.6
4	和风	5.5～7.9	6.7	尘土吹起	小浪、波峰白沫	1.05
5	劲风	8.0～10.7	9.4	小树摇摆	中浪、峰群折沫	2.0
6	强风	10.8～13.8	12.3	电线有声	大浪、多个飞沫	3.0
7	疾风	13.9～17.1	15.5	步行困难	破峰白沫成条	4.08
8	大风	17.2～20.7	19.0	折毁树枝	浪长高、有浪花	5.5
9	烈风	20.8～24.4	22.6	房屋小损	浪峰倒卷	7.0
10	狂风	24.5～28.4	26.5	树木拔起	海浪翻滚咆哮	9.0
11	暴风	28.5～32.6	30.6	损毁普遍	波峰全呈飞沫	11.5
12	飓风	32.7～37.0	34.7	摧毁巨大	海浪滔天	14.0

注：本表所列风速是指平地上离地10m处的风速值。

附录二
风力发电机组电工术语

——摘自中华人民共和国国家标准 GB/T 2900.53—2001

1. 风力机(wind turbine)：将风的动能转换为另一种形式能的旋转机械。
2. 风力发电机组(wind turbine generator system)：将风的动能转换为电能的系统。
3. 风电场(wind power station; wind farm)：由一批风力发电机组或风力发电机组群组成的电站。
4. 水平轴风力机(horizontal axis wind turbine)：风轮轴基本上平行于风向的风力机。
5. 垂直轴风力机(vertical axis wind turbine)：风轮轴垂直的风力机。
6. 轮毂(风力机){hub(for wind turbines)}：将叶片或叶片组固定到转轴上的装置。
7. 机舱(nacelle)：设在水平轴风力机顶部包容电机、传动系统和其它装置的部件。
8. 支撑结构(风力机){support structure(for wind turbines)}：由塔架和基础组成的风力机部分。
9. 关机(风力机){shutdown(for wind turbines)}：从发电到静止或空转之间的风力机过渡状态。
10. 正常关机(风力机){normal shutdown(for wind turbines)}：全过程都是在控制系统控制下进行的关机。
11. 紧急关机(风力机){emergency shutdown(for wind turbines)}：保护装置系统触发或人工干预下，使风力机迅速关机。
12. 空转(风力机){idling(for wind turbines)}：风力机缓慢旋转但不发电的状态。
13. 锁定(风力机){blocking(for wind turbines)}：利用机械销或其他装置，而不是通常的机械制动盘，防止风轮轴或偏航机构运动。
14. 停机 {parking}：风力机关机后的状态。
15. 静止 {standstill}：风力发电机组的停止状态。
16. 制动器(风力机){brake(for wind turbines)}：能降低风轮转速或能停止风轮旋转的装置。
17. 停机制动(风力机){parking brake(for wind turbines)}：能够防止风轮转动的制动。
18. 风轮转速(风力机){rotor speed(for wind turbines)}：风力机风轮绕其轴的旋转速度。

19. 控制系统(风力机){control system(for wind turbines)}：接受风力机信息和/或环境信息，调节风力机，使其保持在工作要求范围内的系统。

20. 保护系统(风力发电机组){protection system(for WTGS)}：确保风力发电机组运行在设计范围内的系统。注：如果产生矛盾，保护系统应优先于控制系统起作用。

21. 偏航(yawing)：风轮轴绕垂直轴的旋转(仅适用于水平轴风力机)。

22. 设计工况(design situation)：风力机运行中的各种可能的状态，例如，发电、停车等。

23. 载荷状况 load case：设计状态与引起构件载荷的外部条件的组合。

24. 外部条件(风力机){external conditions(for wind turbines)}：影响风力机工作的诸因素，包括风况、其他气候因素(雪、冰等)，地震和电网条件。

25. 设计极限(design limits)：设计中采用的最大值或最小值。

26. 极限状态(limit state)：构件的一种受力状态，如果作用其上的力超出这一状态，则构件不再满足设计要求。

27. 使用极限状态(serviceability limit states)：正常使用要求的边界条件。

28. 最大极限状态(ultimate limit state)：与损坏危险和可能造成损坏的错位或变形对应的极限状态。

29. 安全寿命(safe life)：严重失效前预期使用时间。

30. 严重故障(风力机){catastrophic failure(for wind turbines)}：零件或部件严重损坏，导致主要功能丧失，安全受损。

31. 潜伏故障(latent fault；dormant failure)：正常工作中零部件或系统存在的未被发现的故障。

32. 风速(wind speed)：空间特定点的风速为该点周围气体微团的移动速度。注：风速为风矢量的数值。

33. 风矢量(wind velocity)：标有被研究点周围气体微团运动方向，其值等于该气体微团运动速度(即该点风速)的矢量。注：空间任意一点的风矢量是气体微团通过该点位置的时间导数。

34. 旋转采样风矢量(rotationally sampled wind velocity)：旋转风轮上某固定点经受的风矢量。注：旋转采样风矢量湍流谱与正常湍流谱明显不同。风轮旋转时，叶片切入气流，流谱产生空间变化。最终的湍流谱包括转动频率下的流谱变化和由此产生的谐量。

35. 额定风速(风力机){rated wind speed(for wind turbines)}：风力机达到额定功率输出时规定的风速。

36. 切入风速(cut-in wind speed)：风力机开始发电时，轮毂高度处的最低风速。

37. 切出风速(cut-out wind speed)：风力机达到设计功率时，轮毂高度处的最高风速。

38. 年平均(annual average)：数量和持续时间足够充分的一组测量数据的平均值，供作估计期望值用。注：平均时间间隔应为整年，以便将不稳定因素如季节变化等平均在内。

39. 年平均风速(annual average wind speed)：按照年平均的定义确定的平均风速。

40. 平均风速(mean wind speed)：给定时间内瞬时风速的平均值，给定时间从几秒到数年不等。

41. 极端风速(extreme wind speed)：t 秒内平均最高风速，它很可能是特定周期(重现周期)T 年一遇。注：参考重现周期 $T=50$ 年和 $T=1$ 年，平均时间 $t=3$ 秒和 $t=10$ 秒。极端风速即为俗称的"安全风速"。

42. 安全风速(拒用){survival wind speed(deprecated)}：结构所能承受的最大设计风速的俗称。注：IEC 61400 系列标准中不采用这一术语。设计时可参考极端风速。

43. 参考风速(reference wind speed)：用于确定风力机级别的基本极端风速参数。注：(1)与气候有关的其他设计参数均可以从参考风速和其它基本等级参数中得到。(2)对应参考风速级别的风力机设计，它在轮毂高度承受的 50 年一遇 10 分钟平均最大风速，应小于或等于参考风速。

44. 风速分布(wind speed distribution)：用于描述连续时限内风速概率分布的分布函数。注：经常使用的分布函数是瑞利和威布尔分布函数。

45. 瑞利分布(RayLeigh distribution)：经常用于风速的概率分布函数，分布函数取决于一个调节参数—尺度参数，它控制平均风速的分布。

46. 威布尔分布(Weibull distribution)：经常用于风速的概率分布函数，分布函数取决于两个参数，控制分布宽度的形状参数和控制平均风速分布的尺度参数。注：瑞利分布与威布尔分布区别在于瑞利分布形状参数 2。

47. 风切变(wind shear)：风速在垂直于风向平面内的变化。

48. 风廓线；风切变律(wind profile；wind shear law)：风速随离地面高度变化的数学表达式。注：常用剖面线是对数剖面线和幂律剖面线。

49. 风切变指数(wind shear exponent)：通常用于描述风速剖面线形状的幂定律指数。

50. 对数风切变律(logarithmic wind shear law)：表示风速随离地面高度以对数关系变化的数学式。

51. 风切变幂律(power law for wind shear)：表示风速随离地面高度以幂定律关系变化的数学式。

52. 下风向(down wind)：主风方向。

53. 上风向(upwind)：主风方向的相反方向。

54. 阵风(gust)：超过平均风速的突然和短暂的风速变化。注：阵风可用上升-时间，即幅度-持续时间表达。

55. 粗糙长度(roughness length)：在假定垂直风廓线随离地面高度按对数关系变化情况下，平均风速变为 0 时算出的高度。

56. 湍流强度(turbulence intensity)：标准风速偏差与平均风速的比率。用同一组测量数据和规定的周期进行计算。

57. 湍流尺度参数(turbulence scale parameter)：纵向功率谱密度等于 0.05 时的波长。

58. 湍流惯性负区(inertial sub-range)：风速湍流谱的频率区间，该区间内涡流经逐步破碎达到均质，能量损失乎略不计。注：在典型的 10m/s 风速，惯性负区的频率范围大致在 0.02～2kHz 之间。

59. 互联(风力发电机组){interconnection(for WTGS)}：风力发电机组与电网之间的电力连接，从而电能可从风力机输送给电网，反之亦然。

60. 输出功率(风力发电机组){output power(for WTGS)}：风力发电机组随时输出的电功率。

61. 额定功率(风力发电机组) {rated power(for WTGS)}：正常工作条件下，风力发电机组的设计要达到的最大连续输出电功率。

62. 最大功率(风力发电机组) {maximum power(of a WTGS)}：正常工作条件下，风力发电机组输出的最高净电功率。

63. 电网连接点(风力发电机组) {network connection point(for WTGS)}：对单台风力发电机组是输出电缆终端，而对风电场是与电力汇集系统总线的连接点。

64. 电力汇集系统(风力发电机组) {power collection system(for WTGS)}：汇集风力发电机组电能并输送给电网升压变压器或电负荷的电力连接系统。

65. 风场电气设备(site electrical facilities)：风力发电机组电网连接点与电网间所有相关电气装备。

66. 功率特性(power performance)：风力发电机组发电能力的表述。

67. 净电功率输出(net electric power output)：风力发电机组输送给电网的电功率值。

68. 功率系数(power coefficient)：净电功率输出与风轮扫掠面上从自由流得到的功率之比。

69. 自由流风速(free stream wind speed)：通常指轮毂高度处，未被扰动的自然空气流动速度。

70. 扫掠面积(swept area)：垂直于风矢量平面上的，风轮旋转时叶尖运动所生成圆的投影面积。

71. 轮毂高度(hub height)：从地面到风轮扫掠面中心的高度，对垂直轴风力机是赤道平面高处。

72. 测量功率曲线(measured power curve)：描绘用正确方法测得并经修正或标准化处理的风力发电机组净电功率输出的图和表。它是测量风速的函数。

73. 外推功率曲线(extrapolated power curve)：用估计的方法对测量功率曲线从测量最大风速到切出风速的延伸。

74. 年发电量(annual energy production)：利用功率曲线和轮毂高不同风速频率分布估算得到的一台风力发电机组一年时间内生产的全部电能。计算中假设可利用率为100%。

75. 可利用率(风力发电机组) {availability(for WTGS)}：在某一期间内，除去风力发电机组因维修或故障未工作的时数后余下的时数与这一期间内总时数的比值，用百分比表示。

76. 数据组(功率特性测试) {data set(for power performance measurement)}：在规定的连续时段内采集的数据集合。

77. 精度(风力发电机组) {accuracy(for WTGS)}：描绘测量误差用的规定的参数值。

78. 测量误差(uncertainty in measurement)：关系到测量结果的，表征由测量造成的量值合理离散的参数。

79. 分组方法(method of bins)：将实验数据按风速间隔分组的数据处理方法。注：在各组内，采样数与它们的和都被记录下来，并计算出组内平均参数值。

80. 测量周期(measurement period)：收集功率特性试验中具有统计意义的基本数据的时段。

81. 测量扇区(measurement sector)：测取测量功率曲线所需数据的风向扇区。

82. 日变化(diurnal variations)：以日为基数发生的变化。

83. 桨距角(pitch angle)：在指定的叶片径向位置(通常为100%叶片半径处)叶片弦线与风轮旋转面间的夹角。

84. 距离常数(distance constant)：风速仪的时间响应指标。在阶梯变化的风速中，当风速仪的指示值达到稳定值的63%时，通过风速仪的气流行程长度。

85. 试验场地(test site)：风力发电机组试验地点及周围环境。

86. 气流畸变(flow distortion)：由障碍物、地形变化或其他风力机引起的气流改变，其结果是相对自由流产生了偏离，造成一定程度的风速测量误差。

87. 障碍物(obstacles)：邻近风力发电机组能引起气流畸变的固定物体，如建筑物、树林。

88. 复杂地形带(complex terrain)：风电场场地周围属地形显著变化的地带或有能引起气流畸变的障碍物地带。

89. 风障(wind break)：相互距离小于3倍高度的一些高低不平的自然环境。

90. 声压级(sound pressure level)：声压与基准声压之比以10为底的对数乘以20，以分贝计。注：对风力发电机组，基准声压为$20\mu Pa$。

91. 声级(weighted sound pressure level；sound level)：已知声压与$20\mu Pa$基准声压比值的对数。声压是在标准计权频率和标准计权指数时获得。注：声级单位为分贝，它等于上述比值以10为底对数的20倍。

92. 视在声功率级(apparent sound power level)：在测声参考风速下，被测风力机风轮中心向下风向传播的大小为1pW点辐射源的A——计权声级功率级。注：视在声功率级通常以分贝表示。

93. 指向性(风力发电机组)(directivity(for WTGS))：在风力机下风向与风轮中心等距离的各不同测量位置上测得的A——计权声压级间的不同。注：(1)指向性以分贝表示。(2)测量位置由相关标准确定。

94. 音值(tonality)：音值与靠近该音值临界波段的遮蔽噪声级间的区别。注：音值以分贝表示。

95. 声的基准风速(acoustic reference wind speed)：标准状态下(10m高，粗糙长度等于0.05m)的8m/s风速。它为计算风力发电机组视在声功率级提供统一的根据。注：测声参考风速以m/s表示。

96. 标准风速(standardized wind speed)：利用对数风廓线转换到标准状态(10m高，粗糙长度为0.05m)的风速。

97. 基准高度(reference height)：用于转换风速到标准状态的约定高度。注：参考高度定为10m。

98. 基准粗糙长度(reference roughness length)：用于转换风速到标准状态的粗糙长度。注：基准粗糙长度定为0.05m。

99. 基准距离(reference distance)：从风力发电机组基础中心到指定的各麦克风位置中心的水平公称距离。注：基准距离以米表示。

100. 掠射角(grazing angle)：麦克风盘面与麦克风到风轮中心连线间的夹角。

附录三 主要符号

v——风速，m/s；
V——叶尖线速度，m/s；
v_w——叶片翼型的相对风速，m/s；
u——叶片翼型的线速度，m/s；
v_1——风通过叶片前的风速，m/s；
v_2——风通过叶片后的风速，m/s；
d——风轮直径，m；
R——风轮半径，m；
r_i——从风轮转动中心至叶片任一位置的半径；
S——风轮叶片转动扫掠面积，基础受压面积；
S_Y——一个叶片的面积，m^2；
A——尾舵面积，m^2；
C_p——贝茨（Betz）功率系数，$C_p=0.593$；
C_r——空气动力系数；
C_c——叶片形状参数；
C_M——叶片俯仰力矩系数；
C_L——叶片翼型升力系数；
C_D——叶片翼型阻力系数；
$C_{L(max)}$——叶片翼型升力系数最大值，也是升力曲线最大值；
$C_{L(0)}$——零升力，即叶片翼型升力系数为零；
L/D——叶片翼型的升阻比；
R_z——叶片的展弦比；
N——风功率，W 或 kW；
N_e——风有效功率，W 或 kW；
n——风轮额定转速，r/min；
n_D——发电机额定转速，r/min；
λ——叶尖速比；
λ_i——从风轮转动中心至叶片任一位置的半径 r_i 处的叶尖速比；
η——风力发电机的全效率，%；
K'——叶片的密实比；

α——叶片迎角，亦称攻角(°)及其他角度(°)；

α_m——叶片平均迎角(°)；

$\alpha_{L(max)}$——叶片在升力曲线最大值时的迎角(°)；

α_0——升力系数为零时的叶片迎角(°)；

θ——叶片翼型安装角(°)；

θ_i——自风轮转动中心至叶片任一位置半径 r_i 处的翼型安装角(°)；

α_i——自风轮转动中心至叶片任一位置半径 r_i 处的翼型迎风角(°)；

φ——叶片相对风向角(°)；

φ_i——自风轮转动中心至叶片任一位置半径 r_i 所对应的相对风向角(°)；

L——叶片弦长，m；

L_i——自风轮转动中心至叶片任一位置半径为 r_i 处所对应的叶片弦长，m；

L_m——叶片的平均弦长，m；

γ——风向偏离角(°)；

ω——角速度，rad/s；

f——频率，Hz；

i——增速比，传动比；

℃——摄氏温度；

T——温度；

K——绝对温度；

ρ——空气密度，kg/m³；

P——拉力，N 或 kN；

p——风压，N/m²；油压，Pa；压强，Pa；

F——空气总动力，N 或 kN；力，N 或 kN；制动力，N 或 kN；

F_L——升力，N 或 kN；

F_D——阻力，N 或 kN；

F_g——离心力，N 或 kN；

F_T——风对叶片推力，N 或 kN；

G——重量，kg；

H——高度，m；

h——塔架高，翼的最大厚度，m；

M_L——升力对叶片轴的弯矩，N·m 或 kN·m；

M_D——阻力对叶片轴的弯矩，N·m 或 kN·m；

M_g——重力对塔架的弯矩，N·m 或 kN·m；

M_T——风对塔架的弯矩，N·m 或 kN·m；

M_m——调向扭矩，N·m 或 kN·m；扭矩，N·m 或 kN·m；

M——制动力矩，N·m 或 kN·m；力矩，N·m 或 kN·m；

e——偏心距，m；

Z_0——地面粗糙度系数；

C——高度换算系数；

M_M——叶片俯仰弯矩，N·m 或 kN·m；

M_z——阵风对塔架的弯矩，N·m 或 kN·m；
M_f——叶片转动时对塔架形成的反转矩，N·m 或 kN·m；
μ——摩擦系数；
D——制动轮毂直径，cm；
W——风动能，N·m 或 kN·m。

参 考 文 献

[1] 宫靖远. 风电场工程技术手册 [M]. 北京：机械工业出版社，2004.
[2] 郭新生. 风能利用技术 [M]. 北京：化学工业出版社，2007.
[3] 苏绍禹. 风力发电机设计与运行维护 [M]. 北京：中国电力出版社，2002.
[4] 叶杭冶. 风力发电机组的控制技术 [M]. 北京：机械工业出版社，2006.
[5] 都志杰，马丽娜. 风力发电 [M]. 北京：化学工业出版社，2009.
[6] [美] Tony Burton，等. 风能技术 [M]. 武鑫，等，译. 北京：科学出版社，2007.
[7] 刘万琨，等. 风能与风力发电技术 [M]. 北京：化学工业出版社，2007.
[8] 张小青. 风电机组防雷与接地 [M]. 北京：中国电力出版社，2009.
[9] 许绍祖. 大气物理学基础 [M]. 北京：气象出版社，1993.
[10] 李文胜. 发电厂动力部分 [M]. 北京：中国水利水电出版社，2007.
[11] 胡成春. 新能源利用 [M]. 北京：能源出版社，1986.
[12] 王承煦，张源. 风力发电 [M]. 北京：中国电力出版社，2003.
[13] 何显富，等. 风力机设计、制造与运行 [M]. 北京：化学化工出版社，2009.
[14] 姚兴佳，宋俊，等. 风力发电机组原理与应用 [M]. 北京：机械工业出版社，2009.
[15] 熊礼俭. 风力发电技术实用手册 1 [M]. 北京：中国科技文化出版社，2005.
[16] 王革华. 新能源概论 [M]. 北京：化学工业出版社，2006.
[17] 陈云程，陈孝麟，朱成名. 风力机设计与应用 [M]. 北京：上海科学技术出版社，1990.
[18] [美] 牛春匀. 风力发电与抽水 [M]. 北京：中国友谊出版公司，1987.
[19] [美] 杰克·派克. 风能及其利用 [M]. 北京：中国友谊出版公司，1984.
[20] 王建忠，李红. 风力提水技术 [J]. 内蒙古水利，2000.4.
[21] 邢作霞，陈雷，姚兴佳. 大型并网风力发电机的防雷保护 [J]. 可再生能源，2004.3：55-56.
[22] 刘惠敏，吴永忠，刘伟. 风力提水与风力发电提水技术 [J]. 可再生能源，2005.3(121).
[23] 李华山，冯晓东，刘通. 我国风力致热技术研究进展 [J]. 太阳能，2008.9.
[24] 王士荣. 风力致热技术及其应用 [J]. *RURAL ENERGY*，No. 2 2002(102 Issue in All).
[25] 赵海波，吴坤. 以风力驱动的热泵空调系统 [J]. 建筑热能通风空调，2010.2.
[26] 肖贵贤，汪有源. 风光互补发电系统的研究与应用 [J]. 中国科技信息，2009.22.
[27] 孙楠，邢德山，杜海玲. 风光互补发电系统的发展与应用 [J]. 山西电力，2010.4(161).
[28] 周晓曼. 风光互补发电系统 [J]. 农村电气化，2008.1.
[29] 蔡朝月，夏立新. 风光互补发电系统及其发展 [J]. 机电信息，2009.24(234).
[30] 普子恒，倪浩，黄杨钰. 浅析风光互补发电系统及其应用前景 [J]. 科协论坛，2009.6.
[31] 王志新. 风光互补技术及应用 [J]. 新材料产业，DOI：SUN：XCLY.0.2009-02-010.
[32] 刘国喜，赵爱群，刘晓霞. 风能利用技术讲座(五)：风力机的安装使用及利用前景 [J]. 可再生能源，2002.3(103).